U0266891

中国科普大奖图书典藏书系

趣味化学

叶永烈◎著

长江出版传媒 | 湖北科学技术出版社

图书在版编目（ＣＩＰ）数据

趣味化学 / 叶永烈著. — 武汉 ：湖北科学技术
出版社，2012.10（2020.5重印）
（中国科普大奖图书典藏书系 / 叶永烈 刘嘉麒主编）
ISBN 978-7-5352-5576-1

Ⅰ.①趣… Ⅱ.①叶… Ⅲ.①化学－普及读物
Ⅳ.①06-49

中国版本图书馆CIP数据核字 (2013) 第043548号

趣味化学
QUWEI HUAXUE

责任编辑：严 冰 王 璐   封面设计：戴 旻 胡 博

出版发行：湖北科学技术出版社   电话：027-87679468
地　　址：武汉市雄楚大街268号   邮编：430070
　　　　　（湖北出版文化城B座13-14层）
网　　址：http://www.hbstp.com.cn

印　　刷：武汉市卓源印务有限公司   邮编：430026

700×1000　1/16   20.75 印张　2 插页　278 千字
2012年10月第1版   2020 年 5 月第 7 次印刷
                定价：34.00 元

总 序
ZONGXU

　　我热烈祝贺"中国科普大奖图书典藏书系"的出版！"空谈误国，实干兴邦。"习近平同志在参观《复兴之路》展览时讲得多么深刻！本书系的出版，正是科普工作实干的具体体现。

　　科普工作是一项功在当代、利在千秋的重要事业。1953年，毛泽东同志视察中国科学院紫金山天文台时说："我们要多向群众介绍科学知识。"1988年，邓小平同志提出"科学技术是第一生产力"，而科学技术研究和科学技术普及是科学技术发展的双翼。1995年，江泽民同志提出在全国实施科教兴国的战略，而科普工作是科教兴国战略的一个重要组成部分。2003年，胡锦涛同志提出的科学发展观则既是科普工作的指导方针，又是科普工作的重要宣传内容；不是科学的发展，实质上就谈不上真正的可持续发展。

　　科普创作肩负着传播知识、激发兴趣、启迪智慧的重要责任。"科学求真，人文求善"，同时求美，优秀的科普作品不仅能带给人们真、善、美的阅读体验，还能引人深思，激发人们的求知欲、好奇心与创造力，从而提高个人乃至全民的科学文化素质。国民素质是第一国力。教育的宗旨，科普的目的，就是为了提高国民素质。只有全民的综合素质提高了，中国才有可能屹立于世界民族之林，才有可能实现习近平同志最近提出的中华民族的伟大复兴这个中国梦！

　　新中国成立以来，我国的科普事业经历了 1949—1965 年的创立与发展阶段；1966—1976 年的中断与恢复阶段；1977—

1990 年的恢复与发展阶段;1990—1999 年的繁荣与进步阶段;2000 年至今的创新发展阶段。60 多年过去了,我国的科技水平已达到"可上九天揽月,可下五洋捉鳖"的地步,而伴随着我国社会主义事业日新月异的发展,我国的科普工作也早已是一派蒸蒸日上、欣欣向荣的景象,结出了累累硕果。同时,展望明天,科普工作如同科技工作,任务更加伟大、艰巨,前景更加辉煌、喜人。

"中国科普大奖图书典藏书系"正是在这 60 多年间,我国高水平原创科普作品的一次集中展示,书系中一部部不同时期、不同作者、不同题材、不同风格的优秀科普作品生动地反映出新中国成立以来中国科普创作走过的光辉历程。为了保证书系的高品位和高质量,编委会制定了严格的选编标准和原则:一、获得图书大奖的科普作品、科学文艺作品(包括科幻小说、科学小品、科学童话、科学诗歌、科学传记等);二、曾经产生很大影响、入选中小学教材的科普作家的作品;三、弘扬科学精神、普及科学知识、传播科学方法,时代精神与人文精神俱佳的优秀科普作品;四、每个作家只选编一部代表作。

在长长的书名和作者名单中,我看到了许多耳熟能详的名字,备感亲切。作者中有许多我国科技界、文化界、教育界的老前辈,其中有些已经过世;也有许多一直为科普事业辛勤耕耘的我的同事或同行;更有许多近年来在科普作品创作中取得突出成绩的后起之秀。在此,向他们致以崇高的敬意!

科普事业需要传承,需要发展,更需要开拓、创新!当今世界的科学技术在飞速发展、日新月异,人们的生活习惯和工作节奏也随着科学技术的进步在迅速变化。新的形势要求科普创作跟上时代的脚步,不断更新、创新。这就需要有更多的有志之士加入到科普创作的队伍中来,只有新的科普创作者不断涌现,新的优秀科普作品层出不穷,我国的科普事业才能继往开来,不断焕发出新的生命力,不断为推动科技发展、为提高国民素质做出更好、更多、更新的贡献。

"中国科普大奖图书典藏书系"承载着新中国成立60多年来科普创作的历史——历史是辉煌的,今天是美好的! 未来是更加辉煌、更加美好的。我深信,我国社会各界有志之士一定会共同努力,把我国的科普事业推向新的高度,为全面建成小康社会和实现中华民族的伟大复兴做出我们应有的贡献! "会当凌绝顶,一览众山小"!

中国科学院院士
华中科技大学教授　　杨叔子　二〇一二
九·廿八

目 录

化学元素漫话

我的"化学情结"

我是化学系的"叛徒"

真的可以用上一句老话"日月如梭",1957年我跨进北京大学校门,如今已经整整半个世纪过去。

在北京大学的那些日子里,只要看一下我的裤脚管,就知道是化学系的学生,因为那时候我几乎没有一条长裤的裤脚管上不是布满小洞的。化学是一门实验性科学,化学系的学生们成天泡在实验室里,跟酸啊、碱呀打交道,一不小心,酸液、碱液就在我的裤脚管上留下"印章"——一个个小洞孔。

如今,很多人都以为我是北京大学中文系的毕业生,而我却一直难忘在那座充满各种怪味的化学楼里度过的日日夜夜。

我十一岁就在温州开始发表诗作,从小喜欢文学。高中的时候,我企盼着报考北京大学中文系新闻专业。我心目中的理想,是当"无冕之王"——记者。在温州同一幢大楼里长大,小时候常跟我下陆军棋的朋友——戈悟觉,在我之前考上了北京大学中文系新闻专业,给了我莫大的鼓舞。可是,他给我来信,北京大学中文系新闻专业在1957年只招五十名,而且有一半是"调干生"。也就是说,实际上只招二十多名新生,一个省摊不到一名。我对北大文科其他的系没有兴趣，而我又非要考北大不可，于是，我从文改理，改考北大化学系。

我选择化学系，多半是因为姐姐学化学。父亲听说我报考化学系，很高兴，他说："念化学好呀，将来可以做肥皂、做雪花膏，总有一碗饭吃。"就这样，我以第一志愿报考北京大学化学系。好在我的理科成绩也不错，录取了。

我在北京大学化学系念了六年之后（当时北大理科六年制），我没有去"做肥皂、做雪花膏"，只在上海一家化学研究所待了一个月，就"跳槽"到电影制片厂，当了十八年编导。然后进入上海作家协会，成为专业作家。虽然我成了化学系的"叛徒"，虽然当时的化学系系主任严仁荫教授叹息"白教你了"，我仍怀念在北京大学化学系度过的六个春秋，至今我的心中仍有浓浓的化学情结。

化学系是"动手派"

我在采访我的同乡、著名数学家苏步青教授的时候，曾经问及，为什么温州出了那么多的数学家——世界上有二十多个大学的数学系系主任是温州人。苏老回答说："学物理、化学，离不开实验室，而学数学只需要一支笔、一张纸。那时候温州太穷，所以我们只能选择学习数学。"

确实，实验室是化学的阵地。一进化学系，老师就教我做化学实验的技巧。比如，用煤气喷灯烧弯玻璃管而保持弯角的圆滑，用空心钻在厚厚的橡皮塞上打出又平又直的圆孔，诸如此类都是化学系学生的基本功。后来，我在五年级进入光谱分析专业，必须用车床在碳电极上车出平整的圆坑，要在暗房里熟练地把谱片进行显影、定影。可以说，化学系的学生必须是"动手派"。

大约是受到化学系这种"动手派"训练的影响，我的"动手"能力从此大为提高。不久前，当朋友见到我拿着电钻在墙上钻孔，看到家中的三个水斗以及自来水管之类都是我自己安装，脸上露出惊讶的神色，我说："我是化学系毕业的呀。"至于电脑的修理、自己安装电脑的操作系统之类，同样是"动手派"的成果。

有一次，我在做实验时，把坩埚钳头朝下放在桌上，傅鹰教授走过来，一句话也不讲，把钳子"啪"的一声翻过来，钳头朝上。然后只问我三个字："为什么？"我想了一下，说道："钳头朝下，放在桌面上，容易沾上脏东西。再用坩埚钳夹坩埚时，脏东西就容易落进坩埚，影响实验结果。"他点点头，笑着走开了。虽然这次他只问我三个字，却给我留下深刻的印象。从此，我不论做什么实验，总是养成把坩埚钳、坩埚盖之类朝上放在桌上的习惯。后来，就连烧菜的时候，取下锅盖，也总是朝上放在桌子上。

化学实验室里辟有专门的天平室。所有的天平都安装在坚实的大理石桌面上，即便汽车从化学楼附近驶过也不会使天平抖动。每架天平都安放在一个玻璃柜里，使用时只需拉开一扇玻璃。我总是屏着呼吸称样品，以免吸气、呼气使天平晃动。1958年"大炼钢铁"的时候，各地急需一批化验员，以分析铁矿石的含铁量、煤的含硫量。化学系师生奉命前往各地举办化验员训练班，才念二年级的我被派到湖南去。在山区、农村，哪里买得起高精度天平？"动手派"出奇招，想出巧办法，用一根钢丝就解决了问题：先在钢丝的一端挂了一块砝码，弯曲到一定的程度，画好记号。然后把样品挂上去，同样弯到那个记号，就表明样品的重量跟砝码的重量相等。如此低廉简易的工具，精确度并不低于化学楼里那些昂贵的天平。

003

经受严格的科学训练

北大注重给学生打下扎实的学业基础。按照当时的化学系学制，前三年学化学基础课，四至五年级学专业课，六年级做毕业论文。

化学基础课有微分学、积分学、解析几何、概率论、普通物理、普通化学、分析化学、有机化学、物理化学、结晶化学、物质结构、高分子化学、化学工艺学、无线电基础、放射化学。

四年级时，我分在分析化学专业。分析化学专业课有电容量分析、极谱分析、稀有元素分析、有机试剂、光度分析、仪器技术、化学分析法。

另外，还有公共基础课——俄语、英语、中共党史、自然辩证法、政治经济学。

上了两年专业课之后，在六年级那一年做毕业论文，我是在一台Q24石英中型摄谱仪旁度过的。我当时学的是光谱分析。这个专业总共三名学生，其中除我之外，另两名是从外校调来的进修生。我的毕业论文题目是《纯氧化钽中杂质的载体法光谱分析》。光谱分析是年轻的专业，老师也都是年轻人。我的导师原本是余先生，他刚跟我谈了一次话，就到东德（当时叫"民主德国"）留学了。接替余先生的便是李安模老师，他刚从苏联留学归来不久，是一位朝气蓬勃的青年教师（后来在1995年担任北京大学副校长）。

这样，在一年的时间里，我在李安模老师的指导下，从查阅英文、俄文文献开始，然后设计实验方案，直到实验结果分析，写出论文，完成论文答辩。这一步步科学程序，使我得到严格的科学训练。

我的实验室在化学楼对面的地学楼二楼。每当我用光谱仪摄谱前，总是先戴好墨镜，以防强烈的光线刺激眼睛。我还要打开光谱仪上的排风机，因为在摄谱时会产生气味刺鼻的臭氧。拍好谱片之后，便到旁边的暗室里显影、定影，然后再用测谱仪测量光谱强度。当时，我试验了上百种化学物质，以求寻找到一种催化剂（载体），提高光谱分析的灵敏度。我在实验中发现，卤化银能够明显提高光谱分析的灵敏度。在卤化银之中，以氯化银的效果最佳。我第一次感受到科学发现的快乐和兴奋。

对于这一发现，李安模先生也非常高兴，给予肯定，并要求我对于卤化银为什么能够提高光谱分析灵敏度的机制进行探讨。我的毕业论文《纯氧化钽中杂质的载体法光谱分析》全文一万多字，1963年夏日在化学楼底楼的大教室里通过答辩之后，我便拿到烫着金字的北京大学毕业文凭，分配到上海。1964年，在中国化学学会分析化学学术会议上，李安模先生宣读了这一论文，并于同年收入《中国化学学会分析化学学术会议论文摘要集》，署名是"李安模，叶永烈（北京大学）"。这篇论文正准备全文发表于权威性的《化学学报》的时候，"文革"开始了，《化学学报》停刊，论文未能全文发表。

尽管毕业之后我"背叛"了化学，但是严格的科学训练使我在文学创作中受益匪浅。我的采访、对于种种史料的查证、辨伪功夫以及对于众多资料的井井有条的管理，便得益于北京大学化学系的科学训练。

化学深刻地影响我的创作

化学深刻地影响了我的创作之路。

在化学系上三年级的时候，我成为《十万个为什么》的主要作者。《十万个为什么》迄今发行量超过一亿册。倘若我念的是中文系，那就不可能写出《十万个为什么》。

在化学系上四年级的时候，我写出了《小灵通漫游未来》。这本书第一次印刷便印了三百万册，而如今取名于这本书、经我授权的"小灵通"手机，用户超过一亿。倘若我念的是中文系，同样不可能写出《小灵通漫游未来》。

尽管此后我的创作转向小说、散文和当代重大政治题材的长篇纪实文学，化学仍给我以启示，以帮助。

当代文学是与现代科学紧密相关的。六年的化学熏陶，使我在文学创作中遭遇科学问题的时候迎刃而解。

在美国硅谷采访的时候，有人问起港台为什么称之为"矽谷"？我作了

关于"硅"与"矽"的"化学说明":

硅是一种化学元素的名称,即"Si"。在化学上,凡是金属元素都写成"金"字旁(汞例外),而硅写成"石"字旁,表明是非金属元素。硅是在地壳中的含量,仅次于氧,占地壳总重量的百分之二十六。我们脚下的大地的重要成分便是硅的化合物——二氧化硅。石英,就是很纯净的二氧化硅。从二氧化硅中可以提取纯硅。纯硅是钢灰色的八面晶体。纯硅晶体切成薄片,便称"硅片"。如今各种集成电路,其实就是用硅片做成的。正因为这样,硅成为高科技的"主角"。

硅的中文名字,原本命名为矽。1953年,中国科学院决定把"矽"改称为"硅",原因是"矽"与另一化学元素"锡"同音。这一改称,应当说是很正确的。这么一来,在上化学课时,老师原本说到"二氧化矽",跟"二氧化锡"分不清楚,必须在黑板上写一下,学生才明白。改称之后,"二氧化硅"、"二氧化锡"不同音,也就没有那样的麻烦了。

然而,台湾不改,尽管他们也知道把"矽"改称为"硅"是正确的——这诚如简体字比繁体字书写要方便得多,中国大陆采用简体字,台湾仍沿用繁体字。那时候的香港,沿袭台湾的习惯,所以在香港也仍称"矽"。

"硅谷"与"矽谷"的差异,也就是这么来的。

倘若不是毕业于北京大学化学系,我也就不会讲出这么一番"化学道理"。在北京自来水公司采访时,参观那里的水质化验室。我一进门,就认出眼前的一台仪器是摄谱仪,使接待方感到吃惊。当他们知道我是"化学出身",于是在谈论自来水杂质的含量"ppm"(即百万分之一,亦即10的负6次方)之类的时候,就用不着向我作解释了。

同样,近年来的种种新闻,诸如关于红心鸭蛋的"苏丹红",导致俄罗斯间谍利特维年科之死的"钋",美国查出中国多种牙膏的"二甘醇"过量,还有什么"硒含量"、"锌含量"、"铝含量"等,我一下子就能明白。我非常关注俄罗斯间谍利特维年科之死,酝酿着以这一扑朔迷离的事件在"钋"的背景中展开,写一部长篇小说。不言而喻,倘若我不是出身化学,也许就不会着手这样充满化学氛围的间谍小说的创作。

当然,我也有不明白的时候:理发店张贴的"负离子烫发"、"游离子烫发"之类,令我百思不解。在我看来,那只是挟化学之"高深"来"蒙"顾客的一种商业手段而已。

化学趣史

HUAXUEQUSHI

一、混沌之中的化学

先说三个有趣的故事

有趣的故事，人人爱听。

在这本书开头，先给你讲三个有趣的故事。

第一个故事，发生在 1994 年，美国某地。

那天，大学里的一座大楼失火了。"呜，呜……"消防车闻讯赶来。

一件奇怪的事件发生了：消防队想就近从旁边的一座大楼里接取自来水。可是，大楼门口警卫森严，不许消防队员进去。

"火烧眉毛了，还不让我们进去？"消防员着急地问。

"不行。没有国防部的证明，谁都不许进！"警卫板着铁青的面孔说道。

烈火熊熊，消防队员心急如焚。他们围着警卫，大声地质问："等国防部的证明送到，大楼早烧光啦！"

警卫总算作了点让步："这样，你们向本地的××局请示，打个证明。"

没办法，消防队员只好开着消防车去××局，开来了证明。

消防队员把证明朝警卫手中一塞，便急急忙忙往大楼里奔去。

这时，警卫追上来，拦住了他们，很严肃地说道："先生们，你们虽然有了证明，但是按照规定，每个进楼的人要在登记簿上签名。先生们，请你们去签名！"

消防队员们哭笑不得，只好退回去签名。

虽然这几位警卫那样忠于职守，但却暴露了大楼的秘密。人们纷纷猜疑：那座大楼如此戒备森严，里面是干什么的呢？

要知道，美国国防部为了保守那座大楼的秘密，煞费苦心：有一次，保卫人员仔细检查了大楼内的图书室，发觉许多化学书籍看上去还算新，但是每本书有关元素铀的章节，都被翻得卷起书角或者弄脏了。保卫人员认为，这些书也可能会暴露大楼的秘密，决定全部销毁，然后又买了一批崭新的化学书籍。他们如此精心地保守秘密，却被邻近大楼失火一事而无意中暴露了。

于是，德国间谍开始注意这座大楼……

不言而喻，那座大楼里的科学家，正在极秘密地研究着化学元素铀。

为什么研究铀要那样严格保密？

1945年8月5日，原子弹的爆炸声震动了世界。原子弹里的"主角"，便是铀。正因为这样，那座大楼既成为美国国防部重点保密的部门，也成为德国间谍机构瞩目的地方。

第二个故事，发生在1781年，英国。

那时候，英国有位著名的化学家，叫做普利斯特列。他呀，很喜欢给朋友表演化学魔术。你瞧，当朋友们来到他的实验室里参观时，他便拿出了个空瓶子，给大家看清楚。可是，当他把瓶口移近蜡烛的火焰时，忽然发出"啪"的一声巨响。

朋友们吓了一跳，有的甚至吓得钻到桌子下面。

笑罢，他把秘密告诉朋友们：原来，瓶子里事先灌进氢气。氢气和空气中的氧气混合以后，点火，会燃烧起来，发出巨响。

他不知将这个"节目"表演了多少遍，使它成了一出"拿手好戏"。

有一次，他表演完"拿手好戏"，在收拾瓶子时，注意到瓶壁上有水珠。

奇怪，变"魔术"时的瓶子是干干净净的，那瓶壁上的水珠是从哪儿冒出来的呢？

普利斯特列仔细揩干瓶子，重做实验。咦，瓶壁上依旧有水珠。

经过反复实验，他终于发现：氢气燃烧后，变成了水，凝聚在瓶壁上！

在普利斯特列之前，尽管人们天天喝水、用水，可是并不知道水是什么。自古以来，人们甚至把水当做"元素"。1770年，法国著名化学家拉瓦锡曾试图揭开水的秘密。他把水封闭在容器中加热了100天，水依旧是水，称一下，重量跟100天以前一样。他，弄不清楚水究竟是什么。至于普利斯特列呢？虽然他揭开了水的秘密，然而，他是在变了好多次"魔术"之后，才注意到瓶壁上的水珠……

第三个故事，发生在1890年，德国。

一天，雇马车的人突然增多。马车夫问雇主："上哪儿去？"答复令人莫名其妙："随便！"

"随便？"从来没有一个地名，叫做"随便"的！

马车夫好不容易领会了雇主的意思。马车漫无目的地在街上转悠。

雇主似乎无心观赏街景，闭起了双眼，进入了梦乡……

那些雇主难道有钱无处花，雇了马车睡觉？

哦，后来，人们才明白，原来是这么回事——

在庆祝德国化学会成立25周年的大会上，著名德国化学家凯库勒，讲述了自己怎样解决了有机化学上的一大难题：

"那时候，我正住在伦敦，日夜思索着苯的分子结构该是什么样子的。我徒劳地工作了几个月，毫无所获。一天，我坐着马车回家。由于过度的劳累，我在摇摇晃晃的马车上很快就睡着了。我做了一个梦，梦见我几个月来设想过的各种苯的分子结构式，在我的眼前跳舞。忽然，其中有一个分子结构式变成了一条蛇，这蛇首尾相衔，变成一个环。正在这时，我听见马车夫大声地喊道：'先生，克来宾路到了！'我这才从梦乡中惊醒。当天晚上，我在这个梦的启发下，终于画出了首尾相接的环式分子结构，解决了有机化学上的这一难题。"

坐在台下的一些听众听了，以为凯库勒的成功，全是因为在马车上做了一个梦。于是，他们便雇了马车，在街上漫游，也想做个梦，轻而易举地摘下科学之果。

虽然有的人在马车上睡着了，也做起梦来，可是谁也没有从梦中得到什么。

他们不懂得，凯库勒之所以能够成功，是因为他把全部心思用到科学研究上，这样，甚至连他做梦时，也不忘科学研究。凯库勒的成功，与其说是来自马车上的梦，倒不如说是来自那数不清的不眠之夜！

三个故事讲完了。

三个故事，三个意思：

第一个故事，从一个很小的侧面，说明化学何等重要；

第二个故事，说明研究化学一定要非常细心；

第三个故事，说明每一项化学成果都来之不易。

这三个故事合起来，说明一个意思——化学是一门很有趣的科学，化学的发展史上有许多有趣的故事。

这本《化学趣史》，向你讲述一个个有趣的故事，使你了解化学是一门什么样的科学，它是怎样发展起来的。

如果你读了这本有趣的书，对化学发生了兴趣，愿意学习化学，研究化学，那么，编者和作者就感到莫大的欣慰了。

以上的话，算是这本书的开场白。

013

黄　金　梦

1954 年秋天，德国。

街头，挤满了看热闹的人，众目睽睽之下，一个从街上缓缓走过的穿着金色外衣的人。此人双手被反绑着，低着头。一群士兵押着他，走向广场。

广场上矗立着绞刑架。那穿金色外衣的人一见到绞刑架，双腿直哆嗦，再也走不动了。士兵们把他拉上了绞刑架。

照例，在执行绞刑之前，一位军官当众宣读了犯人的罪状：

"大公爵谕，立即用绞刑处死大骗子奥斯卡·伦菲尔德。该犯自称发现了制造黄金的伟大秘密，向我骗取大量金钱进行实验，炼得类似黄金的小块金属。经检验，该犯制得所谓黄金全是假的。经将伦菲尔德逮捕并用火刑审问，该犯对诈骗行为供认不讳，为此判处该犯绞刑！"

当刽子手一脚踢开犯人脚下的木桶时，犯人便悬挂在空中了，得到了应有的惩罚。

黄金，以灿烂夺目的光芒，很早就引起人们的注意。黄金那么漂亮，不锈不烂，人们喜欢它，而黄金在大自然中又那么稀少，"物以稀为贵"，于是黄金便成了非常宝贵的东西，成了货币，成了财富的象征。

英国著名作家莎士比亚在《雅典的泰门》中，用这样生动的语言，勾画出黄金在人们心目中的形象：

"金子！黄黄的、发光的、宝贵的金子！……只这一点点儿，就可以使黑的变成白的，丑的变成美的，错的变成对的，卑贱变成尊贵，老人变成少年，懦夫变成勇士。……这黄色的奴隶可以使异教联盟，同宗分裂；它可以使诅咒的人得福，使害着灰白色癞病的人为众人所敬爱；它可以使窃贼得到高爵显位，和元老们分庭抗议；它可以使鸡皮黄脸的寡妇重做新娘……"

黄金如此可贵，有人就想"点石成金"。

有这么一个神话：

据说，有一位国王，虽然已经从老百姓那里搜刮了许多黄金，可是他的心像无底洞似的，永远也填不满。他贪得无厌，想得到更多的黄金。他向神仙祈求，结果神仙给他一个"点金石"的手指头。他用这个手指头摸什么东西，什么东西便变成黄金。

他摸一下椅子，椅子变成了金椅子；

他摸一下柱子，柱子变成了金柱子；

他摸一下花，花变成了金花；

……

他高兴极了，王宫里到处金灿灿的。这时候，他的心爱的小女儿朝他跑来，他兴高采烈地抱起女儿。谁知那"点石成金"的手指头一碰到女儿，女儿便成了金人，一动也不动了。

直到这时，国王才明白，他成了世界上最富有的人，也成了世界上最冷漠的人！

神话当然只是神话，世界上并不存在什么"点石成金"的手指头。

可是，自古以来，不论中外，却有许许多多的人在寻找"点金石"（也有的叫"哲人石"）。

他们做着"点石成金"的美梦。有人在探索着种种"点石成金"的方法。

也许使你吃惊，在古代，"化学"一词的含义，便是"炼金术"！

据人们考证："化学"一词最早见于公元296年古罗马皇帝戴克里先关于严禁制造假金银的告示之中，他把制造假金银的技术，称为"化学"（Chem-eia）。又据考证，英语中的 Chemistry，法语中的 Chimie，德语中的 Chemie（以上均为"化学"），源于拉丁语 Alchemy。而 Alchemy 则来自阿拉伯语中的"炼金术"一词——al-kimya。

炼金术士们为了制造黄金，用水银、铅之类作为原料，进行了许许多多化学实验。

据说，英王亨利六世为了能够得到大批黄金，竟然招募了三千名炼金术士来"炼金"。

唉，帝王们做着可笑的黄金梦！

长 生 梦

帝王们不仅做黄金梦,而且做着长生梦。

秦始皇、汉武帝、唐太宗,是中国历史上声名显赫的皇帝。然而,就在他们创立了丰功伟绩之后,却做起了长生梦。

秦始皇在统一了六国之后,专门派人远渡重洋,去寻找"仙人不死之药"。结果呢? 什么长生不老之药都没有找到。

汉武帝呢? 他听说露水是"仙露",能够使人"长生不老",于是,便下令在长安的建章宫里,竖立起所谓的"承露盘"。那盘是用青铜铸造的,高高地安置在20丈高的石柱上。夜间,露水凝结在盘里,成了"仙露"。这"仙露"被侍从送呈汉武帝,跟美玉碎屑一起服用,以求长生不老。因为据说"服玉者寿如玉"。

其实,那青铜盘经日晒雨淋,长满铜绿,而美玉碎屑,人体无法消化、吸收,还会阻塞消化器官,使人得病呢。

命运最悲惨的,要算是唐太宗了。

唐太宗的威名,曾也使得敌人心惊胆战。然而,他却在52岁时过早地离开了人世。使唐太宗丧命的,不是他的敌人所下的毒药,而是他自己要吃的"长生药"!

原来,他希图长生。在648年(贞观二十二年),他的部队打败帝那伏帝国,从俘虏中发现一个名叫那罗迩娑婆的和尚,据说会制造"长生药"。唐太宗待他如上宾,叫他在金飙门制造"长生药"。第二年,当唐太宗吃下了那个和尚给他配制的"长生药"后,竟然中毒而亡!

唉,长生不成,反而丧生!

唐太宗吃了"长生药"死了还不算,唐宪宗、唐穆宗、唐武宗、唐宣宗,也都是因为吃"长生药"而断送了性命!

那"长生药"究竟是什么东西呢？

1970年，我国考古学家在唐代京都长安——现在的西安，发掘到两坛唐代窖藏的宝物。据查证，那是唐明皇的堂兄分王李守礼埋在地下的东西。药方上开列着朱砂、密陀僧、琥珀、珊瑚、乳石、石英等。

朱砂是什么？这种红色的矿物的化学成分是硫化汞，是一种剧毒的化合物。

那些皇帝们用了剧毒的"生长药"，怎能不呜呼哀哉？！

你知道吗，这些"长生药"也跟化学有着密切的关系呢。在古代，化学又被称为"炼丹术"。这"丹"，便是指"长生丹"，也就是"长生药"。

许许多多炼丹家们，如同那些炼金术士们一样，做着各式各样的化学实验。尽管黄金梦、长生梦是荒谬的，但是，炼丹家们、炼金术士们毕竟在种种化学实验中，懂得并积累了一些化学知识。

比如，8世纪阿拉伯炼金术士贾博，在炼金时制成了硫酸、硝酸、硝酸银等，还懂得用盐酸和硝酸配制成"王水"。

汉朝末年的魏伯阳，被人们称为"中国炼丹术始祖"。他留下的炼丹著作《周易参同契》中，大部分内容非常荒诞，但是也有一些关于汞、铅的化学知识。

谈到炼金术、炼丹术，使人们不由得记起这么一个故事：

有一个年老的农民快要死了，他担心在他死后，三个懒惰的儿子不愿种田，就故意对他们说，葡萄园里埋着黄金。老农死后，三个儿子天天拿锄头到葡萄园里去挖，虽然挖不到什么黄金，但是土地被翻松了，葡萄长得茂盛，第二年丰收了。

如果说，炼金术、炼丹术对于化学的发展起过什么作用的话，它们就是那位老农所说的那些并不存在的黄金罢了。

化学的发展，走过了十分曲折的道路。

"短衫医师"

当你走过理发店，常常可以看到特殊的标志——在圆柱形的玻璃灯里，红、白、蓝三条倾斜的色带，在不停地旋转着。

你知道吗，这特殊的标志是什么意思？

1964年版的《英国百科全书》，回答了这个问题：

原来，在古代的欧洲，外科医生分为两类。一类是医学院毕业的"正统"的医生，穿着长衫，被人们称为"长衫医师"。这些医师往往"动口不动手"；另一类是理发师，兼做着外科医生的工作，穿着短衫，被称为"短衫医师"或者"理发外科医生"。那时候，人们很看不起外科手术，认为跟脓、血之类打交道，有损医师的身份。于是，就把那些"动手"的事儿，交给理发师去干。在动手术的时候，"长衫医师"仿佛建筑师在工地上监工似的，而在那里动手术的则是"短衫医师"。

1163年，欧洲的天主教通过一项法案，禁止"神职人员"从事抽血工作，这种工作只能由理发师在医学上的贡献：那圆柱象征受伤的手臂，倾斜的色带表示纱布，而套筒表示带血的器皿。

1526年，在瑞士巴称塞大学，一位名叫巴拉塞尔斯的人，走上了讲台。他破例邀请了那些"短衫医师"们跨进大学之门，坐在课堂里听他讲课。巴拉塞尔士在讲课之前，做了一件惊人的事情：他把罗马医生盖仑的著作，当众烧毁！

为什么呢？盖仑自公元2世纪以来，一直被人们推崇为医学权威。他的著作，甚至被当做医学的"圣经"。可是，盖仑只解剖过牛、羊、狗、猪，从未解剖过被认为"神圣不可侵犯"的人的尸体。因此，他的医学著作错误百出。比如，盖仑认为人的肝分为五叶——那是从狗的肝分五叶而推想出来的。

巴拉塞尔士烧掉了盖仑的著作，表示他与旧医学彻底决裂的决心。

巴拉塞尔士主张，"人体本质上是一个化学系统"。因此，人生病，就是这个"化学系统"失去了平衡。要医好人的病，就要用化学药品恢复这个"化学系统"的平衡。

巴拉塞尔士质问那些炼金术士、炼丹家们："你们以为懂得了一切，实际上你们什么也不懂！只有化学可以解决生理学、病理学、治疗学上的问题。没有化学，你们就会迷失在黑暗里。"

巴拉塞尔士提出了关于化学的新概念。他不再把化学称为"炼金术"，而是称为"医疗化学"。

从此，化学开始了一个崭新的阶段。渐渐地，人们研究化学，不再是为了"点石成金"或者"长生不老"，而是为了制造治病救人的药剂。

二、揭开燃烧之谜

怀疑派的化学家

"化学,不是为了炼金,也不是为了治病。化学应当从炼金术和医学中分离出来。它是一门独立的科学!"

在1661年,英国出现一篇题为《怀疑派的化学家》的论文。文章中又提出了新的观点。

这篇论文起初是笔名发表的。论文发表后,轰动了欧洲化学界。有人细细打听,这才弄清楚,论文的作者原来是英国化学家波义耳。

这时的波义耳已是一个40岁开外的人了,个儿长得又高又瘦,头发一直下垂到肩膀。他是一个十分勤奋的人,在11岁时,便学会了拉丁语和法语,接着跟他的哥哥到欧洲大陆留学,在法国、意大利住了好几年。波义耳非常喜欢自然科学,一有空,总爱待在自己的实验室里,做着各式各样的实验。在1661年,他做了许多有关气体的体积和压强之间的关系的实验,发现了物理学上著名的"波义耳定律"。在这一年,他写了著名论文《怀疑派的化学家》。在这篇论文里,他提出许多新的观点,对过去化学上的许多错误观念,大胆地表示怀疑。恩格斯曾高度评价波义耳的贡献:"波义耳把化学确立为科学。"[①]

————————

① 《自然辩证法》,人民出版社,1971年版,163页。

1673年的一天，英国的科学家罗伯特·波义耳，一手拿着玻璃瓶，一手支着脑袋，皱着眉头在牛津实验室里沉思着。

这天，波义耳又在思索着什么呢？

他在探索着燃烧的秘密。

波义耳做了这样的实验：他把铜片放在玻璃瓶里，称了一下重量，然后，把它放在炉子上猛烈地加热、煅烧。这时，原来闪耀着紫红色光辉的铜片，渐渐地蒙上一层暗灰色的东西，最后，变成了黑色的渣滓。烧完后，他再去一称，咦，铜片竟然变重了！

这是为什么呢？波义耳想不通。

接着，波义耳又拿了铅、锡、铁和银来进行同样的煅烧，结果还是一样，金属变重了：

480克铜煅烧后，加重了30～40克；

480克铅煅烧后，加重了7克（失落了的没计算在内）；

480克锡煅烧后，加重了60克；

240克铁煅烧后，加重了66克；

212克银煅烧后，加重了2克。

波义耳仔细地看了看煅烧以后的金属：紫红色的铜变成了黑色的渣滓，银白色的铅、锡和银的表面蒙上了一层白色的灰烬，而铁却变成了疏松红色粉末，一捏就碎。

"也许是因为瓶子没有盖紧，让炉子里的脏东西落了进去，才变重的吧！"波义耳这么猜想。于是，他找了一个有着长长的、弯头颈的玻璃瓶——曲颈甑，把金属放进去再把瓶口封闭起来。当煅烧完毕后，他小心地从炉膛里拿出滚烫的瓶子，打开瓶口（这时，他听见一阵尖锐的嗞嗞声），再称金属的重量，结果仍然一样，金属变重了。

这就是说，金属变重，并不是由于落进什么脏东西引起的。

波义耳是位严谨的科学家。他在科学研究工作中，常常很注意所得的结果是否真实。起初，他一直认为，金属在煅烧后重量会增加是不可能的事；然而，一次又一次的实验结果，却迫使他不得不承认，这是事实。

为了解释这个奇怪的现象，1674年，波义耳在《关于火和火焰的新实验》这篇论文里，提出了自己的见解：金属在加热以后，它的重量之所以增加，那是由于它在加热时，受到热的作用，有一种特殊的、极其微小的、肉眼看不见的"火素"，穿过了玻璃瓶的瓶壁，跑到金属里去，跟金属化学合成了灰烬。"火素"是有重量的，这样，怪不得加热后金属的重量就增加了。

如果用算式来表示，这就是：金属+火素=灰烬。

波义耳的见解究竟对不对呢？

神秘的"要素"

1703年，德国哈勒大学医学教授、普鲁士王的御医奥尔格·恩斯特·斯塔尔，也开始注意燃烧现象。斯塔尔是德国著名的医生，但是，他也很喜欢化学。对于燃烧之谜，斯塔尔根据他的老师、德国化学家柏策的理论，提出了一种不同于波义耳的见解。

"木头为什么能够燃烧，石头为什么不能燃烧？"对于这个问题，斯塔尔这样回答："木头之所以能够燃烧，是由于在木头里含有一种特别的'要素'；石头之所以不能燃烧，是在于它不含有这种特别的'要素'。不光是木头如此，煤、大碳、蜡烛、油、磷、硫黄——简而言之，一切可燃的物质——都含有这种特别的'要素'。这种'要素'是什么呢？我叫它为'燃素'。于是，我认为所有的可燃物质，都是一种燃素的化合物，其中的成分之一便是燃素……当一个东西燃烧的时候，其中的燃素便分离出来，而且所有的燃烧现象——热、光、火焰——都是因为燃素逸出，而发生的剧烈现象。"

斯塔尔还说："木头是燃素和灰的化合物。木头燃烧，就是燃素从灰中分离出来。燃烧后，燃素就跑掉了，自然，炉膛里剩下的灰，也就不会再燃烧了。"至于金属，那当然也是一样——在煅烧时，金属失去了燃素而剩下灰烬。

根据斯塔尔的燃素学说，金属燃烧的过程，用算式来表示的话，这就是：金属－燃素＝灰烬。

这跟波义耳的"金属＋火素＝灰烬"的算式恰恰相反。

斯塔尔的燃素学说，获得了许多科学家的赞同，因为它很圆满地解释了许多以前所没法解释的化学现象。

如果你有机会到博物馆里去瞧瞧，翻开一本两百多年前欧洲流行的化学教科书，在那发黄的书页上，你一定可以看到这样的话："物质能够燃烧，是因为含有燃素。物质所含的燃素越多就越容易着火和燃烧。煤、脂肪、油类、木头非常容易燃烧，便是由于它们几乎全部都是由燃素组成的。在一些普遍的金属中也含有燃素，这就是金属也能够燃烧的原因。不过，金属中所含的燃素不多，所以它燃烧时没有木头那样猛烈，所剩下来的灰烬也比木头多。"

瞧，燃素学说讲得多么头头是道！

燃素学说还很圆满地解释了别的许多难题：

比如，人为什么要呼吸？这是过去人们一直想不通的"为什么"。然而，燃素学说解释道：

"呼吸，实际上就是人在不断地排出燃素的过程。从肺里不断吐出来的气体里，便含有许多燃素。因为呼吸是一个排出燃素的过程，如同木头燃烧时，散发出的燃素，所以能产生热，人体的热量便是从这儿来的。"

在17—18世纪，人们所知道的化学知识，还只是零零碎碎、东鳞西爪，没有形成一个完整的系统和严格理论，每个化学家对于各种化学现象，都是各有自己的一套说法。由于每一种说法都不很完善，难以使人信服，这样，化学就好像一支没有指挥官的队伍似的，一片混乱。

自从出现了燃素学说以后，得到了各国科学家的支持，于是，燃素学说成了化学的"统帅"——指导理论。正如恩格斯所指出的，燃素学说"曾足以说明当时所知道的大多数化学现象，虽然在某些场合不免有些牵强附

023

会。"①从此,化学就"借燃素说从炼金术中解放出来"②,发展成为一门有理论的系统的科学。

当时,在科学院的论文报告会上、在实验室里、在学校的讲台上,燃素学说到处被讲述着,引用、传播着;燃素学说,被写进科学专著,写进教科书。

燃素学说,统治着化学。

寻　找

打破砂锅问到底:燃素又是什么呢?

谁也不知道。

人们为了追根求源,开始在实验室里,用各种各样巧妙的办法寻找燃素,提取不含任何杂质的、纯净的燃素!

找呀,找呀,英国化学家在找,法国化学家在找,德国化学家在找,俄罗斯化学家也在找——人们足足寻找了半个世纪,可是,谁也没有提取到一丁点儿"不含任何杂质的、纯净的燃素。"

1766年,英国化学家卡文迪许的一个实验,却深深地吸引了那些寻找燃素的人们的注意。卡文迪许是一个身材瘦长的人,平时很少说话,英国皇家学会开会时,他总是到会,但照样总是不发言,静静地坐在那里听。虽然他说话不多,看的书、做的实验、写的论文、在科学上所作的贡献却不少。在卡文迪许家中,他认为最珍贵的东西是图书和仪器。他不太喜欢把时间花在宴会和舞会上,只喜欢一个人静静地埋头于实验。他除了出去参观工厂或者考察地质外,很少外出,整天都待在实验室里。

1766年,卡文迪许在实验中发现了这样一个奇怪的现象:他把锌片和

---

① 《资本论》第二卷《序言》,人民出版社,1975年版,20页。

② 《自然辩证法》,人民出版社,1971年版,9页。

铁片等金属扔进稀硫酸里，咦，金属片顿时大冒气泡。他小心地用瓶子把这些冒出来的气体收集起来。使他惊讶的是，这些气体看上去似乎平平常常，像空气一样无色无味，然而，一遇到火星，便会立即燃烧，以至爆炸起来！[1]

卡文迪许把自己的发现写进了论文，发表了。

"燃素找到了！燃素找到了！"那些正在为找不到燃素而苦闷的科学家，一看到卡文迪许的论文，简直高兴得跳了起来。他们认为，那无色、无味的气体，就是燃素：因为根据燃素学说："金属－燃素=灰烬"，换句话说，就是"金属=燃素+灰烬"。在卡文迪许的实验里，金属和酸反应，放出了会燃烧的气体，而在酸中只剩下一些渣滓。因此燃素学说的支持者们解释道，在金属和酸作用时，金属被分解了，变成燃素和灰烬两部分；放出来的可燃气体就是燃素，剩下的渣滓便是灰烬。

这样，燃素学说，似乎第一次获得了实验的证实。后来，又有一件事情，有力地给燃素学说撑了腰。

1785年，俄罗斯化学家、科学院院士托·叶·罗维兹，在彼得堡皇家大药房的实验室里忙碌着。罗维兹高高的前额下有一双精细的眼睛。在他周围，摆满了装着液体的瓶瓶罐罐。

那时候，医药上正需要大量纯净的酒石酸，而普通的酒石酸却总是含有许多杂质。罗维兹想：怎样提纯这些普通的酒石酸呢？

罗维兹慢慢地在火上把酒石酸溶液加热。令人遗憾的是，不论怎样小心地加热，本来稍微带点黄色的粗酒石酸溶液在蒸发后，总是变成了一摊红褐色的浑浊的液体，最后甚至变成黑色的黏稠液体——反而比原先更加糟糕了。

罗维兹写道："这种浑浊液体特别使我感到不愉快，我从来也没有像这样强烈地希望过，希望设法避免这一不愉快的现象……"

怎么办呢？

---

[1] 实际上，卡文迪许发现的气体是氢气。

在当时,罗维兹是燃素学说的热烈支持者之一,他开始用燃素学说的观点来分析实验现象。

酒石酸晶体是能够燃烧的。罗维兹不由得这样想:酒石酸显然含有大量的燃素。燃素只有完全燃烧时,才会全部从物质中放出来。而在稍微加热时,例如慢慢地蒸发酒石酸溶液,那么,燃素只能部分地放出来。

"也许,那可憎的红褐色和黑色的浑浊液体,就是放出来的燃素的化合物吧。"罗维兹这样猜测。

接着,罗维兹又想到:如果在酒石酸溶液里,加入某种能够吸收燃素的物质,这岂不就能够消灭那不愉快的浑浊物,而得到纯净的酒石酸了吗?

木炭,是最富有燃素的物质之一。罗维兹知道,要是把木炭放在密闭的容器中,即使加热到极高的温度,它也不会燃烧——不肯放出燃素。[①]这样,罗维兹认为,木炭对燃素一定是非常贪婪的。他得出了结论:"如果真是这样的话,那么,使木炭和燃素相接触,它就能大量地吸收燃素。换句话,如果把木炭放进酒石酸溶液,它就能吸收那可憎的红褐色和黑色的浑浊物。"要证明这个从燃素学说里得出来的结论是不是正确,并不困难——可动手做个实验试试看。

于是,罗维兹在实验室里,又开始加热酒石酸溶液。到溶液里再出现那"不愉快"的红褐色浑浊现象时,就加放一些捣碎的木炭。一摇晃,等黑色的炭粒沉淀下去,溶液果然变得无色透明了!罗维兹把炭粒滤掉,一冷却,在蒸浓了的溶液里,就出现了大块的、漂亮的、无色透明的酒石酸结晶体。

罗维兹把自己的实验经过,写成论文,发表在1786年第一卷《克瑞里斯化学年报》上。接着,罗维兹又用木炭粉做了许多实验,证明木炭粉能使褐色的盐水脱色,使蜂蜜、糖汁、染料脱色,可以除掉普通酒里有异味的杂醇,还可以使带有腐臭味的水变成可以喝的饮料,等等。

---

① 现在看来,其实这主要是在密闭容器中缺乏氧气的缘故,而不是木炭"不肯放出燃素"。

1794年，罗维兹还亲自用木炭粉来净化俄罗斯船队上不适于作饮料的水和制酒工厂里的酒精。

罗维兹的实验，再次证明了燃素学说的正确性——因为从燃素学说所得出的结论，居然被实验所证实了。[①]

这样，相信燃素学说的人就更多了。当时化学界的权威们，如瑞典化学家白格门、德国化学家马格拉夫、法国化学教授卢爱勒、瑞典化学家兼药剂师舍勒等，都是燃素学说最热烈的拥护者和最忠实的信徒。

这样，燃素学说，在化学史上几乎统治了一个世纪。[②]

动　摇

在18世纪，科学家们不光是相信有燃素存在，而且还相信存在着别的许多秘密的"要素"。

你要是问：铁为什么具有重量？

他们回答道：因为在铁的微孔中存在"重素"。

你要是问：为什么有的东西热，而有的东西冷呢？

他们回答：这是因为热的东西里含有"热素"，冷的东西里含有"冷素"。

你要是问：空气为什么能够被压缩，而且具有弹性呢？

---

① 现代科学证明，这实际上只是一种吸附现象，因为木炭是一种很好的吸附剂，具有很大的表面积，能够吸附色素，使溶液脱色。罗维兹从燃素说得出结论而使实验成功，这只是偶然的巧合。罗维兹发现木炭的吸附性能，这在科学上是重大的贡献；但是，他以这个实验企图证实燃素，却是错误的。

② 燃素这一概念，最早是斯塔尔的老师、德国科学家柏策提出的，斯塔尔加以引申和发展。燃素学说在化学上的影响是很深的，虽然拉瓦锡已于1777年前后，以充分的实验作根据，驳倒了燃素理论。但是许多化学家还不相信拉瓦锡的理论，仍坚持燃素理论。如上面提到的罗维兹，在1785年还企图用实验证实燃素的存在。因此在化学史上，称18世纪为"燃素时期"。

他们回答道:那是因为空气含有"弹性素"。

另外还解释说,光,是因为有"光素",电有"电素",磁有"磁素"……

那时科学家们的逻辑就是这样:遇上有什么解释不通的现象,便认为这是由于含有特殊的"某某素"的缘故。如果你再追问一句这"某某素"是什么,他们的回答是不知道,或者不可思议!

就这样,各式各样令人眼花缭乱的特殊的"要素",简直成了万应灵丹。当时在自然科学的书籍中,满是写着这样或那样的奇妙的"要素"。

尽管千奇百怪的各种"要素"满天飞,然而,谁也没有真正见到这些"要素"。

俗话说得好:"真金不怕火炼。"要分清是假金还是真金,要用火来检验;要分清是谬论还是真理,要用实践来检验。实践,是检验真理的唯一标准。

燃素学说,在实践中却开始遭到重重困难。

人们发现了这样的事儿:一支点着了的蜡烛,如果放在密闭的罩子下,没一会儿就会熄灭掉。

蜡烛既然含有燃素,为什么在密闭的罩子里会熄灭掉呢?它所含有的燃素并没有跑掉呀!如果你把罩子打开,蜡烛照样可以点燃,发出柔和而昏黄的光。

斯塔尔对于这个现象,作了这样的解释:那是因为在密闭罩里的空气,已经"吸饱"了燃素的缘故。

他说:"当空气对于燃素已经饱和了的时候,便不能再吸收燃素了。于是,蜡烛中的燃素便不得不停止逸出,火焰也就消失了。"

其实,这是一种牵强附会的解释。

至于波义耳的实验——金属在煅烧后增加了重量,也给燃素学说带来了巨大的困难,既然金属在煅烧时,是在不断地放出燃素。那么,煅烧以后,金属失去了燃素,照理应该比煅烧前更轻,为什么结果反而是重量增加了呢?

起初，一些为燃素学说辩护的科学家们说：燃素是没有重量的东西！

可是，这样还不能自圆其说，如果说燃素没有重量的话，那么，金属在煅烧前后应该是一样重才对呀！为什么波义耳的实验却一再证明，金属的重量的的确确是增加了呢？

于是，这些科学家又修改了自己的理论，他们说：燃素不是没有重量的东西，而是具有"负的重量"！因为地心对它不但没有吸引力，反而对它有排斥力。火焰，是燃素从燃烧物体中逃逸形成的。火焰总是向上，便是由于燃素具有"负的重量"，向上飞的缘故。也正因为这样，当金属被煅烧时，燃素就跑掉了，剩下的渣子失去了"负的重量"，它本身的重量也就增加了。

当时，法国著名的燃素学说理论家、蒙彼利埃医院教授加勃里尔·文耐尔便宣称燃素具有"正的轻量"（亦即"负的重量"）：

"燃素并不被吸向地球的中心，而是倾向于上升，因此在金属灰渣形成后，重量便有所增加，而在它们还原时重量就减少。"

有趣的是，还有人把燃素比做"灵魂"。他们说，金属失去燃素，就好比活着的人失去了灵魂。人失去灵魂以后，尸体比活着时要重；死的灰渣当然也就比活的金属重。

这是第二个牵强附会的解释！

真理，放之四海而皆准；谬论，则常常矛盾重重，错误百出。燃素学说的拥护者们虽然费了好多力气，才"解释"波义耳的实验，可是，没想到这又和另一件事相矛盾了。可不是吗？

许多燃素学说的拥护者都是一直认为卡文迪许用金属和酸作用所获得的可燃气体，就是燃素。然而，不久，人们便发现这种气体是一种化学元素——氢气（当时称为"水素"），它只不过是一种普普通通的气体罢了，而且是具有一定的重量的，并不是具有"负的重量"。换句话说，如果燃素学说的拥护者们认为燃素具有"负的重量"，那么，氢气就不是燃素；如果认为氢气是燃素，那么，就无法解释波义耳的实验。燃素学说，可真成了"床下挥斧头——不碍上,就碍下"。

人们开始怀疑氢气并不是燃素,于是,燃素学说遇到了第三个困难:燃素究竟是什么?它的性质怎样?究竟能不能将它提取出来?

这是一个老问题——从燃素学说诞生的第一天起便存在的问题,同时也是许许多多科学家费尽心机所久未解决的问题——没有提取到纯净的燃素。那些醉心于燃素学说的科学家,面对着难堪的局面,又提出了新的"解释":无论是"燃素"也好,无论是"电素"、"光素"、"磁素"也好,这些"素"全是一些看不见、摸不着、听不到、没有重量或者具有"负的重量"的东西!这些奇妙玄虚的"素",是没法提取出来的,因为当你把它装到任何一个密闭的瓶子里时,它会立刻穿过瓶壁,溜掉……也正因这样,人们是无法提取这些"素"的。总之,燃素是不可捉摸的东西。

这是第三个牵强附会的解释!

鱼目岂能混珠?科学,是一门老老实实的学问;事实,是科学的最高法庭。在科学上,牵强附会、强词夺理是没有用的,像是在石臼里捣水——白费力气。只要是不符合于事实,任何"理论"即使说得天花乱坠,也只能算是谬论。

燃素学说在科学实践中困难重重,在生产实践中也是擀面杖吹火——一窍不通。在18世纪中叶,由于冶金工业,特别是钢铁工业的迅速发展,迫切地需要一种新的、正确的理论来解释关于金属的冶炼过程,来指导生产的进一步发展。然而,燃素学说却像一根柔软无力的蛛丝,无法鞭策生产向前发展。例如,当时炼铁厂迫切需要解决炼铁炉的鼓风问题——为什么要往炉里鼓风?风的流速多大最合适?炼一吨铁要鼓进多少空气?空气最合适的温度是多少度?这一系列问题,都涉及燃烧的本质,是燃素学说没法解决的。

燃素学说在动摇中。

论冷和热的原因

1745 年 1 月，在俄罗斯彼得堡科学院的全体大会上，一位宽肩膀、高个儿、头上戴着假发的院士，在大声地宣读着自己的论文：《论冷和热的原因》。

这位 30 多岁的院士，在论文里提出了一个崭新的观点：他不同意科学界中最流行而又最普遍的关于冷和热的看法——冷是由于物体中含有"冷素"，热是由于物体中含有"热素"。他认为，冷和热的根本原因，就在于物质内部的运动！

这是一个前所未有的观点，这是一个向当时最流行的关于冷和热原因理论的大胆挑战。

宣读这篇论文的科学家，就是俄罗斯彼得堡科学院院士米·瓦·罗蒙诺索夫。

罗蒙诺索夫诞生在俄罗斯北方荒僻的德维斯基县米沙宁斯卡雅村一个渔民的家里。小时候，罗蒙诺索夫常常跟着他父亲一起出海捕鱼。

罗蒙诺索夫从小就非常好学，可是，他家里很穷，父亲又目不识丁。他在不随父亲下海的日子里，就常常到邻居伊凡·舒卜依家里去。舒卜依是村子里一位有学问的人，罗蒙诺索夫从他那里学会了读和写。他还向舒卜依借了许多书，一空下来，就贪婪地读着。很快地，他念完了他在村子里能借到的所有的书籍。

强烈的求知欲，驱使罗蒙诺索夫在 19 岁的时候，便离开了故乡，到莫斯科去求学。他怕他的父亲不让他走，在一个北风呼啸着的寒夜，他趁家里的人都睡着时，穿着两件单薄的衬衫和一件光板的皮袄，带着舒卜依借给他的 3 个卢布，偷偷地离开了家。由于身边仅有 3 个卢布，他不得不冒着严寒，从故乡一直步行到遥远的莫斯科！

经过了长途跋涉，1731年1月初，罗蒙诺索夫终于来到盼望已久的莫斯科，并以优异的成绩，考进了当时莫斯科唯一的高等学校——斯拉夫—希腊—拉丁语学院。

在斯拉夫—希腊—拉丁语学院里，罗蒙诺索夫第一次走进了图书馆，看到那么多的书籍，他简直像一个饿汉闯进一个放满白面包的厨房里一样，贪婪地读了起来。

罗蒙诺索夫以惊人的勤奋和顽强的精神学习着，在一年时间里，就学完了三年的课程。在这个学院里，他并没有念完最后一个学期，因为这个学院所讲授的知识，已经不能满足他的需要了。他很想探索大自然的秘密，但是，这个学院并没有自然科学方面的课程。由于罗蒙诺索夫成绩优异，他被选派到彼得堡去，在那里的科学院附属的大学里学习。

罗蒙诺索夫来到彼得堡后，还不到一年，随即又被派到德国去学习冶金和采矿。在德国，罗蒙诺索夫得到了实际的锻炼，成为了一位知识渊博的人。

由于罗蒙诺索夫平时刻苦学习，善于观察和分析自然界各种现象，使他的科学思想，远远地超过了他的同时代人。

罗蒙诺索夫首先向"热素学说"开火。在《论冷和热的原因》这篇著名的论文里，他写道：

"在我们这个时代，把热的原因归结到某种特别的物质，大多数人管这种物质叫做热素，另外一些人管它叫做以太，还有些人甚至叫它火素。大家认为物体里所含的热量越多，那就是它所含有的热素越多……这种看法，很多人的脑子里，已经是那样根深蒂固，以至在各种物质学的著作里也可以看到……"

波义耳认为"热素"不仅具有重量，甚至还是一种化学元素哩！他曾经排过一张化学元素表，在这张表里，写着各种化学元素：铁、铜、铅、热素……

但是，罗蒙诺索夫认为这种"热素"是人们凭空臆造出来的东西。他在《论冷和热的原因》一文中问道：这种热素是从哪儿来的呢？例如："……在冬季严寒的天气中,这时好像不该有什么热素存在了吧,但是,一点星星之火,会烧掉一大堆火药,燃起熊熊烈焰,这热素又是从哪儿来的呢?是由于什么奇怪的性质,使燃素一下子聚拢来的呢?难道它会在瞬息之间跑来又跑回去吗?……显然,这不仅和经验相矛盾,而且不合乎常情。"

罗蒙诺索夫接着写道:"许多动物并不吃什么热的东西,可是,它们却浑身温暖,甚至能够把它们附近的东西也变得暖和起来。热素的拥护者和辩护者们,请解释一下,热素是怎样跑进动物身体里去的?是不是它跑进去的时候是冷的?但是,'冷的热素'——这岂不是和潮湿的干燥、黑暗的光明、柔软的刚性或者四方的圆一样荒谬滑稽吗?"

罗蒙诺索夫得出结论说,这种虚无缥缈的"热素",实际上并不存在!

冷和热的原因究竟是什么呢?

罗蒙诺索夫回答道:"大家都知道得很清楚,运动会引起发热,双手互相摩擦会感到温暖;火镰打击燧石会迸出火花;接连用力锻打铁块,铁块会灼热到发红。但是,如果让它们停止运动,那么,热量就会逐渐减少,而产生的火也就熄灭了。"

但是,也有些物体看上去并没有在动,却也能发热,例如,木头在燃烧的时候,这些热又是从哪儿来的呢?难道这也是由于运动的结果而产生的吗?

罗蒙诺索夫的回答是——同样由于运动而产生的,他说:"因为物体能够按照两种方式来运动:一般的方式,这时候整个物体不断地改变自己的位置,物体内部的粒子却是相对静止的;另一种是内部运动的方式,就是物质内的、感觉不到的粒子的位置在不断地改变。又因为在最激烈的一般运动的时候,常常不会产生大量的热,而在没有这种运动时却会产生大量的热,可见热的产生主要是由于物质内部的运动引起的。"

罗蒙诺索夫最后总结道:"十分明显,热的主要基础在于运动。既然运动不能脱离物质来进行,那么,热的根本原因必定是某种物质在运动。"

按照现代物理学的观点看来,罗蒙诺索夫的论断是正确的:所谓"感觉

033

不到的粒子"，实际上就是分子。热，就是物体内部分子所做的不规则的运动。

物体越热，它内部分子的运动就越厉害。一块铁，在平常是固体，内部的铁分子只是在作微小的振动，就好像一个不倒翁似的那里左右摆动。如果把铁加热到1000多摄氏度，铁分子的运动就会大大加剧，它不再是做微小的振动，而是离开了原先的位置到处乱撞瞎逛——铁变成液体了；要是再加热，铁分子的运动会变得更为厉害——铁液沸腾，以至变成铁的蒸气。

在最冷的温度——绝对零度（－273.16℃）时，物质内部的分子，几乎停止了振动，安静得像摇篮里睡熟了的婴孩似的。

罗蒙诺索夫的论文，引起了科学界的争论。《论冷和热的原因》这篇论文，用拉丁文印在科学院的刊物上，送给各国科学院、大学和图书馆。许多国家的杂志，也都纷纷翻译和转载了这篇不寻常的论文。

但是，罗蒙诺索夫这种大胆的见解，也受到了许多守旧派科学家的讥笑和反对。在1745年1月25日的俄罗斯科学院的会议记录上，便曾记载着这样的话："这位副研究员（指罗蒙诺索夫）钻研关于冷和热的原理的目的和努力是值得赞许的，但是他似乎过于急躁从事于看来是超过了他的能力的工作；尤其是当他企图对各种物质运动的原理进行探讨的时候，他丝毫没有足够的证据。"接着，这份记录还指责罗蒙诺索夫不应该攻击光荣的波义耳。尤其是当时掌握着俄罗斯科学院大权的德国科学家们，更是看不起这位俄罗斯科学家的工作，认为罗蒙诺索夫是"完全错误的"。

其实，这不足为奇，有哪一种新的理论，当它诞生时，不受到守旧派的攻击呢？有哪一种新的理论，不是在和守旧派激烈的斗争中成长起来的？

真理是多助的，真理是走遍天下都不怕的。过了50多年，罗蒙诺索夫的见解，得到了两位科学家的有力支持。

一位科学家叫伦福德，他是美国人，移居到德国工作。1798年，伦福德在慕尼黑造大炮。伦福德用钻头往圆钢中钻孔，制造炮筒。他发现，没钻多久，钻头热了，炮筒也热了，热得烫手！

伦福德感到奇怪：为什么会发热呢？热量是从哪儿来的呢？

热素学者们说：大抵是钻头与圆钢发生化学反应，产生了热。

伦福德不相信热素学说那一套，他认为："热可由运动产生，它绝不是一种物质。"伦福德仔细检查了钻头和圆钢，果然，它们并没有发生化学变化。

热素学者们说：也许是钻头把金属中的"潜热"——潜藏着的热素，给钻出来了。

伦福德驳斥道："潜热"是什么东西？从哪儿钻出来？我不停地钻，钻头就不停地发热，哪来那么多"潜热"？

热素学者们说：大约是周围物体的热素跑了进来。

对这种说法，另一位著名的英国科学家戴维在1799年进行了一个新的试验，给了热素学者们当头一棒。

戴维把两块冰在真空中摩擦，周围的温度低于0℃。照理，周围物体的"热素"是不可能跑到冰中去的。然而，这两块冰经过互相摩擦，居然都融化成水了！

戴维认为，热是"一种特殊的运动，可能是各个物体的许多粒子的一种振动"。

然而，热素学说仍顽固地盘踞在科学界，为当时的大多数科学家所接受。一直到19世纪50年代，人们还多半相信热素学说——真理与谬论之间的斗争，是何等尖锐，而真理要战胜谬论，又是何等艰难！"世人皆醉我独醒，世人皆浊我独清。"真理最初总是在少数人手中。真理为大多数人所认识，需要时间！

035

波义耳错了

1756年，罗蒙诺索夫为了进一步用实验、用事实来批驳波义耳的理论，重新做了波义耳关于金属在加热后重量增加的实验。

同波义耳一样,罗蒙诺索夫的实验,也在密闭的玻璃瓶中进行,以便研究金属由于单纯的受热是否会增加重量。

这时,离波义耳当初在英国牛津所做的这个实验,已经有80多年了。在这80多年间,不知有多少著名的科学家重复地做过波义耳的实验,都得出跟波义耳一样的结果——金属在密闭的容器中煅烧后增加重量。这件事,在人们看来简直是已成定论,不可动摇的事实了。但是,罗蒙诺索夫所得的实验结果,却与波义耳的恰恰相反:在密闭的玻璃瓶里加热金属,重量并没有增加!

这是怎么回事呢?

罗蒙诺索夫是这样进行自己实验的:他把金属放在一只曲颈甑里,把曲颈甑的瓶口封闭起来,①然后连曲颈甑一起放在天平上称好重量。接着,就拿去进行加热。等加热完毕,曲颈甑里的金属表面已经蒙上了一层渣滓。把曲颈甑冷却,仍旧密闭着瓶口(不打开塞子!)放在天平上称量。这样,前后称得的重量完全一样。

罗蒙诺索夫的实验和波义耳的实验的不同之处,主要就在于:罗蒙诺索夫在整个实验过程中,都一直把瓶口密闭着,没有打开。而波义耳呢?他虽然在加热时密闭着瓶口,但是,在刚刚加热完毕,他却立即把瓶口打开,正如他自己在论文中所写的那样:"这时外面的空气发出了嗤嗤的声响,冲进了容器。"

波义耳的错误,就在于他虽然听到了这"嗤嗤"的声响,却忽视了它!

在罗蒙诺索夫的实验中,虽然金属在加热时,由于同瓶中的空气(主要是氧气)相化合而部分变成渣滓(主要是氧化物),但是,瓶口始终是封闭着的,瓶外的空气不能进入瓶里,因此瓶子的重量在加热前后依然不变。而

---

① 实际上是事先稍微加热一下,使瓶内空气膨胀,赶走一部分,然后再塞上塞子。如果不这样事先加热一下,那么,在塞上塞子后,再一加热,瓶内空气膨胀,会引起爆炸。

波义耳呢？正如罗蒙诺索夫所指出，那是因为波义耳最后把瓶子打开，瓶外的空气带着嗞嗞的声响闯进来："毫无疑问，这些不断地在金属表面流动着的空气微粒，会和金属相化合，因而增加了它的重量。"

罗蒙诺索夫用铁一样的事实，证明波义耳错了！他写道："这个实验说明了光荣的波义耳的意见是错误的，因为隔绝了外界的空气，煅烧后的金属重量保持不变。"

罗蒙诺索夫用铁一样的事实，证明了80多年以来那些按照波义耳的方法"照方配药"般的实验，也都错了！世界上最容易的事，莫过于踩着别人的脚印走。这样做，如果前面那个人走错了路，因循守旧的人，就像老是围着辗子打转转的驴子一样，永远不能走别人所没走过的路，发现别人所没有发现过的东西。

既然波义耳的实验结果是错误的，那么，他所提出的"理论"——有什么玄妙的"热素"穿过瓶壁钻进瓶子和金属化合——也就犹如摧枯拉朽，不值一驳了。因为事实是理论的基础，是理论的根据。只有建立在可靠的事实的基础上的理论，才能成为可靠的理论。一旦事实动摇了，那么犹如一座建筑在沙滩上的高楼大厦一样，那"理论"势必要倒塌。

瓦上的霜，见不得太阳。"热素"学说在事实面前也就破产了。

伟大的定律

在古代，人们常常看到一些好像凭空而生，或是不翼而飞的现象，而百思不得其解。一颗小不点儿的种子，会发芽，会成长，鹅黄的幼芽会成长为一颗亭亭如盖的巨树。这构成树木的物质是从哪儿来的呢？真的是无中生有吗？

木头燃烧后，不见了；蜡烛燃烧后，也变得无影无踪。它们到哪儿去了呢？真的也是不翼而飞了吗？

每年秋天，无边落木萧萧下，大地铺满了落叶。可是，后来这些树叶又不知到哪儿去了，连一片也没看见。难道这又是不翼而飞——物质能够被消灭吗？

······

一句话，在人们面前，摆着这样一个问题：物质能不能凭空产生？物质能不能无影无踪地被永远消灭？

在2400多年前，古希腊哲学家德谟克利特曾经作过一个正确的臆测：他在一首诗里写道：

无中不能生有，

任何存在的东西也不会消灭。

看起来万物是死了，

但是实则犹生：

正如一场春雨落地，

霎时失去踪影；

可是草木把它吸收，长成花叶果实，

——依然欣欣向荣。

明末清初，我国唯物主义思想家王夫之（1619—1692），明确地提出了"生非创有，死非消灭"，"聚散变化，而其本体不为之损益"，认为世界上的物质是"不生不灭"的。另外，中国有句流传甚广的谚语——"巧媳妇难为无米之炊"。这句话其实也就是不能"无中生有"的意思。

然而，不论是德谟克利特的臆测，还是王夫之的精辟论断，在当时都没有引起人们的重视。

有趣的是，当人们每天清早去买菜的时候，除了注意今天买的是什么菜——白菜、菠菜还是红萝卜？而且还会注意另一件事——每样菜到底打算买多少，三斤、两斤还是十斤、八斤？自古以来，人们很早就都注意了这两件事情。为了称菜，人们还发明了秤。

然而，在罗蒙诺索夫以前，科学家们在研究化学反应时，却并不像买菜那样，他们常常只关心经过化学反应以后得到了什么样的产物——红的、黄的还是白的？固体、液体还是气体？香的、臭的，还是没有气味？甜的、苦的、酸的、咸的、辣的，还是什么味道都没有？但是他们却忘掉了另一桩重要的事情——用了多少原料，经过化学反应得到了多少产物？是多了少了，还是不多不少？换句话说，他们只是关心买什么"菜"，而不关心买多少"菜"。用化学的语言来叙述，那就是：他们只是定性地研究化学反应，却很少定量地研究化学反应。

罗蒙诺索夫曾经这样讲过，"不会有一个科学家不知道化学实验的方法是非常多的；但是他不能否认，几乎所有过去做实验的人，对度量和衡量这样极端重要和迫切的事情都没有提到过。然而，应用这两种量的结果，告诉了每一个在物理和化学的实验方面埋头苦干的人，这两种量，会给他在实验的时候带来多少真实的情况和敏锐的洞察力啊！"

罗蒙诺索夫把定量的方法引用到化学中来。罗蒙诺索夫和他同时代的一些科学家不同，他在实验中经常使用天平，十分注意物质重量的变化。

罗蒙诺索夫不管做什么实验，他总是要记录参加反应的各种物质的重量，和反应所得的产物的重量。关于这一点，他曾经不止一次地在自己的论文和工作日记里谈到过。

渐渐地，罗蒙诺索夫开始发现了这样的事情：参加化学反应的物质的总重量，常常总是等于反应后产物的总重量。也就是说，在化学反应中，尽管发生了各式各样的化学反应，有的由无色一下子变得五光十色，有的由澄清透明一下子变得一片浑浊，有的一下子被溶解了，有的大冒气泡……但是，物质的总重量总是不变的，既不增加，也不减少。

罗蒙诺索夫敏锐地看到，这一规律具有非常重大的意义，因为它指出了物质既不能无中生有地凭空产生，也不能无影无踪地被永远消灭。

早在罗蒙诺索夫重新校核波义耳实验的 8 年之前（1748 年），他便清楚地阐述了这一规律。

039

　　1748年7月，著名的俄罗斯数学家、科学院院士辽那特·爱伊列尔收到了他的好朋友——罗蒙诺索夫在7月5日写的一封信。这封信长达30页！不，这与其说是信，倒不如说是一篇科学论文。因为在那时候，邮电通讯还不是很发达，科学杂志不仅印数少，而且发行很慢。科学家们之间，常常把自己的研究成果写在信上，直接寄给自己的朋友们。当朋友们收到这些信件后，常常在各地的一些学术报告会上当众宣读，这样就可以很快地把新的发现、新的理论传播开去。

　　在这封给爱伊列尔的长信中，罗蒙诺索夫写道："如果我没有弄错，那么，大家所知道的罗伯特·波义耳是第一个在实验中证明了：金属在煅烧后，重量会增加的。"但是罗蒙诺索夫并不同意波义耳的结论。接着他又写道："在自然界中发生的一切变化都是这样的：一种东西增加多少，另一种东西就减少多少。例如，我在睡眠中花费多少小时，我醒着的时间也就减少多少小时，以此类推。"

　　用现代科学的语言来叙述，就是："在一切化学反应中，参加反应的各种物质的总重量，等于反应后生成的各种物质的总重量。"也就是说，物质是永恒的，它既不会凭空地被创造出来，也不能任意地被消灭掉，而只能相互转变。

　　爱伊列尔院士读完了罗蒙诺索夫的这封长信以后，深知罗蒙诺索夫的见解是和权威们的见解相抵触的，没有大量精确的实验做依据，是不能和权威们相抗衡的，更不可能使他们服输。

　　正因为这样，爱伊列尔非常希望罗蒙诺索夫能够继续钻研下去，深入探讨这一规律。1748年8月24日，爱伊列尔写了一封信给罗蒙诺索夫，这封信是交给彼得堡科学院院长拉宗夫斯基伯爵转达的。爱伊列尔顺便给这位院长附了一封信，在信里他写道："我恳请阁下为了这个物理学上极端精细的问题，转复罗蒙诺索夫。我不知道谁能比这位天才的人物更好地分析这一繁难的问题。"跟爱伊列尔所希望的一样，罗蒙诺索夫很早就想以精确的实验来论证物质不灭定律，以便发表。但是，那时的俄罗斯科学院的大权一直掌握在德国教授们的手中。他经常遇到德国教授们的冷遇，经过了好多年的斗争，他才在瓦西匀甫斯基岛兴建起了俄罗斯第一个化学实验室。

直到1756年，罗蒙诺索夫才有机会开始校核波义耳的实验，并且又做了许多其他的实验，从根本上推翻了"热素学说"，建立了物质不灭的概念。

1760年9月6日，在俄罗斯科学院的一次隆重的大会上，罗蒙诺索夫向全体院士和许多应邀出席大会的外国科学家、外交使节，宣读了自己的论文：《论物质的固体和液体》。在这篇论文里，罗蒙诺索夫提出了物质不灭的概念。

氧 的 发 现

罗蒙诺索夫在解释开口瓶中加热金属，结果重量增加的现象时说："那是因为不断地在热金属表面流动着的空气微粒，会同灼热的金属相化合，因而增加了它的重量。"

"空气微粒"，究竟怎样和金属化合呢？空气里究竟有些什么东西？当时，氧气还没有被发现，人们对于这些问题，还不十分清楚。虽然波义耳的热素学说被推翻了，但是，要想再推翻斯塔尔的"燃素"学说，还必须彻底揭开燃烧的秘密，必须解决空气在燃烧过程中究竟担任了什么样的角色这一问题。

实际上，燃烧就是物质和空气中的氧气激烈化合而放出光和热的过程。氧气的发现，成了揭开燃烧之谜必不可缺的前提。

据考证，中国学者马和（译音）在公元8世纪（唐朝）时，已经对氧气作了深入的研究，他在《平龙认》一书里，记载了氧的制取和燃烧原理。在欧洲，人们以为氧气是瑞典化学家舍勒在1772年和英国化学家普利斯特列分别在不同的地方,各自独立发现的。①

　　普利斯特列是英国的牧师,他写过许多关于宗教和传教的书籍,但是他也很爱自然科学,特别是喜欢化学。他出生于一个贫困裁缝的家里,7岁时,母亲便死了。普利斯特列是一个很文静的人,身体瘦弱,但学习很勤奋。小时候,他跟一个牧师学拉丁文和希腊文,到了16岁的时候,又自学法文、意大利文和德文。后来,他做了牧师,并兼任一个学校的校长。

　　有一次,普利斯特列偶然遇到了美国科学家富兰克林。富兰克林向他讲述了自然科学许多方面有趣的问题,一下子吸引了他。从此,普利斯特列开始对自然科学产生兴趣。他常常在空闲的时候,做着各种化学实验。特别是1772年以后,他在英国舍尔伯恩伯爵的图书馆里工作,阅读了不少自然科学方面的著作,更加爱上了化学。

　　1771年8月17日,普利斯特列在一个密闭的瓶子里,放进一支点燃的蜡烛。蜡烛很快就熄灭了。接着,他又往瓶里放进一束带着绿叶的薄荷枝。到了8月27日,他重新再往瓶里放进一支点燃的蜡烛,蜡烛竟然能够燃烧。

　　于是,普利斯特列又做了另一个实验:在两个密闭的瓶子里,都插进点燃的蜡烛,到它熄灭之后,在一个瓶里放进薄荷枝,而另一个瓶子里什么也不放。经过几天,当他再把点燃了的蜡烛插进去时,插进放了薄荷枝的瓶里的蜡烛继续燃烧着,而在另一个没有放薄荷枝的瓶里,蜡烛刚一伸进去,立即熄灭了。②

　　这究竟是怎么回事儿呢? 普利斯特列对这个奇怪的现象很感兴趣。于是,他便开始钻研这个问题。

---

　　① 普利斯特在1774年8月1日发现氧气,于1775年发表关于氧的论文。舍勒是1772年研究二氧化锰时发现氧气的,但他的论文《空气和燃烧》直到1777年才发表。

　　② 插了薄荷枝的瓶子之所以能使蜡烛继续燃烧,是由于薄荷枝的叶子进行光合作用,放出氧气,吸收二氧化碳。

1774年8月1日，是普利斯特列难忘的日子，对于世界化学史说来，也是一个值得纪念的日子。在这一天，普利斯特列在自己的实验记录里，记述了一件重大的发现，现在把他的原文引述在下面：

"我在找到了一块凸透镜之后，便非常快乐地去进行我的实验了。

"如果把各种不同的东西放在一只充满水银的瓶里，再把那瓶子倒放在水银槽中，用凸透镜，使太阳的热集中到那物体上，我不知道会得到些什么样的结果。在做了许多实验后，我想拿三仙丹①来做做看。我非常快乐地看到，当我用凸透镜照射之后，三仙丹竟而产生许多气体。"

这是些什么古怪的气体呢？

普利斯特列接着写道："当我获得了比所用的三仙丹的体积大三四倍的气体之后，我便取出了一些气体，倒进一些水，看见这气体并不溶解于水。但是，使我更奇怪的是，当我把一支蜡烛放到这种气体中燃烧的时候，蜡烛发出一种非常亮的火焰。这种奇怪的现象，我真是完全不知道该怎样解释才好。"

除了对这种新发现的气体作燃烧实验外，普利斯特列还把一只小老鼠放到充满这种气体的瓶子里，小老鼠在瓶子里却显得挺快活，挺自在！

"老鼠既然在这气体里能舒舒服服地生活，我自己也要亲自来试试看！"普利斯特列接着写道："我用玻璃管从一个大瓶里吸进这种气体到肺中，我竟觉得十分愉快。我的肺部在当时的感觉，好像和平常呼吸空气时没有什么区别，但是，我自从吸进这气体后，觉得经过好久，身心还是十分轻快舒畅。唉，又有谁知道，这种气体在将来会不会成为时髦的奢侈品呢？不过，现在世界上享受到这种气体的快乐的，只有两只老鼠和我自己！"

---

① 三仙丹，即水银的氧化物——氧化汞，是红色的粉末。不过，另外也还有一种黄色的氧化汞，它的化学成分和红色的完全一样，一受热就会成红色。它们颜色的不同，只是由于晶粒大小的不同而造成的。

这种气体究竟是什么呢？

本来，普利斯特列已经知道了这种气体的几个最重要的性质，如果他再仔细地加以分析、研究，是不难揭开谜底的。可惜！普利斯特列和舍勒一样，受燃素学说的影响太深，已经成了一个十分固执的燃素论者，犹如被戴上了有色眼镜，竟把树上红艳的苹果看成是跟树叶一样的颜色。

普利斯特列从燃素学说观点出发，错误地进行"解释"：他认为燃烧就是燃素从燃烧物中跑出来的过程。从三仙丹加热得到的新气体，既然能够帮助蜡烛燃烧得更旺，射出耀目的光芒，那么，这一定是由于这种气体本身没有燃素，这才特别喜欢从会燃烧的物体中去吸取燃素。这样，普利斯特列就断言："这种新气体之所以具有那样的特性，显然是因为它完全没有燃素，因而贪婪地从燃烧物里去吸取燃素。"

因此，普利斯特列把自己新发现的气体，命名为"失燃素的空气"——这也就是现在我们所称的"氧气"。

恩格斯深刻地指出："普利斯特列和舍勒析出了氧气，但他们不知道所析出的是什么，他们被'既有的'燃素说'范畴所束缚'。这种本来可以推翻全部燃素说观点并使化学发生革命的元素，在他们手中没有能结出果实。"[1] 恩格斯还指出，"从歪曲的、片面的、错误的前提出发，循着错误的、弯曲的、不可靠的途径行进，往往当真理碰到鼻尖上的时候还是没有得到真理（普利斯特列）。"[2]

知识就是力量。可是，错误的"理论"就像一个坏了的指南针，它不仅不能给人以力量，相反地还会使人失去综合、分析、判断事物的能力，掉进错误的泥坑。普利斯特列正是因为受了燃素学说的影响，以至铸成大错。不但如此，他到了晚年，变得越发固执了。

---

[1] 《资本论》第二卷《序言》，人民出版社，1875年版，20页。

[2] 《自然辩证法》，人民出版社，1971年版，212页。

揭开燃烧之谜

普利斯特列发现氧气时,正在英国舍尔伯恩伯爵的图书馆里工作。两个月后——1774年10月,他随着舍尔伯恩伯爵到欧洲各国去旅行。

当他们经过法国首都巴黎的时候,普利斯特列应邀拜访了好客的法国著名化学家安·洛·拉瓦锡。他们在吃饭的时候,普利斯特列谈起自己两个月前的新发现。饭后,他在拉瓦锡的邀请下,把自己的实验演示了一遍。

拉瓦锡看了这实验,深受启发。当普利斯特列告辞以后,拉瓦锡回到自己的实验室里,马上动手来做关于三仙丹的分解实验了。

拉瓦锡于1743年8月26日诞生在巴黎一个豪富的家庭里。他的父亲是巴黎有名的律师。靠着他阔绰的父亲,拉瓦锡从从容容地从一个学校毕业,又马上升学到另一个学校里。20岁时,他便在巴黎的马萨朗学院毕业,以后又念完了法律系,取得律师的头衔。

拉瓦锡是一个博学的人,精通好几门科学。从1769年开始,拉瓦锡把注意力转移到化学上来。

1774年,也就是在罗蒙诺索夫校核波义耳的实验18年之后,拉瓦锡又重复做着这个实验。他同样地发现了:如果把容器密闭起来,加热后容器和金属的总重量没有增加;但是,如果敞着口加热,那么,容器和金属的总重量就会增加。

拉瓦锡很想寻找敞着口加热时,金属重量会增加的原因,但是,一直没有找到。

拉瓦锡重复做了普利斯特列的实验以后,又做了这样的一个实验:他在那个弯颈的玻璃瓶——曲颈甑里,倒进一些水银。然后,再把曲管的一端,通到一个倒置在水银槽中的玻璃罩里。

普利斯特列在实验中,是利用凸透镜聚集太阳光进行加热的。这样加热,一来火力不强,二来只能在中午加热一阵,不能长时间地连续加热,因此,拉瓦锡改用炉子来加热。拉瓦锡把水银加热到将近沸腾,并且一直保持这样的温度,日夜不停地和他的助手轮班,加热了20昼夜!

在加热后的第二天,那镜子般发亮的水银液面上,开始漂浮着一些红色的"渣滓"。接着,这红色的"渣滓"一天比一天多,一直到第十二天,每天都在增加着。然而,12天以后,红色的"渣滓"就增加得很少。到了后来,甚至几乎没有增加。

拉瓦锡感到有点惊异。他仔细地观察了一番,发现钟罩中原先的大约50立方英寸①的空气,这时差不多减少了7~8立方英寸,剩下的气体体积为42~43立方英寸。换句话说,空气的体积大约减少了六分之一。

剩下来的是些什么气体呢?拉瓦锡把点着的蜡烛放进出,立即熄灭了;把小动物放进去,几分钟内便窒息而死了。显然,在这气体中,没有或者很少有普利斯特列所谓的"失燃素的空气"。

接着,拉瓦锡小心地把水银面上那些红色的"渣滓"取出来,称了一下,重为45克。他把这45克红色"渣滓"分解了,产生大量的气体,同时瓶里出现泛着银光的水银——"戏法"又变回来了!

拉瓦锡称了一下所剩的水银,重41.5克。他又收集了所产生的气体,共7~8立方英寸——恰恰和原先空气所减少的体积一样多!

这又是些什么气体呢?

拉瓦锡把蜡烛放进这些被收集起来的气体中,蜡烛猛烈地燃烧起来,射出白炽炫目的亮光;他投进火红的木炭,木炭猛烈燃烧,以至吐着火焰,光亮到眼睛不能久视。很明显,拉瓦锡断定这气体就是普利斯特列所谓的"失燃素的空气"了,而那红色的"渣滓"便是三仙丹。

尽管拉瓦锡所做的实验,是受普利斯特列的启发而进行的,但是他的可贵之处,在于勇敢地摒弃了燃素学说那些陈腐的观点。拉瓦锡决心用崭

① 1立方英寸等于16.387立方厘米(即毫升)。

新的观点解释这一自然现象。他说：

"我觉得这注定要在物理学和化学上引起一次革命。我感到必须把以前人们所做的一切实验看作只是建议性质的。为了把我们关于空气化合或者空气从物质中释放出来的知识，同其他已取得的知识联系起来，从而形成一种理论，我曾经建议用新的保证措施来重复所有的实验。"

从漫长而仔细的实验中，拉瓦锡终于得出了这样的结论：空气是由两种气体组成的。一种是能够帮助燃烧的，称为"氧气"（也就是普利斯特列所称为的"失燃素的空气"）。氧气大约占空气总体积的六分之一到五分之一；另一种是不能帮助燃烧的，他称之为"窒息空气"——"氮气"。氮气大约占空气总体积的六分之五到五分之四。①

更重要的是，拉瓦锡由此终于最后揭开了燃烧之谜，找到了真正的谜底：燃烧，并不是像燃素学说所说的那样，是燃素从燃烧物中分离的过程；而是燃烧物质和空气中的氧气相化合的过程。

例如，水银的加热实验便是这样：受热时，水银和氧气化合，变成了红色的"渣滓"——氧化汞（即三仙丹）。由于钟罩里的氧气，渐渐地都和水银化合了，所以加热到第十二天以后，氧化汞的量就很少再增加。然而，当猛烈地加热氧化汞时，它又会分解，放出氧气，而瓶中析出水银。

在1774年到1777年之间，拉瓦锡做了许多关于燃烧的实验，像磷、硫、木炭的燃烧，有机物质的燃烧，锡、铅、铁的燃烧，氧化铅、硝酸钾的分解等等，而后他提出了燃烧学说：燃烧就是燃烧物和空气中的氧气化合的过程，在这一过程中同时产生光和热。

这样，拉瓦锡终于阐明了燃烧的本质，彻底粉碎了荒谬的燃素学说；就像一把扫帚似的，把这堆垃圾从化学领域中扫了出去。

恩格斯高度评价了拉瓦锡的功绩，指出："当时在巴黎的普利斯特列

---

① 现在精确实验所测得的空气组成，体积百分比（不包括水汽和二氧化碳在内）如下：氮气78.16%，氧气20.9%，惰性气体0.94%。

……把他的发现告诉了拉瓦锡，拉瓦锡就根据这个新事实研究了整个燃素学说，方才发现：这种新气体是一种新的化学元素；在燃烧的时候，并不是神秘的燃素从燃烧物体中分离出来，而是这种新元素与燃烧物体化合。这样，他才使过去在燃烧说形式上倒立着的全部化学正立过来了。即使不是像拉瓦锡后来硬说的那样，他是依赖普利斯特列和舍勒的实验而析出了氧气，然而真正发现氧气的还是他，而不是那两个人，因为他们只是析出了氧气，但不知道自己所析出的是什么。"[1]恩格斯在为《资本论》写的序言中，以化学史上的这个著名的事例为证，来说明"在剩余价值理论方面，马克思与他的前人的关系，正如拉瓦锡与普得利斯特列和舍勒的关系一样"。[2]

在这里，应该补充说明一下的是，燃素学说尽管就其本质来说，是荒谬的、反科学的。但是，它是化学上第一个比较统一的理论，在 18 世纪初叶，对于化学的发展仍有一定的贡献——它曾把化学从混乱的状态中拯救出来，使当时凌乱如麻的化学知识系统化了。

正如一个民间故事所说的那样：一个年老的农民快要死了，他故意对自己 3 个懒惰的儿子说，地里埋着黄金。在他死后，儿子们天天到地里去挖黄金，虽然黄金没有挖到，倒因此翻松了地，而获得了丰收，金谷满园。燃素学说在化学上也起过类似的作用：人们为了提取那神秘的要素（它正像那地里并不存在着的黄金一样），忙着在实验室里用各种巧妙的方法进行实验，想提取燃素，结果虽然没有提取到什么燃素，但是，倒因此而发现了许多新的元素、化学反应和化学规律。

也正因为这样，恩格斯历史地、辩证地评价了燃素学说的作用："在化学中，燃素说经过百年的实验工作提供了这样一些材料，借助于这些材料，拉瓦锡才能在普利斯特列制出的氧中发现了幻想的燃素的真实对立物，因

---

① 《资本论》第二卷《序言》，人民出版社，1975 年版，20～21 页。

② 同上，21 页。

而推翻了全部的燃素说。但是燃素说者的实验结果并不因此而完全被排除。相反地,这些实验结果仍然存在,只是它们的公式被倒过来了,从燃素说的语言翻译成了现今通用的化学的语言,因此它们还保持着自己的有效性。"[1]1789年,拉瓦锡出版了他的名著《化学概论》。在《化学概论》里,拉瓦锡讲述了自己的实验,清楚地、令人信服地说明了燃烧的本质,批判了燃素学说。

拉瓦锡把自己的燃烧理论,归纳成这样四点:

1.燃烧时放出光和热;

2.物质只在氧气中燃烧;[2]

3.氧气在燃烧时被消耗;燃烧物在燃烧后所增加的重量,等于所消耗的氧气的重量;

4.燃烧后,燃烧物往往变成酸性氧化物,而金属则变成残渣。

在这本名著中,拉瓦锡以大量的实验为根据,用更精确的科学语言,阐述了物质不灭定律。拉瓦锡写道:"物质虽然能够变化,但是不能消失或凭空产生。"拉瓦锡还用数学的形式,严格地表达了物质不灭定律,他说:

"如果我把硫酸和一种盐一起加热,而得到硝酸和硫酸钾,那么,我完全可以确信这所用的盐是硝石(即硝酸钾——引者注),因为根据物质不灭定律,我可以把这场化学反应写成下列的方程式:

设:x 为生成那种盐的酸;

y 为生成那种盐的碱。

那么 $(x+y)$+硫酸=硝酸+硫酸钾

=硝酸+(硫酸+钾的碱)

所以 x=硝酸　y=钾的碱

---

① 《自然辩证法》,人民出版社,1971年版,33页。

② 这一点,一般来说是正确的,但也有例外。例如,氢气能够在氯气中燃烧,生成氯化氢,这时并没有氧气参加化学反应。

这样，那种盐就必定是硝石（硝酸钾）了。"

在化学上，拉瓦锡是第一个根据物质不灭定律，用化学方程式来表示化学反应的，成为化学方程式的首创者。

新生事物在一开始，常常遭到旧势力的非难。尽管在当时，拉瓦锡已经十分明白地揭示了燃烧的秘密，但是，仍然有一些化学家还不相信拉瓦锡的实验，死抱住燃素学说不放，连著名的普利斯特列在临死时还坚持燃素学说，罗维兹在1786年还企图用实验证明燃素的存在。但"一时强弱在于力，千秋胜负在于理"，真理不怕时间的考验。当时拉瓦锡的学说虽然未被普遍承认，燃素学说仍占上风，可是到了18世纪末，拉瓦锡的学说终于被化学界普遍承认，燃素学说终于被推翻了。

定组成定律

自从发现了物质不灭定律，并在化学实验室中提倡使用天平以后，化学家们在研究工作中，都开始重视物质的重量，定量地进行研究。既然在化学反应中，参加反应的物质的总重量等于反应后生成物的总重量。那么，在反应物质和生成物之间，是不是存在着一定的化合比例关系呢？这还是一个谜。

18世纪末，法国化学家普鲁斯特的老仆人，一大清早便开始在实验室里忙碌着：扫地，整理仪器、书籍和洗刷瓶子。

门铃响了，邮递员送来了一只木箱子。

老仆人过去一看，喃喃自语道："又是水！……这已是第十四次收到装着水的木箱了。昨天刚刚收到来自日内瓦湖的水。"普鲁斯特为什么要从世界各个角落，收集各式各样的水呢？

难道他真要开办一个水的"博物馆"？

这倒真是件怪事呐！

原来，普鲁斯特在探索着这样的一个秘密："十支指头有短长，荷花出水有高低"，那么，世界上不同地方的水，它们的组成是不是一样？

实验结果非常有趣：不管是北方的海水，还是南方的海水；不管是欧洲的水，还是非洲的水；不管是河水、湖水，还是井水、泉水；也不管是热水，还是冷水；总之，不管水的来源怎样，除去这些水中所含的少量杂质后，所得的纯水的组成，一律都是含氧 88.9% 和含氢 11.1%（指重量百分比）——没有一个例外。[①]

普鲁斯特面对着桌子上排成排的瓶子，翻阅着几个月来辛辛苦苦工作所得的分析结果，终于从大量的实验数据中，斩钉截铁般地得出了这样的结论：水，是具有固定的组成的。

自然，这里仅仅是水，那么，其他的种种化合物是不是也像水一样具有固定的组成呢？结论还必须从严谨的实验中去探求。

1799 年，普鲁斯特又拿了一种绿色的铜化合物——碱式碳酸铜［分子式为 $CuCO_3 \cdot Cu(OH)_2$］进行化验。碱式碳酸铜这名字听来似乎很陌生，其实，铜锅上的铜绿里就含有它，漂亮翠绿的孔雀石的主要成分也是它。

普鲁斯特首先化验了各种天然的碱式碳酸铜。在他的实验记录本上，有着这样一排排同样的数据：

第一种化验结果：

含氧化铜 69.4%，二氧化碳 25%，水 5.6%（指重量百分比，下同）；

第二种化验结果：

含氧化铜 69.4%，二氧化碳 25%，水 5.6%；

第三种化验结果：

含氧化铜 69.4%，二氧化碳 25%，水 5.6%。

……

天然的是如此，人造的怎么样呢？接着，普鲁斯特又把天然的孔雀石

---

① 自然，这里不包括重水。

溶解在硝酸里,再加入碳酸钾,重新得到绿色的沉淀物——人造的碱式碳酸铜沉淀。

他化验了人造的碱式碳酸铜,结果依然是:含氧化铜69.4%,二氧化碳25%,水5.6%。

又是完全吻合!

普鲁斯特对待科学研究工作,既严肃,又缜密。他虽然做了不少和碱式碳酸铜的分析工作,但是,他还觉得做得不多、不够。为了进一步获得更丰富的资料,他写了许多信,给各国的科学院和朋友们,请求他们从世界各地寄来各种矿石。

普鲁斯特接着分析了来自西班牙和日本的两种矿砂——硫化汞,测得的结果都是含86.2%的汞和13.8%的硫。他化验了来自秘鲁和俄国西伯利亚的两种氯化银,测得的结果也都是含75.3%的银和24.7%的氯。他又分析了来自世界各地的海盐、湖盐、岩盐,测得的结果都是含39.3%的钠和60.7%的氯。

普鲁斯特前后花了7年的功夫,认真地做了上千次的化学分析实验,他从大量的事实中,终于得出了这样的结论:任何纯净的化合物都具有固定的组成——不管这化合物是从什么地方得到的,也不管这化合物是用什么方法制取的。在化学上,这就是著名的"定组成定律",又叫"定比定律"。

科学的发展总是曲折的。真理,常常是在争议中才得到进一步的考验和证实。1799年,普鲁斯特发表了定组成定律后,马上受到法国科学家贝索勒的激烈反对。

贝索勒是拉瓦锡的学生。1799年,贝索勒在埃及发表了自己的《化学亲和力定律》一文,这个定律,恰恰和普鲁斯特的定组成定律相反。

贝索勒在《化学亲和力定律》这篇论文中写道:"一个化合物是没有固定的组成的。每一种物质可以按照随便什么比数同另一种物质化合。"

贝索勒和普鲁斯特一样,也是一个严谨的科学家。贝索勒并不是没有根据、凭空臆测地反对定组成定律,他也进行了许多实验,对铁的氧化物进行了定量分析,所测得的结果是:铁和氧可以按各种不同的比数化合。

这样,这两位科学家便各说各有理,在法国的《物理》杂志上,你一篇论文,我一篇论文地争论开了,从1799年,一直争论到1808年,前后达9年之久。

争论并不是坏事。有不同的意见,就应该争论,只要双方都抱着去伪存真,追求真理的态度,那么,通过争论,就一定能够求得真理,达到统一。普鲁斯特十分虚心地阅读了贝索勒的论文,反复考虑觉得他所讲的也很有道理。为了弄清事实,普鲁斯特就很仔细地开始进行铁的氧化物的分析工作。分析的结果表明:的确,在不同的铁矿中,铁和氧的比数常常不一样——贝索勒并没有错!然而,普鲁斯特不光是重复做了贝索勒做过的实验,他还进一步做了许多新的实验,最后终于发现:原来,铁和氧的化合物有好几种,而天然的铁矿,常常是这好几种铁的氧化物的混合物!普鲁斯特确定,铁和氧的化合物三四种,其中最常见的是三氧化二铁(即氧化铁Fe_2O_3),含氧30%,含铁70%;而另一种氧化铁(即氧化亚铁FeO),含氧22%,含铁78%。在天然的铁矿里,这两种铁的氧化物都有,而且是以不同的比数相混合的,显然,在这样的混合物里,铁和氧的比就会是多种多样的,就像九曲黄河里的水一样,水流急的地方泥沙就多,水流缓的地方泥沙就少,泥水是个混合物,其中水和泥的比数各不相同。但是,纯净的水和纯净的砂(二氧化硅),它们的成分各自都是固定不变的。也就是说,定组成定律只是针对纯净的化合物而言,而不适用于各种混合物。

"灯不拨不亮,真理不辩不明。"通过争论,普鲁斯特终于胜利了,他的定组成定律不仅没有被驳倒,反而在争论中得到了进一步丰富,因为他从铁的氧化物的分析中,发现两种元素以不同的比数能生成两种或两种以上不相同的化合物。

在争论中,贝索勒虽然输了,但是,仍然非常高兴,他为找到了真理而高兴,而且承认普鲁斯特的定组成定律是完全正确的。

定组成定律,其实从拉瓦锡所做的实验中,早就可以看出来,因为水银

053

在加热到第十二天以后，空气中的氧气差不多都和水银生成了氧化汞，这时，虽然水银还剩下很多，但是氧化汞的量却很少增加——这说明水银和氧是以一定的比数化合的，不然，氧化汞的量为什么就不再增加了呢？只不过拉瓦锡把注意力全集中到研究燃烧的本质上去了，而没有留意这一点。

因此，直到20多年后，才由普鲁斯特发现了这一定律。

定组成定律是物质不灭定律的一个新的发展，它说明了：在进行化学反应时，不仅反应后物质的总重量是等于反应前的总重量，而且在反应中各种物质是按一定的比数进行化合的，因此任何纯净的化合物都有固定的组成。

倍比定律

普鲁斯特和贝索勒的争论，说明了这样的一个事实：两种元素能够以不同的比数化合生成不同的化合物。然而，这也就随着产生了一个新的问题：这两种元素能不能以任意的比数生成许多种化合物呢？在各种不同的化合物之间，是不是又存在着一定的关系呢？

答案是：两种元素只能生成有限的几种不同的化合物，并不能以任意的比数生成许多种化合物。而且，在各种不同的化合物之间，存在着一定的比数关系。

这一规律，是英国化学家道尔顿在1803年发现的。

当时，道尔顿在埋头于气体成分的研究工作中，研究了许许多多气体相互化合所生成的化合物。在工作中，他发现两种元素可以生成两种或两种以上的不同的化合物。他仔细地把这些不同的化合物加以对比，看出了一条崭新的规律来：元素的化合的比数，常常可以约成简单的整数。

以氮气和氧气为例，它俩互相化合，可以生成5种不同的氮氧化合物。如果以氮的重量为1作标准，可以得到下面的结果：

名称	N（氮）：O（氧）
一氧化二氮（N_2O）	1：0.571
一氧化氮（NO）	1：1.142
三氧化二氮（N_2O_3）	1：1.713
二氧化氮（NO_2）	1：2.284
五氧化二氮（N_2O_5）	1：2.855

如果你拿出一张纸来，把 0.571、1.142、1.713、2.284、2.855 都用 0.571 除一下的话，可以看出，这 5 种化合物中氧的含量恰巧是 1：2：3：4：5。

再以铅和氧的化合物为例：如果用 1 克铅，在空气中加热到 500℃，那么，铅和氧会化合生成红色的四氧化三铅（俗名"红丹"，Pb_3O_4）1.1029 克；如果把 1 克铅，在空气中加热到 750℃，那么，铅会和氧化合生成黄色的一氧化铅（俗名叫"黄丹"，PbO），1.0772 克。

在这里，所用的铅都是 1 克。而这两种化合物中所含的氧的重量是 0.1029 克和 0.0772 克。

它们之间的比数是 0.1029：0.0772=4：3（因为 0.1029=0.02573 × 4；0.0772=0.02573 × 3）；恰好又成简单的整数比！

这样，道尔顿得出了一个规律，用现代的说法，那就是：如果甲乙两种元素能够化合成几种化合物，那么，在这几种化合物里，跟一定量甲元素相化合的乙元素的几个量，一定互成简单的整数比。这个定律，便是著名的"倍比定律"。

道尔顿是在 1803 年发现倍比定律，但是，当时他并没有把这一定律公开发表。1804 年，道尔顿在同英国化学家托马斯·汤姆生的一次会晤中，谈起了自己的发现，汤姆生听了，非常高兴。1808 年，汤姆生在自己的《化学系统》这本书的第三版里，把道尔顿的发现写了进去。这样，倍比定律才第一次公布于世。

道尔顿是一个慎重、严谨的科学家，他在当时不愿意马上公开发表自己的定律,也是有原因的——他感到有关的实验自己做得不多。特别是在当时,普鲁斯特做了许多实验,这些实验的结果并不符合倍比定律。

那时候,普鲁斯特曾分析了氧和铜的两种不同的化合物——氧化铜和氧化亚铜,得到这样的结果:

氧化亚铜(红色,Cu_2O)铜:氧=100:16(重量比,下同)

氧化铜(黑色,CuO)铜:氧=100:25

这里,氧在两种化合物中的重量是16:25,看不出成简单的整数,好像倍比定律对于铜和氧的化合物并不适用。

正因这样,道尔顿不愿意在问题还没有彻底弄清楚之前,就冒冒失失、轻率地发表自己的论文。也正因这样,道尔顿在遇见汤姆生时,便向他讲述了自己的发现,并谦虚地向他请教。

在1811年到1812年之间,瑞典分析化学家、以分析数据精确著称的柏济力阿斯,重新仔仔细细地重复做着普鲁斯特的工作——普鲁斯特做过的试验他都一一重新做过,核对过。终于发现普鲁斯特对氧化铜的成分的测定,是错误的。

柏济力阿斯做了实验,得到这样结果:

红色氧化铜

铜:氧=100:12.6

黑色氧化铜

铜:氧=100:25.2

这里,两种化合物中氧的重量是12.6:25.2即1:2,恰好成简单的整数比——完全符合倍比定律。普鲁斯特也正因为实验结果不准确,因此没能发现倍比定律。

倍比定律,虽是道尔顿首先发现的,但是也和汤姆生、柏济力阿斯的努力是分不开的。

倍比定律,又是物质不灭定律的一个新的发展。

三、化学走向精细

培养人才的摇篮

瑞典首都斯德哥尔摩的冬天，是寒冷的。

1823 年的冬天，一位身材修长的德国青年，沿着基尔柯街往前走。他的头发很长，但是络腮胡子却刮得干干净净。他手里提着行李。当他走到基尔柯街和哈坦街交叉口时，步子慢了下来。他来到街边的一座房子前，犹豫了一下，这才伸手去按门铃。

他，就是维勒，才 23 岁，特地从德国赶来求师。那座房子的主人——柏济力阿斯[①]，使维勒感到春风般的温暖。见面时的情景，给维勒留下不可磨灭的印象。后来，他在《一个化学家的青年时代的回忆》一文中，这样写道：

"我站在柏济力阿斯家门前按铃，心不住地嗍嗍直跳。来开门的人衣服整洁，仪表堂堂。望之俨然，原来是柏济力阿斯本人。

"他用友好的样子欢迎我，说已经盼望我许久了，又谈我路上的事情，自然都用德语。他熟悉德语与熟悉法语、英语一样。

"当他引我到他的实验室里时，我好像在梦中，甚至对于我怎么能来到

057

---

① 柏济力阿斯，《辞海》译作柏齐力乌斯——编者注。

我所希望的如此著名的实验室里，不免疑惑起来……"

柏济力阿斯，44岁，中等个子，已经有点"发福"了。他那长圆形的脸上，总是挂着笑容，双眼明亮、清澈，给人一种亲切、随和的感觉。

在当时，柏济力阿斯是斯德哥尔摩医学院化学和药物学教授，瑞典科学院院士常任秘书。他名震欧洲，是人们公认的化学界权威。

维勒早就钦慕这位瑞典化学大师。柏济力阿斯曾说过这样的话：

"科学是巨大的海洋。要想在这个海洋上航行，必须成为老练的舵手，必须有指路的明灯。"

在维勒的心目之中，柏济力阿斯就是"指路的明灯"。在1823年初夏，维勒给柏济力阿斯写了这样一封信：

"我尊敬的导师，东方的文明古国——中国有句名言，'源远而流长'。在我们这个时代，得不到瑞典著名化学大师柏济力阿斯教授的指教，将是终身的遗憾。"

柏济力阿斯呢？他很早就注意到这位年轻人的名字。他记得，两年前，维勒曾发表过一篇化学论文——平生第一篇化学论文。文章虽然不长，但是颇有见解。柏济力阿斯曾在他主编的《物理学和化学年鉴》上，著文赞赏了维勒的论文。如今，收到这位富有才华的年轻人的来信，他当然很高兴。8月1日，柏济力阿斯亲笔复信给维勒：

"到我这儿来，实在没有多少东西可学……你什么时候愿意来，都欢迎！"

9月2日，维勒在德国的马尔堡大学毕业了，获得外科医学博士学位。他回到家乡法兰克福作了些准备之后，便决心北渡波罗的海，前往斯德哥尔摩求师。

柏济力阿斯带领维勒参观实验室。维勒发觉，实验室里空气新鲜，没有那种化学实验室常有的怪味儿。各种玻璃仪器闪闪发亮，很有秩序地放在那里。实验桌上一尘不染。实验室旁边，是柏济力阿斯的工作室，纸、笔、手稿放得整整齐齐，窗明几净。柏济力阿斯还有一间书库，上千册藏书经严格分类，放在架上。柏济力阿斯从书库中取出一册他所需要的书，犹如探囊取物！

维勒惊讶地发现，这位鼎鼎大名的化学家，居然还没有结婚！他爱的是化学，他的心中唯有化学！

柏济力阿斯的实验室不大，他把一张实验桌和一些药品、仪器分给维勒。于是，他们俩就在一起工作，朝夕相处。

维勒发觉，柏济力阿斯有着偏头痛的毛病。一发作起来，便痛苦不堪。柏济力阿斯告诉维勒，去年，由于偏头痛发作，使他不得不离开了心爱的实验室，到卡尔斯巴德去疗养。在那里，他很高兴地结识了德国的大诗人歌德。歌德居然也对化学产生兴趣。离别后，歌德常常来信，还寄来一些矿石，希望他帮助分析这些矿石的化学成分。

尽管柏济力阿斯的身体不大好，不过，在维勒的印象之中，他仿佛是一个不知疲倦的人。他每天差不多都要工作14小时。他没有休息日。他不是在工作室里写作，便是在实验室里工作。尽管大量的仪器、书籍使房间里显得有点拥挤，但是工作室与实验室之间的过道却是畅通无阻的，便于他来回奔忙。人们曾用这样的话来形容："柏济力阿斯实验室里的沙盘，冷的时候很少；他书房里的笔，干的时候很少。"维勒觉得，这话一点也不夸张。

柏济力阿斯常做实验，总是把烧杯、烧瓶之类放在沙盘上，用火慢慢加热，所以沙盘冷的时候很少。

柏济力阿斯不光是忙于写作论文，而且还忙于写信。他为人热情，交友甚广。他每天都收到来自四面八方的信。许多青年科学家无法来到斯德哥尔摩，便写信向他请教。他的回信，从某种意义上说，也是一篇科学论文。正因为这样，他书房里的笔，干的时候很少。

柏济力阿斯虽然平易近人，和蔼可亲，然而，一旦工作起来，却非常严肃。

维勒做实验，常常很快，可是比较粗心。柏济力阿斯见了，总是很耐心地对他说："博士，快是快，但是不好！"

还有一次，已经深更半夜，柏济力阿斯走进实验室，看到维勒还在那里做实验。他问道："分析沸石①的工作进展如何？"

维勒很轻松地答复道："教授，很顺利，按照您的指示，这些沉淀再洗两三次，就可以得到纯净的氧化物了。"

柏济力阿斯一听，又眉头紧蹙，摇头道："两三次？不，不，我从来没有只洗两三次。你应当不断地洗，一直洗到没有酸为止！"

柏济力阿斯背剪着双手，在实验室里来回踱着。他思索了一阵，然后来到维勒面前，语重心长地对维勒说：

"你知道吗？我们瑞典有一个盛产珍珠的海湾。珍珠虽然漂亮，但它总是藏在贝壳里的！"是啊，在科学上，没有十足的细心和耐心，是无法找到那些藏在贝壳里的明珠的！维勒用完化学药品，总是随手放在桌子上。柏济力阿斯不知道劝告过多少次："博士，请记住，什么地方拿的，放回什么地方。在我的实验室里，每一件东西都有它固定的位置。科学研究，必须有条不紊地进行。养成良好的工作习惯，将会使你随时随刻可以拿到你所需要的东西，使你节省了时间。"

维勒在柏济力阿斯身边工作了一年。严师出高徒。从此，这位医学院毕业的博士，走上了化学研究道路。他常常说："在柏济力阿斯教授身边度过的一年，使我受用一辈子！"其实，不论在维勒之前，还是在维勒之后，柏济力阿斯实验室里的那张实验桌都没有空着。柏济力阿斯很重视青年，一旦发现哪里有培养前途的年轻人，总是热忱地一个接一个地把他们请来，在实验室里共同工作。他的实验室，成了培养人才的摇篮！

除了维勒之外，柏济力阿斯培养了一大批青年化学家，其中有锂的发现者、瑞典化学家阿·阿尔夫维特桑，热化学的创始人、俄罗斯化学家盖斯，钒的发现者、瑞典化学家塞夫斯德朗，著名分析化学家、德国的罗兹兄弟（即亨利和古斯塔夫），镧、铱、铒三元素的发现者、瑞典化学家莫桑德，"类质同晶质型定律"的发现者、德国化学家密胥立克……伯乐，不光是中国才有。柏

---

① 沸石，又称泡沸石，是一种含水的钙、钠以及钡、钾的铝硅酸盐矿石。现在，已能人工合成沸石，用作"分子筛"，用于净化或过滤物质。

济力阿斯不就是一个非常善于发现人才而又热心培养人才的"伯乐"吗！

"追随林耐的足迹"

人们称颂柏济力阿斯是"19世纪上半叶最伟大的化学家"。这样的评价并不过分。柏济力阿斯是怎样成为一代科学巨匠的呢？

他，走过了坎坷曲折的成才之路。他那样爱惜青年人才，那是因为他也曾有过深切的体会……

在两个世纪以前——1779年8月20日，柏济力阿斯诞生在瑞典林可平附近名叫威菲松达的小村庄里。父亲沙穆伊尔是农村小学的校长，不过，他几乎没有在柏济力阿斯的脑海中留下什么印象。因为在柏济力阿斯4岁的时候，他的父亲离开了人间。

母亲带着2个孩子——柏济力阿斯和他的妹妹，没办法生活下去。两年之后，母亲改嫁，继父是一位德国的牧师，他有5个孩子。于是，组成了一个有7个孩子的新家庭！

不幸接着不幸。母亲改嫁两年，就去世了。那时候，柏济力阿斯才8岁！

不幸中之万幸，继父克马克对柏济力阿斯还算不错。尽管在柏济力阿斯的母亲死去之后，继父又两次娶过妻子，但是他仍非常疼爱天资聪颖的柏济力阿斯。他并不富裕，孩子又多，却千方百计借钱，让柏济力阿斯上学。

继父常常用手抚摸着柏济力阿斯的后脑勺，说道："孩子，你有足够的天赋去追随林耐的足迹！"

"林耐？林耐是谁？"

"连林耐都不知道？他是瑞典的骄傲——名震欧洲的瑞典生物学家。"

"一个大科学家！"

"对。你长大了，也要做像林耐那样的大科学家！"

继父的话，轻轻地拨动了柏济力阿斯的心弦。

"要做像林耐那样的大科学家!"理想的种子,在柏济力阿斯心中萌发。

柏济力阿斯还曾记得,在他 10 岁的时候,继父带着他到深山中打猎。

一扣扳机,"砰"的一声,小小的子弹便击倒了凶猛的野兽。

柏济力阿斯不明白,子弹哪来那么大的力量?

"那是化学的力量!"继父含糊其辞地答复道。

"什么是化学?"

"化学嘛,就是炼金术。"

"什么是炼金术?"

"它能把普通的金属变成黄金!"

"嗬,能把普通的金属变成黄金?"柏济力阿斯睁大眼睛。

继父是牧师,肚子里有点学问。他跟儿子说起了炼金家们的奇迹:"那些炼金家们,有着许许多多的奇特的药品、奇特的仪器、奇特的实验方法。不过,他们的技术是严格保密的。如果谁都知道怎样把普通金属变成黄金,那黄金也就变成普通金属一样不值钱了。正因为这样,炼金家们用一种奇特的文字,记录他们的实验。别人看不懂。据说,三角形表示火,菱形表示肥皂……"

"哦,炼金术——化学,是这么神秘的!"柏济力阿斯用迷惘的目光,注视着继父。

柏济力阿斯 14 岁的时候,考上了林可平中学①。大抵是常常随继父打猎的缘故,柏济力阿斯很喜欢小动物,在课余热衷于采集鸟、昆虫和植物的标本。

才念了一年中学,家里经济困难。没办法,柏济力阿斯只得休学,去当家庭教师,积蓄了一点钱,第二年又回到中学。这时候,中学里来了一个新的生物学教师。他刚从大西洋的西印度群岛考察归来。他绘声绘色地讲述起传奇般的见闻,使柏济力阿斯更加热爱自然,更起劲地钻研生物学。

---

① 相当于现在的高中。

当柏济力阿斯 17 岁的时候,他兴高采烈地跑回家,把中学毕业文凭交给了继父。

继父终于盼到儿子中学毕业,脸上浮现着笑容。然而,当他看到文凭上的评语,笑容顿时消失了。

评语写道:"柏济力阿斯是个'天赋良好但脾气不好、志向可疑的年轻人'"!

唉,这样的年轻人,怎能"追随林耐的足迹"?

继父希望柏济力阿斯继承他的事业,也去当牧师。继父说,他的父亲、祖父都是牧师。如果柏济力阿斯也成为牧师,那将是第四代牧师。

"志向可疑的年轻人"不停地摇头,摇得像波浪鼓似的。

"你想干什么呢?"

"考医学院,当医生!"

从后门到前门

由于喜欢生物学,促使柏济力阿斯报考医学院。

1796 年 9 月,柏济力阿斯吻别了继父,告别了故乡,来到乌普萨拉城。他,考上了乌普萨拉大学医科。这时,他 17 岁。不久,他的同父异母的弟弟斯文,也考上了这所大学。

两个儿子念大学,这对于收入不多的继父来说,无疑是十分沉重的负担。

柏济力阿斯很爱他的继父。尽管他的亲生父母很早就离开了人世,可是继父却把他看成亲骨肉一样,尽心尽力地培养他。柏济力阿斯给继父去信,请继父不必寄钱来,因为他一边学习,一边兼职做家庭教师,收入虽然菲薄,但是可以维持生活。

柏济力阿斯艰难地在人生的道路上前进。每跨出一步,都要经过一番拼搏。

柏济力阿斯既当老师，又当学生。他常常把家庭教师的课程准备好，便开始做大学的作业。他还刻苦地学习英语、德语和法语。外语，是通向另一个世界的桥梁。每当他学会了一种外语，能够阅读外国文献，他仿佛添翅加翼，在科学王国中可以更加尽情翱翔。他养成了不倦地工作的习惯。深夜，当他的同学们早已进入梦乡的时候，他仍在奋斗。他熬红了双眼。他用加倍的努力，赢得时间；他靠加倍的毅力，超越他的同时代人。由于他的勤奋，在1798年，他获得了大学的奖学金。

柏济力阿斯专心致志地学习医学。他的医学成绩不错，物理学成绩在班上也名列前茅，可是，他对那个令人迷惘的"炼金术"——化学，兴趣不大，考试不及格！

化学教授阿弗采里乌斯警告柏济力阿斯："你再这样下去，可不行！要知道，如果医学是一只鸟的话，生物学是它的躯干，化学和物理学就是它的双翅。不懂化学，你会从空中摔下来的。你永远不可能成为一位优秀的医生。任何药物都离不了化学！"

柏济力阿斯接受教授的忠告，开始钻研化学。他找来许多化学书籍攻读，越读越糊涂！为什么呢？

当时的化学，刚刚从炼金家们那秘密的文字中解放出来，理论上处于一片混乱之中。两军对垒，各执一说。

以德国化学家斯塔尔为首的是一个派，主张"燃素学说"。他们认为，物质能够燃烧，那是因为含有"燃素"，而那些不会燃烧的物质，则不含有"燃素"。至于"燃素"是什么样的，则无可奉告。在当时的化学界，"燃素学说"占统治地位。瑞典著名化学家舍勒和白格门、英国著名化学家普利斯特列、德国化学家马格拉夫、法国化学家卢爱勒，都是"燃素学说"最热烈的拥护者。

反对派以法国化学家安·罗·拉瓦锡为首。他反对"燃素学说"，认为那个神秘而不可知的"燃素"，根本不存在。他主张"氧化学说"，认为物质的燃烧，实际上是物质与空气中的氧气相化的过程。

两军开战,把化学闹得天翻地覆。

柏济力阿斯很仔细地阅读了德国化学家吉坦尼尔的《反燃素化学基础原理》。他很同意这本书的观点。于是,他成了"反燃素派"中的一员。

当柏济力阿斯20岁的时候,这位"志向可疑的年轻人"的兴趣,从医学转向化学。他很想参加化学论战,用实验打败"燃素学说"。

那时候,学校规定学生每星期只上3次实验课,可是,柏济力阿斯却三天两头往化学实验室里跑。

阿弗采里乌斯教授见了,耸了耸肩膀,冷冷地对他说:"你知道实验室和厨房的区别吗?"

柏济力阿斯买通了工友,每天晚上,当教授不在实验室里的时候,他悄悄从后门溜了进去,做起实验来。

从实验室里窗口射出的光灯,毕竟引起了阿弗采里乌斯教授的注意。他一声不响地从后门蹑了进去,在暗处仔细观看柏济力阿斯的一举一动。出乎他的意料之外,这位本来化学考试不及格的学生,却在那里十分内行地做实验呢!

不知道怎么回事,阿弗采里乌斯觉得喉咙痒痒的,不由得干咳了一声。

这下子惊动了柏济力阿斯。他转过身子,发觉教授正站在自己后面,脸上便露出惶恐的神色。他的脑海里闪过这样的念头:"坏了,这下子准会被学校开除!"

谁知道阿弗采里乌斯教授并没有责怪他,反而说道:"从现在起,你可以从前门进实验室了!我同意你进实验室来。"

转悲为乐,柏济力阿斯开心地笑了。

从此,柏济力阿斯天天从前门走进实验室。在那里,他如痴如醉般探索着燃烧之谜。柏济力阿斯在自传中,曾回忆当时的情景:

"有一次,我忙着制备硝酸,发现放出了一种气体,为了弄清这是什么气体,我把它收集在大玻璃瓶里。我猜它是氧气,当我把一块刚刚点着的小木条放进这气体里,立刻猛烈燃烧起来,射出耀目的光芒,照亮了黑暗的实验室。这时,我感到了一种从未有过的喜悦。"

柏济力阿斯在另一次实验中,烧瓶不慎爆炸了,炸伤了他的眼睛。一个多月以后,他的眼睛才能重新见到光明。有人劝他,化学太危险,到此为止吧!可是,柏济力阿斯的双脚,坚定地朝化学实验室走去。

也有人担心柏济力阿斯的实验太危险,说不定哪一天"城门失火,殃及池鱼",万一炸伤了别人,那可不是说着玩儿的。

柏济力阿斯租了一间小贮藏室,独自在那斗室中进行实验。他说:"要炸,就炸我一个人!"

万事开头难

人们常说:"万事开头难。"

是的,一个人在事业上打响胜利的第一枪,并不容易:英国著名作家柯南·道尔所写的第一篇小说,出版商以"按短篇来要求它太长,按长篇来要求它太短"的理由,退稿了;法国著名作家儒勒·凡尔纳的第一篇作品,被15家出版商退稿,最后才由第16家出版商出版……

在柏济力阿斯21岁的时候,详细研究了瑞典一种矿泉水的成分,写成了平生第一篇化学论文。他打算以这篇论文获得学位。可是,论文到了阿弗采里乌斯教授手中,便被否定了。阿弗采里乌斯教授不相信柏济力阿斯能够胜任这样的研究工作。

柏济力阿斯又着手研究另一个化学课题——"硝酸对乙醇的作用和笑气的性质"。写好论文之后,阿弗采里乌斯教授总算点头通过了,同意把论文转呈瑞典科学院。

犹如石沉大海,这位年轻人的论文送交瑞典科学院之后,没有任何消息。

左等右盼,直到3年之后,柏济力阿斯才收到瑞典科学院退回的论文,附了一封只有两行字的回信。

天哪,这是等了3年才得到的"批复"!那些院士们顽固地维护燃素学说,对于持新见解的年轻人,视作洪水猛兽。正因这样,柏济力阿斯那闪耀着真知灼见光芒的论文,被压制,被退稿了。

第一篇论文,夭折了。第二篇论文,泡汤了。柏济力阿斯并没有灰心,他又在寻找新的研究课题。

大抵是由于年轻人对新事物最为敏感的缘故,在1800年,意大利物理学家伏打刚发明"伏打电池",柏济力阿斯就对它发生兴趣。柏济力阿斯利用"伏打电池"产生的电流,来治疗风湿症,居然治好了一个手臂患风湿症的病人。柏济力阿斯写出了论文。

1802年5月,柏济力阿斯进行论文答辩。这第三篇论文,总算通过了,作为他的博士学位论文,题目为《电流对动物机体的影响》。

柏济力阿斯毕业了,被瑞典皇家医学会任命为斯德哥尔摩医学院药物学讲师。

1803年,柏济力阿斯和瑞典化学家希辛格一起,发现了新的化学元素——铈。这位24岁的年轻人的名字,第一次引起了世界化学界的注意。发现铈,使柏济力阿斯在科学征途上结束了"开头难"的局面。医学博士学位,拖了两年,终于在1804年批下来了。从此,人们称他为"柏济力阿斯博士"。

柏济力阿斯不断进步,在化学上打了一个又一个漂亮仗。于是,荣誉与头衔纷至沓来:

1807年,柏济力阿斯被提升为化学和医药学教授。

1808年,被选为瑞典科学院院士。

1818年起,被任命为瑞典科学院常任秘书,他担任这个职务直至去世。

1822年起,主编重要的国际学术刊物《物理学和化学年鉴》。

当柏济力阿斯成为欧洲化学界的权威之后,各国授予的奖章、荣誉称号、头衔,更是不胜枚举。

然而,柏济力阿斯并没有忘记他的第一篇、第二篇论文的遭遇。他深深地懂得,科学的希望在于年轻一代。正因为这样,他不断地向那些处于"开头难"的青年化学家伸出热情的手。

像福尔摩斯一样精细

这简直是魔术表演:当柏济力阿斯小心翼翼地把一个瓶子里的液体,一滴不剩地倒进另一个瓶子,桌子上干干净净,没有洒出半滴溶液!

柏济力阿斯不仅自己有这么一套"硬功夫",而且要求他的学生学会这么一套"硬功夫"。

他认为,准确,是科学的生命。洒出半滴,哪怕是半滴的十分之一、百分之一、千分之一,都是不允许的,都会影响实验的精确度。

柏济力阿斯在他的著作中,曾一再叮咛道:

"稍懂化学的人必须在定量分析方面多多练习,而且一定要懂得,不深刻了解定量分析的知识,就不能成为有从事任何科学研究能力的人。必须养成尽可能精确地称量的习惯;必须善于一滴不洒地从一个容器里把液体倒进另一个容器,做到即使最后一滴也不能让它流失;必须注意一切细枝末节,忽略了它们,常常会使一连几个星期辛辛苦苦的工作化为乌有!"

正因为这样,柏济力阿斯一向以实验数据精确而著称。人们总是这么说:"这个数据是柏济力阿斯测定的,不会错!"

这话不假。

柏济力阿斯对于化学的一大贡献,便在于他曾花费几十年时间,精确地测定了2000种化合物的百分比组成,测定了45种化学元素的原子量。他的这些工作,为俄罗斯化学家门捷列夫在1869年发现化学元素周期律铺平了道路。

在科学上,柏济力阿斯像福尔摩斯那样精细。那时候,生产硫酸采用"铅室法",在进行化学反应的铅室里,常常积存一些红色的沉淀。人们把这些红色淤泥当做废物扔掉了。然而,柏济力阿斯却从这些废物之中,发现了新的化学元素——硒。

在化学上,发现一种新元素,是莫大的荣誉。有的化学家苦苦求索了一辈子,没有发现任何新元素。但是,虑事精细的柏济力阿斯,却光荣地成为硒、钍、硅、铈、锆这5种新元素的发现者(其中有的元素是与其他科学家共同发现的)。从某种意义上说,发现新元素犹如侦破疑难案件一般,绝不可轻易放弃任何蛛丝马迹!

维勒,便曾由于一时的疏忽,错失良机……

那是在1828年,维勒在分析墨西哥出产的铅矿时,觉得这种铅矿中可能有一种尚未发现的新元素。他研究了一阵子,没有查出来,便把它摞在一边,忙别的事儿去了。

3年后,维勒听说柏济力阿斯的学生、瑞典化学家塞夫斯德朗发现了一种新元素——钒。

钒的原意,是希腊神话中一位女神的名字——凡娜第丝。

从塞夫斯德朗所描述的提取这种新元素的过程,很像维勒3年前未能查出来的那种新元素。

于是,维勒把当年用过的铅矿,打上一个"?",寄给柏济力阿斯。他请老师答复,塞夫斯德朗所发现的钒,会不会也是"?"。

柏济力阿斯仔细分析了维勒寄来的"?"矿石,查明这"?"就是氧化钒!柏济力阿斯给维勒写了一封风趣而又含义深远的信:

"收到寄来的'?'标记的矿石,请允许我向你讲述一个故事。

"在北方极远的地方,有一位叫做凡娜第丝——'钒'的女神。一天,来了一个人敲这女神的门。女神没有马上去开门,想让那个人再敲一下,结果那敲门的人就转身回去了。这个人对于是否被请进去,显得满不在乎。女神觉得奇怪,就奔到窗口去瞧瞧那位掉头而去的人。这时候,她自言自语道:'原来是维勒这家伙!他空跑一趟是应该的,如果他不那么淡漠,他就会被请进来了。'过后不久,又有一个敲门的人来了。因为这次他很热心地、激烈地敲了好久,女神只好把门开了。这个人就是塞夫斯德朗。他终于把'钒'发现了。"

柏济力阿斯这封别具一格的信,借助"女神"之口告诉维勒:你既然没有一心一意地钻研下去半途而废,怎么能发现钒呢?只有那些肯于钻研、锲而不舍的人,才能在科学上建立功勋。

7年之后,师生之间又为了发现新元素问题,作了有趣的通信。

那时候,维勒仔细研究了一种叫做"烧绿石"的矿石,认为其中可能会有新元素。他又把样品寄给了老师柏济力阿斯,附了一封信,说道:

"……在烧绿石里,我所求索的未知数X,只剩下两种答案——要么是钽酸,要么是新元素。"

柏济力阿斯分析了样品,写了一封风趣的信:

"现在把你的未知数X,寄还给你。对于它,我尽可能提出了问题,但是我从它那里只得到含糊的答复。

"'你是钛吗?'我问。

"'维勒会对你说我不是钛。'矿石答道。我自己也通过实验查明了这一点。

"'你是锆石吗?'

"'不是的,我在纯碱里能溶解,形成玻璃一样的东西……锆石是不会这样的。'矿石又答道。

"'你是锡吗?'

"'我含锡,但是含量很少。'

"'你是钽吗?'

"'我和钽是亲戚,可是我在氢氧化钾里会逐渐溶解形成黄褐色的沉淀。'

"'那么,你到底是什么鬼东西?'我问道。

"这时,我好像听到它回答说:'还没有给我取名字哩!'

"不过,我并不十分确信我听到了这句话,因为它是在我的右边说的,而我右边的耳朵又很不好使。由于你的听觉比我好得多,所以我把这个捣蛋鬼寄还给你,以便请你对它进行新的审问。"

柏济力阿斯的这封信,又有另一番深刻的含义:他给维勒许多帮助,告诉他那未知数不是钛、锆,也不是钽、锡。至于它究竟是什么,不能事事依赖老师,应当由你自己独立对它进行审问!

维勒曾收到柏济力阿斯几百封信。这些信件所谈论的,都是科学问题,给了维勒莫大的帮助。

在柏济力阿斯去世之后,后人把他的信件加以整理,共计收到7150封信,寄出3250封信(未被保留下来的不在内)。这些信件印成专集,共计6卷14册!

"他书房里的笔,干的时候很少。"确实如此!

高尚的科学道德

柏济力阿斯被人们推崇为"19世纪中叶最伟大的化学家",不光因为他学识渊博,学术造诣很深,更重要的是由于他具有高尚的科学道德,这是最难能可贵的!

柏济力阿斯绝不掠人之美。

瑞典青年化学家塞夫斯德朗和阿尔夫维特桑,打心底里感谢导师柏济力阿斯。不论是塞夫斯德朗发现钒,还是阿尔夫维特桑发现锂,都是在柏济力阿斯的具体指导下进行的,帮助他们做了许多工作。可是,柏济力阿斯却不愿分享元素发现者这崇高的荣誉。他推荐了学生的论文,而绝不把自己的名字写进作者的行列!

1817年,阿尔夫维特桑在柏济力阿斯身边工作,发现了新元素锂,当时才25岁。连这新元素的名字——Lithium(锂),也还是柏济力阿斯取的呢!阿尔夫维特桑正是因为成了锂的发现者,他的名字载入了化学史册。然而,锂是柏济力阿斯手把手帮他发现的。可见柏济力阿斯为人公正。

当柏济力阿斯成为化学权威之后，他每年要在他主编的《物理学和化学年鉴》中，对当年世界各国的化学论文进行评价。由于他是化学权威，所以他的每一句评价都举足轻重。

一位化学家曾这样形容道：

"柏济力阿斯的评价，仿佛科学家共和国最高法官作出的判决！这个判决关系重大。年轻和有经验的研究家们，经常怀着恐惧的心情期待从柏济力阿斯口中说出这个判决。那些得到柏济力阿斯赞同、嘉许的论文作者，都是感到多么骄傲，感到自己得到多么有力的支持！"

当然，有的化学家受到柏济力阿斯的批评，那"自尊心会化为毫不掩饰的仇恨！"

这个"科学家共和国最高法官"，不好当啊。

然而，柏济力阿斯并不介意。他在给维勒的一封信中，曾这么说道：

"当我在为《物理学和化学年鉴》写我的评述文章时，对我来说，既无朋友，也无敌人。"

说得多好呀，"既无朋友，也无敌人"。这是一位化学法庭的"铁面包公"。他既鼓励那些有才华的年轻人，也无情地抨击那些保守而又昏庸的"专家"。

柏济力阿斯曾尖锐地批评了当时英国著名的化学家戴维，指出他在《化学哲学原理》一书中常常使用"about"（大约）一词。柏济力阿斯以为，化学需要精确，必须杜绝含糊其词的"about"。他说，"正是这个词，使得这位颇负盛名的科学家测定的数据不准确"！

谦逊与成就成正比。柏济力阿斯是一个十分虚心的人。

化学元素钌的发现过程，非常生动地说明了柏济力阿斯的优秀品德。

钌，是一种稀有的化学元素。在大自然中，它常常混杂在铂矿中。铂，也就是平常人们所说的"白金"。

事情得从铂说起。

柏济力阿斯曾邀请俄罗斯的青年化学家盖斯、奥赞、弗利舍、斯特鲁威、史密特等人，先后到他的实验室工作过。为了向柏济力阿斯致谢，俄国的财政部长康克林曾把俄国的半磅铂送给了他。柏济力阿斯详细地进行了研究。

1826年，那位在柏济力阿斯实验室工作过的奥赞，声称自己在俄国的铂矿中，发现了新元素。奥赞用自己祖国的名字（Ruthenia[①]）来命名它，叫做"钌"。他把论文寄给了柏济力阿斯。

柏济力阿斯重做了实验，证明奥赞的结论是错误的，否定了他的论文。奥赞又重做了实验，承认自己错了。

过了十几年，另一位俄罗斯化学家克拉乌斯仔细研究了这一问题。他再次做实验，证明俄罗斯铂矿中确实存在新元素——他仍用奥赞取的名字，称为"钌"。也就是说，克拉乌斯证明奥赞是对的，柏济力阿斯错了！

要知道，柏济力阿斯一向以实验精确而著称。这位化学权威下的结论，怎么会是错的呢？何况，连奥赞本人都承认自己错哩。

克拉乌斯一再地进行实验。实验表明，确实是柏济力阿斯错了。

克拉乌斯的心情异常矛盾。他曾写过这样一段话：

"整个化学界都在柏济力阿斯的丰功伟绩面前脱帽致敬，而我对他也永远怀着尊敬而亲切的心情。可是，我提出的事实，与这位伟大的化学家的结论相矛盾。人们会不会说我无礼呢？

"但是，我相信每一位公道的批评家都会承认我是足够审慎的，都会承认我不会是根据匆忙的研究而去冒犯权威的。

"相反，当我的实验与这位权威的矛盾越大，我越应当谨慎小心地检查我的实验，正是这种检查使我敢于说出与权威相反的结论。"

克拉乌斯是从1804年开始着手研究这一问题的。他生怕出错，曾把制得的钌的样品以及实验步骤寄给柏济力阿斯。柏济力阿斯经过鉴定，答复说，那是一种"不纯的铱"[②]。

———————————

① 这是乌克兰人对俄罗斯的称呼。

② 铱已于1803年发现。

面对着"科学家共和国最高法官"的"判决",克拉乌斯并没有气馁。他比奥赞勇敢。他的成功,正是在于在"权威"面前不屈服,敢于坚持真理。

克拉乌斯一次又一次进行实验,每次都把样品与实验结果寄给柏济力阿斯。柏济力阿斯依旧固执己见,不承认克拉乌斯的研究成果。

克拉乌斯没有向"权威"投降。他写出了论文《乌拉匀铂矿残渣和金属钌的化学研究》。他是喀山大学化学系教授。1844 年,他在《喀山大学科学报告》上,发表了自己的论文。

克拉乌斯把发表的论文连同样品寄给柏济力阿斯。这一次,柏济力阿斯非常细心地进行鉴定,终于确认克拉乌斯发现了新元素。他很后悔,由于自己的过错,使这种新元素的发现,推迟了 18 年。

1845 年 1 月 24 日,柏济力阿斯热情地复信给克拉乌斯:

"请接受我对您卓越的发现的衷心祝贺! 我赞赏您精制而得到的新元素钌的样品。

"由于这些发现,您的名字将不可磨灭地写在化学史上。

"现时最为流行的作法是:如果谁成功地作出了真正的发现,谁就做出姿态,好像根本不需要提到在同一问题上前人的研究和启示,以便不致有哪个前人来与他一起分享这发现的荣誉。

"这是一种恶劣的作风。这样的人所追求的目标,终究是落空的。

"您的作法根本不同。您提到奥赞的功绩,推崇这些功绩,甚至沿用了他提出的命名。是一种高尚而诚实的行为,您永远在我心目中引起最真诚而深刻的敬意和衷心的同情。我相信,所有善良而正直的朋友也会向您祝贺。"

柏济力阿斯这位"科学家共和国最高法官"作出了公正裁决:承认了自己的错误,赞扬了克拉乌斯的功绩。

这,正说明柏济力阿斯的胸怀多么宽广。

这,也说明了克拉乌斯坚持真理、尊重前人的高尚品德。

在科学上,多么需要提倡这样的情操,这样的道德!

统一了化学"语言"

柏济力阿斯在化学上的贡献之一,在于创立了用最简便的方法表示化学元素,一直沿用至今。

也许会使你感到奇怪,英文"化学"一词经考证源于阿拉伯语,原义是"炼金术"!

在古代,人们梦想着"点石成金",用各种化学方法进行试验。于是"化学"便成了"炼金术"。

炼金术士们生怕别人知道自己的秘密,就用各种奇特的符号表示化学元素。例如,用太阳表示金,因为金子闪耀着太阳般的光辉;用月亮表示银,因为银子闪耀着月亮般的光辉……至于一些"秘密"符号,就不得而知了。

英国化学家道尔顿改用各种各样的圆圈,表示化学元素。1808年,道尔顿在他的《化学哲学新体系》一书中,采用20种圆圈,分别表示20种化学元素。限于当时的认识水平,道尔顿把石灰、苛性钾(即氢氧化钾)等,也当作了"化学元素"。

这些圆圈,当然比炼金术士们的化学符号要简单一些,可是,在化学论文中画满这种圆圈,仍是一件十分麻烦的事儿。

有一次,柏济力阿斯把论文送到印刷厂去排字,工人们抱怨道:"我们没有这些圆圈!你在论文中画上一个圆圈,我们就专门铸一个'圆圈'铅字!"

工人们铸造的"圆圈"有大有小,印在论文中,非常难看。

怎么办呢?

柏济力阿斯用手托着下巴,沉思着。他想,能不能用普通的英文字母,表示化学元素呢?

他,终于制订了一套表示化学元素的办法。

他建议用化学元素的拉丁文开头字母,作为这种元素的化学符号。比如：

氧的拉丁文为 Oxyegnium

化学符号为 O

氮的拉丁文为 Nitrogenium

化学符号为 N

碳的拉丁文为 Carbonium

化学符号为 C

如果有两处或两种以上的化学元素拉丁文开头字母相同，其中一种元素就在开头字母后另写一个小写字母。例如，铜的拉丁文为 Cuprum，开头字母为 C，与碳相同，化学符号便写作"Cu"。

1813 年，柏济力阿斯在《哲学年鉴》杂志上，发表了自己的关于化学元素符号的新的命名法。他的论文，很快地受到各国化学家的拥护。因为新的命名法，只需用普通的拉丁字母，便可清楚地表示各种不同的化学元素，写作方便，排印也很方便。

不过，道尔顿却坚决反对。他用惯了那些圆圈，看不惯柏济力阿斯新的命名方法。道尔顿至死仍用他的那些圆圈。

1860 年秋天，在德国卡尔斯鲁厄召开了第一次化学家国际会议。会议一致通过采用柏济力阿斯的化学元素符号命名法——这时，柏济力阿斯已经离开人世 12 年了。

从那以后，各国的化学论文、化学教科书，都采用柏济力阿斯化学元素符号命名法，直至今日。自从世界上有了统一而简便的表示化学元素的符号，化学界有了共同的语言，促进了化学的发展。

56 岁才结婚

柏济力阿斯在忙碌之中，匆匆度过了他的青春。

在他 22 岁的时候,忙于研究用电流治疗风湿症,一位法国姑娘闻讯前来找他。姑娘的左臂由于患风湿症,几乎失去了活动的能力。

柏济力阿斯精心地为她治疗。他白天在实验室里忙得不亦乐乎,只好在夜里给姑娘电疗。

渐渐的,姑娘的手灵活起来了。

过了半年,姑娘的左臂竟能伸缩自如了。

姑娘对这位热情、勤奋的瑞典青年产生了爱慕之情。可是,沉醉于写博士论文的柏济力阿斯,只把姑娘看成病人而已。

姑娘要回法国了。临别时,留给柏济力阿斯一封信。信中写道:"让一颗少女赤诚的心,留给您作为永久的纪念……"直到这时,柏济力阿斯才明白发生了什么事情!

不过,忙碌的科学研究工作,使他没有多少闲情考虑个人的生活。特别是当他获得博士学位之后,他心中所爱,唯有化学!

他,首先提出了用元素拉丁文名称的开头字母作为化学符号,得到了化学界的拥护,一直沿用至今;

他,对于建立化学原子论,作出了重大贡献;

他,把原子论引入电化学,创立了新的理论;

他,为化学定性分析、定量分析奠定了理论基础;

他,首先提出了"有机化学"这一概念;

他,深入地研究了催化原理……

柏济力阿斯日夜兼程,每天处于"超负荷"状态。

虽然一位帮助他料理实验室的女助手,曾经对这位忙碌而辛苦的化学家从同情到爱慕。可是,他根本没有工夫考虑爱情。在他的脑海里盘旋的,是烧杯、药品、论文!

年岁不饶人。过了 50 岁,柏济力阿斯的偏头痛三天两头发作,身体每况愈下。许多朋友都好意地劝他应该考虑结婚了。

一直到 56 岁,柏济力阿斯才认为"稍微有点空",这才准备结婚。

那年,他在给李比希的信中说:

"整个夏天,我的健康状况很坏……

"我要在 12 月里结婚,现在正在尽力把我的单身汉的家布置得能够让妻子住进来。当然,结婚以后,我的化学研究要受到许多限制,而在这以前它却独占一切的!"

他的妻子,是他的老朋友、瑞典国务大臣波皮乌斯的大女儿,名叫约甘尼·叶里查维蒂,24 岁。论年龄,还不及柏济力阿斯的二分之一,但是他们之间的感情却很真挚。

举行婚礼那天,斯德哥尔摩轰动了。瑞典各界名流云集柏济力阿斯家里,他疲于接待各方贵宾。瑞典国王查理十四也特地写来贺信,授予柏济力阿斯男爵爵位。这位出身贫穷的孤儿,成了瑞典王国的骄子。

鲜花和荣誉包围了柏济力阿斯。他家门庭若市,高朋满座。

然而,他却竭力摆脱那些耗费时间的送往迎来。他仍埋头于他的化学研究。

由于过度疲劳,他的偏头痛越来越厉害。在他 68 岁那年,患背痛,只能整天坐在安乐椅上,无法做化学实验了。不久,他双腿瘫痪了,不得不卧床静养。他明显地衰老了,甚至连提笔写字的力气都没有了。

在这样艰难的时刻,柏济力阿斯仍记挂着化学研究工作,记挂着他的学生们。他叮嘱维勒来完成化学教科书的修订再版工作。

1848 年 8 月 7 日深夜,这位化学巨匠离开了人世,终年 69 岁。他被安葬在斯德哥尔摩近郊的墓地里。

人们对这位化学巨匠的功绩,作了这样的评价:

"他以自己杰出的研究工作,丰富了化学的各个领域;他不论在实践上还是理论上,同样出色;他把零散的化学知识系统化,使化学成为一门严谨的科学;他热情地帮助年轻的一代,尽了自己最大的力量;在化学史上,他是光芒四射的先驱……"

四、"生命力论"的破产

"身在曹营心在汉"

"严师出高徒"。维勒,是柏济力阿斯最得意的门生。

虽然维勒在柏济力阿斯身边只工作过一年。然而,他毕生师从柏济力阿斯。他与柏济力阿斯联系甚密,几乎每个月都收到柏济力阿斯的信。正因为这样,当柏济力阿斯去世时,他整理出几百封柏济力阿斯的信,送呈瑞典科学院,表示他对导师的缅怀之情。当然,这件事也足以说明维勒十分精细,把柏济力阿斯在 25 年间写给他的信件,全都编号保存,无一疏漏。

维勒,1800 年 7 月 31 日生于德国法兰克福附近的埃合海姆村。他的父亲是当地颇有名气的医生。

小维勒又瘦又高,像绿豆芽似的。大脑袋上长着一对招风耳朵。他除了喜欢画画之外,学习成绩一般,并没有什么过人之处。

大抵是望子成龙的缘故,他的父亲对维勒寄托了莫大的希望。家庭是富裕的,完全有能力让维勒从小学念到大学。父亲希望维勒像他那样,也成为一位受人敬重的医生。

维勒念中学的时候,有一件事,曾使父亲大为生气。

维勒爱看"闲书"。一有空,就到父亲的藏书室里翻书看。他对于那些医学书籍没有多大兴趣。他偶然找到一本哈金著的《实验化学》，非常喜欢。他把这本书从头读到尾，挑选了其中比较简单的化学实验，想试着做。好在父亲是医生，从他的药房里不难找到化学药品。

维勒找到一块硫黄，按照书中所说，用火点燃，硫黄燃烧起来了，漂亮的浅蓝色的火焰左右晃动，使小维勒感到新鲜极了。硫黄燃烧后还冒出一股白烟，呛得小维勒不停地咳嗽，眼泪像断了线的珍珠般掉了下来。可是，小维勒全然不顾，醉心于欣赏那奇特的浅蓝色的火焰。

当然，父亲的鼻子，很快就发觉那呛人的烟味。他认为儿子"不务正业"，气呼呼地收掉了化学药品、仪器。最使小维勒痛心的是，父亲把那本《实验化学》也收走了！

没有《实验化学》，没办法再做化学实验了。化学，已经使小维勒入迷。怎么办呢？小维勒还算机灵。他记起父亲有个好朋友——布赫医生，是一个很有学问的人，一定会有化学书。

小维勒咯噔咯噔地跑到布赫医生家。

果真，布赫医生家里，有很大的书房，各式各样的书神气地站在书橱里。

布赫医生很喜欢小维勒。他指着一个书橱说："咦，这儿全是化学书"。

天哪，整整一书橱的化学书！小维勒简直高兴得跳了起来。

小维勒怯生生地问道："能借我一本看看吗？"

布赫医生爽朗地大笑起来，说道："孩子，你爱看哪一本，你就拿走。我可以送给你！"

唉，这简直连做梦都想不到！

从那以后，小维勒成了布赫医生家的常客。

布赫医生虽然是医生，但是很喜欢化学。他有那么多的化学书籍，正是他喜欢化学的证明。

他常常对小维勒谈论化学，说起了柏济力阿斯、戴维、拉瓦锡……

小维勒看完化学书，总是送还给布赫医生。他不敢放在家中，生怕被父亲发觉。他一本又一本地接着读，几乎读遍了那书橱里的化学书。

很有意思，小维勒也对"伏打电池"发生了兴趣。他想依照法国化学家盖·吕萨克的电解方法，制取金属钾。书中说，金属钾像石蜡一样柔软，可以用小刀切成一块块，放在水里会燃烧，射出明亮的光芒。啊，这是多么有趣的金属，如果能够亲手制造出这样的金属，多么有劲！

制造"伏打电池"，需要铜和锌。法兰克福造币厂的一位技师，慷慨地送给小维勒十多枚铜币。不久，这位技师又把一些金属锌送给了他。这么一来，"伏打电池"的原料解决了。

"伏打电池"总算做成功了。不过，也一直未能制取金属钾。

一次，小维勒的妹妹拿着电线玩，电流从她的身体通过，把她吓了一跳。这事儿传到父亲的耳朵，父亲生气了，把小维勒的"伏打电池"一股脑儿从窗口扔了出去……

"小化学家"又一次蒙受了沉重的打击。不过，化学的种子已经在他的心中发芽。

父亲固执地希望儿子学医。1820年，当维勒20岁的时候，考入马堡大学，学医。维勒"身在曹营心在汉"，他虽然学医，心中爱的却是化学。他的寝室里，放满各种药品、烧杯、烧瓶，简直成了化学实验室。课余，维勒沉醉于化学实验。

维勒写出了平生第一篇化学论文。他很幸运，论文经布赫医生的推荐，便发表了。这时他才21岁。正是这篇不长的论文，引起了柏济力阿斯的注意，在《物理学和化学年鉴》上赞扬了他。维勒走上成功之路，要比柏济力阿斯容易得多，这和维勒出自名门之家，又有布赫医生的支持分不开，而贫苦孤儿的柏济力阿斯硬是依靠自己不懈的奋斗才脱颖而出——在那样的社会里，这样的事例是不足为奇的。

"不打不相识"

维勒决心献身化学。

维勒倾慕德国化学家利奥波德·格麦林的大名，离开了马堡大学，前往海德堡大学求学。

非常出乎意外，格麦林竟然认为，维勒不必听他的课！

"格麦林教授，要知道，我从来还没有听过一次化学课。"维勒恳求道。

"不，不，你确实不必来听化学课。我读过你的化学论文。凭你写那篇化学论文的水平，根本不必再听化学课！不过，你可以到我的化学实验室里，做你的实验。"

格麦林教授的赏识，使维勒感激涕零。

于是，维勒在海德堡大学照旧学医，课余从事化学研究。有了格麦林教授的指点，有了设备完善的化学实验室，维勒的化学研究工作大有长进。

格麦林教授是研究氰化物①的专家。维勒在他的指导下，研究氰酸。

维勒测定了氰酸的化学成分，指出它是由碳、氮、氢、氧4种元素组成的。22岁的维勒发表了平生第二篇论文，公布了他所测定的氰酸的化学成分。

紧接着，维勒又制得了氰酸银和氰酸锌，测定了它们的化学成分。23岁的维勒，又顺利地发表了平生第三篇论文。他从21岁起，每年发表一篇化学论文，干得相当出色。就在维勒发表第三篇论文时，格麦林教授提醒他："请你注意一下德国化学家李比希刚发表的论文！"

那时候的李比希，才20岁。维勒赶紧查阅了李比希的论文。奇怪，李比希测定了一种"雷酸"的化学成分，竟跟氰酸差不多！

---

① 氰，念作"青"，化学式为$(CN)_2$，是碳、氮两元素的化合物。氰化物是指含有CN（即氰基）的化合物。剧毒的氰化钾，就是著名的氰化物。

氰酸跟雷酸，化学性质截然不同，氰酸很安定，雷酸很易爆炸。不同的化合物，怎么会具有相同的成分？

不久，如本书第三节开头所写，维勒来到斯德哥尔摩，来到柏济力阿斯身边。维勒迫不及待地向这位"科学家共和国最高法官"提出了自己的疑问。

"最高法官"怎么判决的呢？

他说："在维勒和李比希两人之中，总有一个人测定错了！"

那么，究竟谁错了呢？

"最高法官"没有答复。

这时，李比希也看到了维勒关于氰酸的论文。他同样感到疑惑不解。

于是，李比希拿来氰酸银进行分析，发现其中含有氧化银71%，并不是维勒所说的77.23%。李比希发表论文，认为维勒搞错了。

维勒又重做实验，发现李比希错了，因为李比希所用的氰酸银不纯净。维勒进一步测定，认为氰酸银所含氧化银为77.5%。

就这样，维勒和李比希，你一篇论文，我一篇论文，展开了热烈的争论。

1826年，李比希发表论文，说他提纯了氰酸银之后，所得结论与维勒一样，同时也与他所测得的雷酸银的化学成分一样。

对此，他们无法解释：两种显然不同的化合物，怎么会有相同的成分呢？

尽管维勒和李比希都在德国工作，不过，维勒在柏林，李比希在吉森，两人从未见过面。他们之间，只能通过信件和论文交换意见。他们多么渴望见面畅谈呀！

1828年年底，维勒从柏林回到故乡法兰克福度寒假。他见到了布赫医生，非常高兴。

一天晚上，维勒正在老同学施皮斯医生家里围着壁炉聊天，这时，响起敲门声。

门开了。门外站着一位25岁的青年，个子瘦长，前额宽广，两道浓眉下双眼闪闪发亮。

"哟，什么风把你吹来了？"施皮斯一眼就认出来，这是李比希。他路过法兰克福,来看看老朋友施皮斯。

"李比希?"维勒一听这熟悉的名字,赶紧站了起来。

两人都意想不到,会在这儿相遇。这是他们平生第一次见面。

壁炉的火光,把两位青年化学家的脸映得通红。

他们俩真是恨相见之晚,还来不及寒暄,就谈起了氰酸、雷酸。

俗话说:"不打不相识。"他们俩在激烈的争论中结为知己。

他们经过详尽的讨论,认为双方都有错。

"最高法官"既然说过:"在维勒和李比希之中,总有一个人测定错了!"如今,维勒和李比希得的结果一样,都没有错,究竟是怎么回事?

他们又向"最高法官"柏济力阿斯请教。

这一回,柏济力阿斯没有马上答复。他亲手重做维勒和李比希的实验。最终,"最高法官"发现维勒没有错,李比希没有错,而是自己当年的"裁决"错了!

1830年,柏济力阿斯提出了一个崭新的化学概念,叫做"同分异性"。意思是说,同样的化学成分,可以组成性质不同的化合物。他认为,氰酸与雷酸,便属于"同分异性",它们的化学成分一样,却是性质不同的化合物。在此之前,化学界一向认为,一种化合物只具有一种成分,绝没有两种不同化合物具有同一化学成分。

柏济力阿斯正确地"裁决"了维勒和李比希之间的论战,使化学向前迈进了一步。

柏济力阿斯还发现,酒石酸与葡萄糖,也是"同分异性"的孪生姐妹。

从那以后,维勒和李比希之间的友情,越来越密切。

论性格,维勒和李比希截然不同:李比希热烈,爽快,一激动起来脸红脖子粗,好动,好斗;维勒温和,文静,指着他的鼻子批评也不会动气,爱静,爱思索。李比希看到别人稍有错误,马上就会批评,而且有时往往批评过火。不过,他一旦发现自己错了,立即承认,"闻过则喜"。维勒不经深思熟虑,不经自己实验,绝不轻易批评别人,而且极注意分寸。然而,共同的事业——化学，使他们成诤友、畏友、莫逆之交。

他们多么想在一起工作呵！

1831 年，李比希想办法给维勒在卡塞耳艺术学院找到了工作。维勒毅然离开了首都柏林，到小城市卡塞耳工作，他的目的只有一个——离李比希近一点。

其实，卡塞耳跟吉森，也不算近，相距 100 千米。可是，终究比柏林要近得多。一有空，不是维勒上吉森去就是李比希到卡塞耳来。他们共同合作，以两人的名义，发表了几十篇化学论文！

李比希在给维勒的一封信中说：

"我们两人同在一个领域中工作，竞争而不嫉妒，保持最亲密的友谊——这是科学史上不常遇到的例子。我们死后，尸身将化为灰烬，而我们的友谊将永存！"

维勒在给李比希的信中则说：

"用我们共同名义发表的某些短文，其实是我们之中的一个人所写的。用两人的名义共同发表，为的是纪念我们的友情。"

人们曾这样评论维勒和李比希的友谊：

"在世界化学史上，恐怕没有比他们两人合作得更好的了！他们为什么会有如此深厚的友谊？那是因为他们都正直无私，对学问务求彻底，在科学面前老老实实，有了这许多共同点，他们才会携手并进，成了挚友。"

李比希谈及他和维勒一起做实验。"当一个人需要帮助的时候，另一个人则早已做好了准备，我们两个人犹如一个人似的。"

维勒结婚后两年，妻子不幸病故。为了减轻挚友的痛苦，李比希把维勒接到自己家中住，安慰他，并一起研究苦杏仁。

维勒深为感动，后来在给李比希的信中说：

"你以爱之意接待我，留我如此之久，我不知应当如何感谢你。当我们在一起面对面工作时，我是何等快乐！"

"吾爱吾师,吾更爱真理!"

古希腊学者亚里士多德有一句名言:"吾爱吾师,吾更爱真理!"

维勒毕生崇敬他的导师柏济力阿斯。然而,为了追求真理,他与他的导师之间,曾有过一场极为激烈的论战……

那是在 1824 年,维勒刚刚离开柏济力阿斯,从瑞典返回德国。

维勒又埋头于研究氰酸。

有一次,维勒打算制造氰酸铵。照理,往氰酸中倒入氨水,就可以制得氰酸铵。他在氰酸中倒入氨水之后,用火慢慢加热,想把溶液蒸干,得到氰酸铵结晶体。由于蒸发过程实在太慢了。维勒一边加热,一边忙着把从瑞典带回来的化学文献译成德文。

临睡前,维勒看到溶液已经所剩无几,便停止加热。

清晨,他一觉醒来一看,咦,奇怪,蒸发皿中怎么出现无色针状结晶体。显然,这与他过去曾制得的氰酸铵结晶体不同。

照理,在氰酸铵中加入氢氧化钾溶液,加热以后,会放出氨,闻到臭味(即阿摩尼亚)。可是,这种针状晶体溶解后加入氢氧化钾,不论怎么加热,没有闻到氨的臭味。

奇怪,这是一种什么样的"氰酸铵"呢?

当时,维勒忙于别的事儿,来不及深究,一放便是 4 年。

1828 年,当维勒重新制得这种"氰酸铵"时,没有轻易放过。

他经过仔细研究,证明这种针状结晶体并不是氰酸铵,而是尿素!

尿素,是动物和人的排泄物。在人的尿里,便含有许多尿素。一个成年人每天大约排出 30 克尿素。维勒制得的尿素,与尿中的尿素一模一样。

维勒马上意识到这一发现的重要性。因为他知道,尿素属于有机化合物①。他是用无机物——氰酸和氨制造尿素。这在化学史上是空前的。在此之前，没有任何人曾用人工方法制造有机化合物（虽然在1824年维勒曾用人工方法制成了草酸。草酸也属有机化合物。不过，由于草酸并不是很重要、很典型的有机化合物，没有引起注意，维勒本人也把它轻轻放过了。他是未经深思熟虑不轻易表态的）。

维勒立即想到了导师柏济力阿斯。在化学上，是柏济力阿斯早在1806年，便首先提出"有机化学"这一概念。

维勒兴奋地给柏济力阿斯写信：

"我要告诉您，我可以不借助于人或狗的肾脏而制造尿素。可不可以把尿素的这种人工合成看作用无机物制造有机物的一个先例呢？"

意想不到的是，柏济力阿斯对维勒的发现，非常冷淡。

柏济力阿斯在指出"有机化学"这一概念时，曾再三强调：

"……在有机物的领域中，元素服从着另外一种规律，那是和无机领域所服从的规律不同的……有机物是生命过程的产物，所以有机物只能在细胞只受到一种奇妙的'生命力'的作用才能产生。"

他把"有机化学"称为"研究在生命力影响下形成的物质的化学"。

至于"生命力"是什么东西呢？

他的答复是："神秘的，不可知的，不可捉摸的，抗拒任何理论上的解释。"

这，便是所谓的"生命力论"。

维勒的发现，显然是对"生命力论"的沉重打击。它证明，不依赖神秘的"生命力"，可以用人工方法制成有机化合物。

师生之间，产生了严重的分歧。

尽管柏济力阿斯曾经说过这样的话："习惯于固定的见解，常常会导致错误。"美玉也有瑕疵。由于"生命力论"这一"固定的见解"的影响，导致这

087

———————————

① 在化学上，把含碳的化合物（除一些简单的碳的化合物如一氧化碳、二氧化碳、碳酸盐之外）称为有机化合物，而把不含碳的化合物称为无机化合物。

位化学权威犯了不小的错误。

柏济力阿斯复信给维勒,挖苦地问道,能不能在实验室里制造出一个小孩来?

还有人牵强附会地跟随着这位权威的调子说,尿素本来就是动物和人的排泄物,是不要了的废物,不能算是"真正的有机物",充其量是"介于无机物与有机物之间的东西"!

维勒呢?他很冷静。即使是导师的话,不符合科学,他也不偏听偏信。他敢于坚持真理[①]。

实践终于证明,真理在维勒手中:过了13年,人们在1845年,用人工方法制成了重要的有机化合物——醋酸。紧接着,又人工合成了酒石酸(葡萄里含有它)、柠檬酸(存在于柠檬汁与橘子汁里)、琥珀酸(存在于葡萄里)、苹果酸(许多未成熟的水果里含有它)……在1854年,人们还用甘油和脂肪酸人工合成了油脂。

"生命力论"终于彻底破产了。

柏济力阿斯依旧坚持他的"生命力论"。不过,他在给维勒的信中,也不得不承认维勒的功勋:

"谁在合成尿素的工作中奠下了自己永垂不朽的基石,谁就有希望借此走上登峰造极的道路。的确,博士先生你正向声誉的目标前进。"

维勒呢?他却说:

"目前,有机化学是令人注目的。对于我来说,它是一片浓密的森林,一片漫无边际的森林,我愿意闯进去……"

的确,维勒勇敢地闯了进去,成为这片处女地的第一批开荒者。他不畏艰难、披荆斩棘的首创精神,赢得了崇高的声誉。

尽管师生之间发生如此尖锐的论战,而且维勒是胜利者,然而,维勒始

---

① 后来查明,尿素与氰酸铵属"同分异构",它们具有共同的化学组成。由氨和氰酸既可制得氰酸铵,也可制得尿素。

终对导师怀着深深的敬意。正因这样，亲密的师生之谊，一直存在于柏济力阿斯与维勒之间。

维勒也像柏济力阿斯一样，很注意培养青年。他的一生中，有60年是当教师，曾培养了几万名学生。

维勒在化学上作出了杰出的贡献，赢得了很高的声誉。柏林、吉森、波恩、斯德哥尔摩、巴黎、彼得堡、伦敦、都灵……许多科学院和大学都聘请维勒担任院士或者名誉教授。

当法国化学家德维尔制得了金属铝之后，人们曾用这种当时非常稀罕的"贵金属"铸成奖章，奖章的一面铸着拿破仑第三的肖像，另一面则铸着维勒的名字和"1829"字样，因为维勒在1829年第一个用钾分解无水氯化铝，分离出金属铝。不久，拿破仑聘请维勒担任名誉顾问。

维勒非常谦逊。他写了《分析化学实验教程》一书，不愿署名。为什么呢？"因为这类小册子人人皆能写得出也"。

1882年7月31日，是维勒的82岁诞辰。许多知名人士都赶来祝贺。维勒乐观而幽默，在寿宴上说道："诸位庆贺我的生日，未免太性急了点。等我活到90岁，到时才来祝贺不算晚。"

就在他讲过这话之后不到两个月——1882年9月23日，他与世长辞。

人们用这样简洁的话，概括了维勒漫长的一生：

"他的一生无日不在化学之中度过——不是学化学，就是教化学，或者研究化学！"

维勒临终，留下遗嘱，他的墓上不设置铜制或者大理石制的纪念碑，而只放一块石头，刻着他的姓名——不允许刻上他的任何"头衔"！

在维勒逝世之后，人们统计了一下，他发表过化学论文270多篇，获得世界各国给予的荣誉达317种。

又是一个小化学迷

维勒的密友李比希，比他小 3 岁，1803 年 5 月 12 日出生于德国的达姆斯塔特。

维勒的父亲是医生，李比希的父亲则是药剂师。在达姆斯塔特城一条狭窄的弄堂里，门上挂着"乔治·李比希药房"的招牌，那就是李比希的父亲开设的药房，是李比希度过童年的地方。

弄堂附近还有染坊和制革作坊，那也是小李比希常常爱去的地方。药房、染坊、制革作坊，与化学有着千丝万缕的联系。李比希爱上化学，最初就是从那儿开始的：各种各样的化学药品，是怎么回事呢？衣服是怎样被染上各种漂亮的颜色的？鞣革，又是怎么一回事？最有意思的是，父亲还常常自己动手，制造颜料、染料、化学药品。李比希喜欢充当父亲的小助手，慢慢地，他熟悉了许多化学药品的名字和化学实验的方法。

李比希也挺喜欢他的邻居艾斯纳叔叔。艾斯纳简直像魔术师似的，能够用碱和油脂做原料，生产出一块块雪白的肥皂来。李比希从他那里，也懂得了许多化学常识。

渐渐地，李比希能够读懂父亲的那些制药手册。他几乎读遍了家中的藏书。

有一次，父亲要试制一种新药，可是，在制药手册上查不到关于这种新药的制造方法。父亲太忙，就派李比希到宫廷图书馆去查阅。

李比希平生第一次来到了书的海洋之中。他看到那成架成架的图书，惊讶极了。

图书馆管理员听说这孩子要借化学书——那是一些就连大人也看不大懂的书籍，感到惊奇。

他很热心地把李比希领到一个书架前，指着满架的书说道："咳，这些都是化学书！"就像维勒在布赫医生家的化学书橱前入了迷一样，李比希站在宫廷图书馆那满架的化学书前，流连忘返！他翻阅着一本本化学书，才知道原来化学是一门内容非常丰富的科学。宫廷图书馆，像磁石一样吸引着李比希。从那以后，他三天两头到那儿去。尽管他那瘦小的个子和厚厚的书本不大相称。然而，小小年纪，他竟读完了32卷的《化学词典》！

书，是没有围墙的大学；书，是打开科学之门的金钥匙；书，是不会说话的老师；书，是科学征途上的向导。正是那满架的化学书籍，使小李比希深深地爱上了化学。

小李比希十分认真，他按照书架上书的顺序，逐本细读。图书馆管理员告诉他，书的顺序是按图书的类别安放的，不像课本，要从一年级起按顺序读。小李比希笑了，他说，这样按顺序读书，为的是不至于漏读一本！

上中学的时候，教拉丁语的老师是中学校长。有一次，在上课的时候，李比希的脑海中翻腾的不是拉丁语，而是化学。他走神儿啦！

忽然，他发觉校长正站在他的面前，用严厉的目光注视着他。

"李比希，你重复一下我刚才讲的动词！"校长提高了声调说道。

李比希涨红了脸，答不出来。

"像你这样，怎么行呢？你不好好学习拉丁语，长大了想干什么呢？"校长数落着他。谁知李比希突然站了起来，大声地回答道："我长大了要当化学家！"

哈哈哈哈，教室里爆发了哄堂大笑。

这时，李比希的脸，反而没有红。他想，长大了要当化学家，这有什么可笑的呢？

21 岁当教授

意想不到，没多久，这位"未来的化学家"，被校长勒令开除了！

那是在一次上课的时候,忽然从操场上传出"轰"的爆炸声,全校都惊动了。

校长和老师们循声跑到操场,看到李比希正在与他的同学们兴高采烈地欢呼着。

原来,李比希那个班级没有课。"小化学家"从家里带来了炸药,在操场上表演爆炸,给同学们看。

校长对李比希本来就已经印象不好。这一次,他勃然大怒,斥责李比希破坏校规,把他开除了。

这时候,李比希才15岁。

失学了,怎么办呢?

正好,李比希的父亲有个同行叫皮尔斯,他有一间药房,需要一名学徒。于是,李比希就到那儿去当小学徒。

皮尔斯先生对李比希挺喜欢。然而,没多久,他便下逐客令,把李比希辞退了!

为什么呢?

原来,皮尔斯先生见李比希伶俐能干,又喜欢化学,就腾出阁楼,给他当实验室。

这当然使李比希欣喜若狂。这位15岁的小学徒,做完他学徒的本分事儿之后,便把全部时光消磨在那小阁楼里。他依旧对炸药深感兴趣。当他知道雷酸银和雷酸汞①具有爆炸的性能,竟然着手制造。他在金属银(汞)中倒入较多的硝酸和少量盐酸,慢慢加热,制成硝酸银(汞),然后往里倒进酒精……这样,就制得了雷酸银(汞)。

刚制得的雷酸银(汞),是潮湿的。放在那里,慢慢变干了。他不知道干的雷酸银(汞)是脾气异常暴躁的家伙。一天,他在做实验的时候,那研磨用的研杆,不小心从桌上滚下去,正好落在放雷酸银(汞)的器皿里。

---

① 雷酸汞俗称"雷汞",是现在常用的起爆药,雷管里便装着它。

轰的一声，猛烈的爆炸把屋顶掀掉了。李比希呢？被埋在砖头之中！

虽然他很幸运，没有被炸伤。然而，皮尔斯先生再也不敢雇用这个小徒弟了。他担心小李比希总有一天会把他的整个药房炸个粉碎！

唉，两次爆炸，一次使李比希失学，一次使李比希失业。没办法，他只好回到父亲身边。

幸亏李比希的父亲还算比较开明，不像维勒的父亲那样对儿子的志趣横加干涉。李比希在家帮助父亲照料药店，充当助手。

"我想研究化学，我长大了要当化学家！"李比希总是在父亲耳边苦苦哀求道。

父亲深知，儿子要研究化学，要当化学家，志向是值得赞许的。可是，要研究化学，就得上大学。他有6个孩子，药房的收入又很有限。他考虑再三，终于同意了李比希的要求。

就这样，17岁的李比希，考入了波恩大学，成了大学生。

虽然李比希向往的是化学，然而，那时候最时髦的是"形而上学的哲学"。李比希竟放弃了化学，花费两年时间，去听哲学课程！

李比希把这件事，引为终生的遗憾。后来，他在一篇文章中回忆道：

"那是一个崇尚言论、思想而鄙视实际知识和实验的时代。我年幼无知，抵御不了这种占统治地位的思潮。我专心于研究形而上学的哲学。我一生中两年宝贵光阴就这样白白浪费掉！"

一位化学教授发现了李比希化学方面的才华，允许他到化学实验室里工作，这才使他从歧路上折回，继续从事雷酸研究。

不过，李比希是一个很活跃的人。他参加了大学中的社团，从事政治活动。

1822年，李比希所参加的政治团体被德国政府取缔。李比希匆忙地逃往法国巴黎。这位19岁的青年第一次来到异国，马上敏锐地感觉到：当时的德国讲究虚饰，而法国却很讲究实际。

他下决心踏踏实实地学习化学，不再追求做个时髦的哲学家。

他很幸运,得到了著名法国化学家盖－吕萨克教授的常识,并当上了助手。

在盖－吕萨克的指导下,李比希终于查明了雷酸的化学成分。1823 年,这位 20 岁的青年,发表了第一篇化学论文。他跟维勒的争论,就是这篇论文引起的。

盖－吕萨克教授和洪堡教授都很赞赏李比希的才华。1824 年,当李比希决定返回德国时,两位教授专门给德国政府写了推荐书。这样,当李比希来到德国吉森大学任教,便被破格提拔为"编外教授"。这时,他才 21 岁! 两年后,他被承认为正式教授。

从粗心到细心

1826 年,李比希从法国的《物理和化学年报》上,读到了法国青年化学家波拉德的论文《海藻中的新元素》,吃了一惊!

波拉德在论文中说,两年前,他才 17 岁,是法国一个药学专科学校的学生。当时,他在他的故乡——蒙培利埃研究盐湖水,从湖水中提取食盐之后,往剩余的母液中通进氯气,得到红棕色的液体。他知道,那红棕色的东西大概是"氯化碘"(请注意,李比希看到"氯化碘"这几个字时,几乎要跳起来了)。

光是"大概"不行。波拉德决定证实一下是不是"氯化碘"。

照理,氯化碘是一种不稳定的化合化,加热一下就会分解。可是,那红棕色的东西不会分解,而且有一股刺鼻的臭味。

波拉德还研究了海藻。他发现,把海藻烧成灰,用热水浸取,再往里通进氯气,这时,除了得到紫黑色的固体——碘的晶体以外,也得到了红棕色的液体。

波拉德经过仔细研究,断定那红棕色的液体是一种未发现的化学元素。波拉德把它命名为"溢",按照希腊文的原意,就是"盐水"的意思。

波拉德把自己的发现通知了法国科学院。科学院将这个新元素改称为"溴"。按照希腊文的原意,就是"臭"的意思。

李比希看完论文,直跺脚,后悔莫及!

为什么呢?

几年前,曾有一位商人,拿着一瓶从海藻灰中提取的红棕色的液体,请他鉴定。他没有深入研究,却告诉商人那是"氯化碘",贴上了标签。

就这样,由于他的粗心、想当然,坐失良机,错过了发现新元素的机会。

李比希非常惋惜。他发表文章说道:"不是波拉德发现了溴,而是溴发现了波拉德!" 波拉德由于发现溴,他的名字载入了化学史册。

李比希勇于改错。他把那张贴在样品瓶上的"氯化碘"标签,小心地取了下来,挂在床头,作为教训。他还常常把它拿给朋友们看,希望朋友们也能从中吸取教训。

后来,李比希在信中谈到这件事时,曾这样写道:

"从那以后,除非有非常可靠的实验作根据,也不凭空地自造理论了。"

不过,李比希是一个性急的人,一下子要改掉粗心的缺点,并不容易。从1831年起,他负责主编德国化学界的《年鉴》。他对每篇论文加以评论。

要评论,就得验证论文,要重复别人的实验。李比希匆匆忙忙地做着,常常出错,使他所写的评论不准确。于是,李比希遭到许多人的指责。

好在李比希是个痛快的人。别人的批评即使很尖锐,只要说得对,他就接受。他说,他追求真理,服从真理。

渐渐地,他变得细心起来。

1837年,李比希访问了英国。

在英国的所见所闻,使他深有感触。他曾说:

"我乘的是火车,这就是文明! 每小时行驶10英里,用鸟飞的速度前进! 我激动得像个小孩子一样,简直高兴得跳起来!"

有一次,英国同行陪他到一家工厂考察。这家工厂正在生产蓝色绘画颜料"柏林蓝"。他看到工人们把原料倒入大铁锅之后,一边加热,一边用铁棒吃力地搅拌着溶液，发出很大的响声。一位工长告诉李比希："搅的响声越大，柏林蓝的质量就越好。"

李比希细心地听着。回去以后，他一直在思考这个问题："为什么搅拌的声音越响，柏林蓝的质量就越好呢？"

后来，他终于查出原因，写信告诉那家工厂："用铁棒搅拌使铁锅作响，无非是使铁棒和锅摩擦，磨下一些铁屑来，使它与溶液化合。如能在生产时加入一些含铁的化合物，不必用力磨蹭铁锅，柏林蓝的质量同样会提高。"

那家工厂照李比希的话去做，果真那样。从此工人们的劳动强度大为减轻了。

两次争论

李比希和维勒是好朋友，他们之间有过激烈的论战。李比希虽然没有在柏济力阿斯身边学习过，但是他也非常尊敬这位化学界的前辈，把他作为自己的老师。他与柏济力阿斯之间常常通信。就在他们之间，也曾有过尖锐的争论。

第一次论战是从 1836 年开始的，李比希和柏济力阿斯争论了 10 多年。

那时候，人们发现一种奇特的化学现象：一杯双氧水，安安静静地搁在那里，如果放进一块铂（白金），马上会气泡翻滚，放出氧气。反应结束后，铂好端端的，未损一根"毫毛"！

说是铂参加反应了吧，它却好端端的，一切如旧；说铂没有参加反应吧，可是，铂一放进双氧水中，立即气泡翻滚。把铂一取出来，气泡便不见了。

这是一种什么样的化学反应呢？

1836 年，柏济力阿斯发表了论文，第一次提出新名词——"催化反应"。

他认为，催化反应是"在这样一些物质的参加下引起的，这些物质的成分不包含在最后产物中,因此它们在反应中没有被利用"。他还认为,催化反应是在"催化力"的作用下发生的,而"催化力"是对原子极性的某种影响,它可以增大、缩小或改变这种极性……

李比希极力反对柏济力阿斯的观点。他发表论文,认为接受"催化力"这个概念,"会导致以一个未知解释另一个未知"。

他们热烈地争论着。论战把讨论引向深入,使人们逐步深入了解催化作用原理。争论表明,柏济力阿斯的许多观点是可取的,而李比希也在争论中不断修正自己的观点,使理论得到完善。

如今,"催化化学"已成为化学中一个新的学科。当人们谈论起这门新学科时,称赞柏济力阿斯与李比希的论战本身是一种"催化剂",加速了"催化化学"的诞生。

第二次论战是从1843年一直延续到柏济力阿斯去世。

"有机化学"这一概念,是柏济力阿斯首创的,是他对化学的重大贡献。

紧接着,他提出了关于有机化合物的理论。他认为,在有机化合物中,氧是最重要的元素①。所有的有机化合物,都是由带负电的氧和带正电的"复合基"这样两部分组成的。柏济力阿斯的这一理论,称为"二元论"。

意想不到,法国化学家杜马从一件生活小事入手,使"二元论"难以自圆其说。

那是在1834年,杜马到王宫参加舞会。那时候没有电灯,王宫里点了数百支蜡烛。别人忙于跳舞,杜马却注意起蜡烛散出来的气味。咦,怎么有点刺鼻?

杜马仔细一了解,原来那些蜡烛是用蜂蜡制成的,曾用氯气漂白。

奇怪,用氯气漂白以后,氯已经散失了,蜡烛怎么还会有刺鼻的酸酸气味呢?

这样,杜马从舞会上的蜡烛进行"推理",认为很可能在漂白时,氯取代

---

① 后来,科学家证明,在有机化合物中,碳是最重要的元素。

了蜡烛中的氢。

杜马进一步用醋酸进行试验,通入氯气以后,制得了氯醋酸。氯,可以取代醋酸中的氢,变成氯醋酸。这么一来,证明了有机物未必是由氧的"复合基"组成的。因为氯是带负电的,按照柏济力阿斯的理论,应该取代氧,而不应该取代带正电的氢。杜马的发现,是对"二元论"的莫大的打击。

可是,柏济力阿斯不服输,想出各种各样的理由进行解释,依旧维护着"二元论",犹如他顽固地维护"生命力论"一样。

李比希参战了。他鲜明地支持杜马。

李比希很诚恳地向柏济力阿斯指出:

"我们争论的焦点在你主张维持你原有的理论,而我主张把它改进和进一步发展。"在争论中,柏济力阿斯明显地错了,陷入了困境。在他的晚年,变得越来越保守,缺乏自我批评精神,固执己见。

李比希眼看柏济力阿斯步步败退,赶紧写信给维勒:

"柏济力阿斯在为一场输了的事业而战斗……我恳求你,亲爱的维勒,为了我们最尊敬的老师,你去进行干预吧!"

可惜,柏济力阿斯连维勒的话,都没有听进去。一直到去世,柏济力阿斯仍坚持错误的"二元论"。

李比希像维勒一样:"吾爱吾师,吾更爱真理!"

尽管李比希由于脾气急躁,在化学上犯的错误比柏济力阿斯要多得多,然而他从不坚持错误,这一点是难能可贵的啊!

在这场激烈的论战中,还发生了有趣的小插曲。

杜马能够从蜡烛的气味之中,发现重要的线索,这说明杜马多么细心。这下子,杜马很快就被记者们包围,而同行们也夸奖他。

杜马得意起来。他对助手做的实验未经复核,就轻率地得出这样的结论:氯不仅能够置换有机物中的氢,还能置换碳,而且置换以后物质的性质没有明显改变。

科学真理是很严谨的,一寸就是寸,一尺就是一尺。真理向前跨进了半步,便会成为谬误。

杜马因细心而发现真理,紧接着,又因粗心而失去真理。

就在这个时候,德国的一家科学杂志,发表了一篇奇特的论文。论文中说:

"根据来自伦敦的最新消息,英国化学家们已能够把棉纤维中所有的原子用氯置换,而它的性质不变。据说,在伦敦的商店里已出售一种由纯粹氯制成的布匹,这种布匹极其适宜于用来缝制睡帽、衬裤和极为优良暖和的腹带……"

论文的作者,是"S.C.H Windler"。

论文发表后,在化学界成为奇闻、笑谈。因为谁都未见过这种纯粹氯织成的布匹。人们纷纷打听,这位"S.C.H Windler"究竟是谁?

过了好久,人们才明白,如果把"S.C.H Windler"所有的字母一起拼读,谐音便是德语中的"骗子"!

论文的真正作者,出乎人们意料,竟是李比希!当时,李比希跟杜马发生了激烈的论战。李比希坚持,氯绝不能把有机物中的碳一一置换。为了抨击杜马,李比希"创作"了那篇用"S.C.H Windler"署名的近似于讽刺小说的化学论文。

李比希的这种做法当然不足取。不过,从中也可以看出他的性格和当时论战的激烈程度。

心理学家曾把人们的性格分为三类:A 型文静含蓄;B 型活泼开朗;C 型易争好斗。如果维勒的性格是属于 A 型的话,那么李比希的性格就属于 C 型了。

099

农业化学的鼻祖

李比希和维勒曾有过密切的合作,共同发表了几十篇论文。后来,维勒转向研究有机化学,李比希转向农业化学,尽管他们依旧那样亲密无间,但是共同合作却不多了。

那时候,农业化学是一片无人涉足的处女地。

这是一种十分奇怪的现象:尽管每个人都离不了穿衣吃饭,而衣服和粮食又离不了农业,可是,在化学家之中几乎没有人愿意研究农业!为什么呢?据说那是因为农业化学没有什么"理论价值"……

正因为没有人研究农业上的化学问题,所以千百年来,一直流传着十分奇怪的"理论":"人和动物总是以有机物(即植物和动物)为食物,庄稼也是以有机物为'食物'(即肥料)。"

于是,人们只往田里施绿肥,施粪肥。可是,光施这些有机肥,庄稼的产量并没有明显的提高。

庄稼喜欢"吃"什么呢?

庄稼是"哑巴",不会回答。

李比希为了探索庄稼的秘密,1837年,他在吉森大学附近雇人开垦荒地,种上了庄稼。他给庄稼"吃"各种各样的"菜"——无机盐,想弄清庄稼的"胃口"。

哪块地里的庄稼长得茂盛,就说明庄稼喜欢"吃"什么。

很快的,李比希发现,庄稼非常喜欢吃"钾"和"磷"。

在农业化学上,这是具有重大历史意义的发现!

为了给庄稼大量供应钾肥,李比希办起了钾肥厂。农民们听说钾肥能增产,闻讯而来,向李比希订购钾肥。

就这样,李比希获得了生产钾肥的专利权。

消息传到英国,一个叫莫斯普拉特的商人向李比希买了专利权,办起了钾肥厂。

李比希还发明制造磷肥的方法。

如果说,许多化学家所研究的定律、结构、化学成分之类还只有理论意义的话,那么李比希的这些研究具有重大的实际意义。他的著作《化学在农业中的应用》成了畅销书,几天内就销售一空。

一位评论家曾这样评论道:

"世界上没有任何学者对于人类的贡献,能与李比希相比!"

这话固然有点偏颇。不过,李比希的研究工作,使庄稼的产量成倍增长,造福于全人类,这不能不说是他的巨大贡献。

平心而论,李比希所做的实验,并不太高深、复杂,要查清庄稼需要"吃"什么并不太难。问题是当时的化学家们瞧不起这样的研究工作,以为没有"理论意义",而李比希勇于冲破习惯的偏见,让化学为千百万人的穿衣吃饭问题服务。

李比希成了农业化学的开山鼻祖。

李比希一生,写了318篇论文,在分析化学、有机化学、生理化学方面,也作出许多贡献。

他与维勒齐名,也获得许许多多荣誉头衔、奖章、奖金。1845年,德国政府封他为男爵。

李比希培养了一大批年轻的化学家。在他的学生之中,有著名法国化学家查理·武慈,英国化学家爱德华·福兰克兰,德国有机化学家赫尔曼·费林,德国分析化学家卡尔·弗雷泽导斯,法国化学家查理·日拉尔,意大利化学家阿斯卡尼奥·索波列罗,俄国化学家沃斯克列辛斯基……

李比希心直口快,胸无城府,常与人争论,以至他的论敌达几十个之多!他花费很大精力与人展开论战。晚年,他患上失眠症。

李比希在23岁时结婚,妻子叫亨利艾塔·莫顿豪尔。他们有5个孩子。

尽管李比希一再说过这样的话:"一个人应该从事创造性的劳动,但是也应该善于休息。"

然而,他经常从黎明工作到黄昏,又从黄昏工作到黎明,以至连他的仆人都常常这样抱怨:

"您整天都在实验室里工作,使得我简直没有机会等您不在时打扫它!"

1837年4月18日,李比希因患肺炎在慕尼黑去世,终年70岁。

关于柏济力阿斯、维勒和李比希的故事,写到这儿,该画上"休止符"了。

如果你把刚才读过的故事,在脑海中"过电影",一定会发现,他们三人性格迥异——柏济力阿斯精明,维勒冷静温和,李比希热情豪放;他们三人出身不同——柏济力阿斯出身清贫之家,维勒诞生于富豪望族,李比希出自小康之家。然而,他们三人又有许多共同点:

他们都从小爱科学,是小科学迷。

他们师生之间,挚友之间,都曾有过争论,但是争论增进了友谊,争论促进了科学发展。

他们都把毕生精力献给了化学,柏济力阿斯在57岁才算"有点空"成了亲,维勒"一生无日不在化学之中度过",李比希"整天都在实验室里工作"。

他们三人都很注意培养人才,培养青年一代。

正是因为他们都具有这些优秀的品德,所以他们的名字一直在化学史上放射出夺目的光芒。

也正因为这样,尽管他们离开人世已经100多年,关于他们的故事还值得印成书,还值得向你介绍……

五、无畏的探索者

"不可思议的东西"

你看过电影《血的秘密》吗？那位著名的血型专家杨斯基突然心脏病发作，他的助手赶紧去买硝酸甘油药片。当药片买到的时候，杨斯基已经离开了人世，助手为自己迟到了一步而热泪盈眶，悔恨莫及……

硝酸甘油，化学学名叫硝酸甘油酯，俗名叫硝化甘油。它具有一种扩张血管的作用，所以成为医治心脏病的特效药，至今，有的心脏病人衣袋里，还总是放着硝酸甘油药片，以便在发生紧急情况时服用。

也许会使您感到惊讶：这种治疗心脏病的特效药，居然跟炸药结下了很深的友谊，以致如今一谈到无烟炸药的发明，就不能不提到这硝酸甘油……

说来话长。

在1847年，意大利青年化学家索布雷罗把纯甘油滴入浓硫酸与浓硝酸的混合液中，经过搅拌后，发生了化学反应，有一种油状的液体出现在容器的底部。

这油状的液体，就是硝酸甘油。人们用酒精冲稀硝酸甘油，把它作为治疗心脏病的特效药。

一件意外的事情发生了：有一次，索布雷罗想制取纯净的硝酸甘油，就把它加热、浓缩，轰的一声，硝酸甘油爆炸了，把玻璃烧杯炸了个粉碎，也炸伤了索布莱洛的手和脸！

治疗心脏病的药物会爆炸？这在当时简直是不可思议的事情。

于是，硝酸甘油就得到了一个特别的名号，叫做"不可思议的东西"！

这"不可思议的东西"非常厉害，动不动就会"发脾气"——爆炸。谁要是去碰它，研究它，谁就可能丧命！

就在这时，有一个勇敢的瑞典青年科学家，却冒着生命的危险，开始进行着驯服硝酸甘油这匹烈马的工作。

"危险分子"

这位瑞典青年科学家，就是阿尔弗雷德·诺贝尔。

1833年10月21日，诺贝尔诞生在瑞典首都斯德哥尔摩。

诺贝尔的父亲尹木纽·诺贝尔是一个水手，后来当过建筑工程师。在一次火灾中，他的财产被烧毁，只好借债度日。在诺贝尔4岁的时候，老诺贝尔离别了妻儿，离别了祖国，到芬兰谋生。不久，又来到俄国。在那里，老诺贝尔发明了水雷，受到了俄国皇室的重用。

诺贝尔有两个哥哥，一个弟弟。诺贝尔8岁的时候，在斯德哥尔摩的雅拉布小学读书。他只念了一个学期。由于老诺贝尔在俄国找到了工作，全家就搬到彼得堡。

到了彼得堡，诺贝尔听不懂俄语，没办法上学，只好跟两个哥哥一起，在家自学。从此，诺贝尔没有进过高等学校。他的学问，全靠自学得来的。

由于老诺贝尔研究水雷，使诺贝尔对炸药发生了莫大的兴趣。

1860年，诺贝尔从杂志上看到了意大利化学家索布雷罗的关于硝酸甘油的论文。在论文中，索布雷罗除了大段大段地讲述硝酸甘油的性质及可做治疗心脏病的药物之外，还谈到了那次爆炸。他写道："这种液体会因加热或震动而爆炸,将来能作什么用途,只有将来的实验能告诉我们。"

索布雷罗的这段话,引起了诺贝尔的注意。他想,硝酸甘油能够爆炸,能不能把它用来制造炸药呢?

于是,诺贝尔开始着手制造硝酸甘油。不过,硝酸甘油是液体,使用不便。诺贝尔就把硝酸甘油与黑色火药混合在一起,做成炸药。

诺贝尔的父亲和兄弟,也帮助诺贝尔一起研究这种新的炸药。

然而,研究炸药可是一种非常危险的工作。

在 1788 年,法国著名化学家贝索勒曾发现,用氯酸钾代替硝酸钾来制造黑色火药,可以增加它的爆炸力。

于是,贝索勒邀请了法国著名化学家拉瓦锡以及许多政界要人,前来观看他所试用的新炸药。

贝索勒忙于招待客人们吃饭,只有他的助手在那里混合制作炸药。这时,有一位工程师和一位富绅的女儿吃完饭之后,也踱过去观看贝索勒助手的工作。

"轰!"炸药在混合过程中,不慎爆炸了。贝索勒的助手、工程师和那位富绅的女儿,全都死于非命!

正因为这样,许多人不敢再研究炸药,对炸药望而生畏。

许多人好心劝告诺贝尔:"不要去干这种危险的工作。当你研究的时候,死神就站在你的背后!"

诺贝尔却笑了笑,说:"不入虎穴,焉得虎子?"

不幸的事情,果然发生了。

1864 年 9 月 3 日,在诺贝尔的实验室里,硝酸甘油猛烈地爆炸了,炸死了诺贝尔的四个同事,他的弟弟埃密·诺贝尔也被炸死了。当时,诺贝尔正巧因忙于他事,不在实验室里,幸免于难。

这次重大事故,使老诺贝尔受到很大的打击,病倒了。

诺贝尔呢?他在掩埋了同事和弟弟的尸体之后,毫不气馁,又开始着手研究炸药了。他真是一个不屈不挠的人。他坚信,在驯服烈马的时候,会发生摔伤以致摔死的事情,但是只要你勇敢地坚持下去,烈马总是可以驯服的。

为了不至于危及四邻,诺贝尔来到斯德哥尔摩郊区的马拉湖,租了一只平底船,在船上进行各种试验。

就这样,诺贝尔在船上制成了大量的硝酸甘油,用它作为炸药。人们把这种油一样的炸药,称为"炸油"。

实验证明,"炸油"的爆炸力,比黑色火药要大得多!它在爆炸时,体积要猛然增大 10400 倍!

这样一来,许多国家向诺贝尔订购"炸油",于是,诺贝尔办起了生产"炸油"的工厂。

马车夫的启示

就在诺贝尔的"炸油"工厂开办不久,一连串沉重的打击相继而来:

1865 年 12 月,美国纽约市的一家旅馆门前,发生了一次猛烈的爆炸,炸出了一个一米多深的坑。剧烈的爆炸声,震坏了好多窗子的玻璃。人们查明,原来是一个德国人带着 10 磅硝酸甘油朝旅馆大门走去,突然"轰"的一声,德国人当场被炸死。人们一检查,这个人所带的硝酸甘油是诺贝尔工厂生产的!

1866 年 3 月,澳大利亚悉尼城的货栈被炸毁,损失惨重。经查明,爆炸是由货栈里的两桶硝酸甘油引起的,生产者为诺贝尔工厂!

1866 年 4 月,在巴拿马的大西洋沿岸,一艘名叫"欧罗巴号"的轮船被炸毁,沉入海底,乘客 74 人丧命。这船上所携带的货物中,就有诺贝尔工厂生产的硝酸甘油。

紧接着,美国旧金山的一座仓库又发生剧烈的爆炸,14 人当场死亡。爆炸是由诺贝尔工厂生产的硝酸甘油引起的!

......

这么一来，诺贝尔工厂的信誉扫地，人们纷纷要求诺贝尔赔偿损失。"炸油"，无人再敢买。

英国政府颁布命令，禁止生产、销售和运输硝酸甘油。

法国、葡萄牙政府，也相继发布了类似的禁令。

人们纷纷指责诺贝尔，指责那位首先发现硝酸甘油的索布雷罗，并把诺贝尔称作"贩卖死神的商人"！

对于接二连三的爆炸事故，诺贝尔当然是痛心疾首的。不过，他并没有灰心。他想：硝酸甘油炸毁了仓库和轮船，这本身就说明硝酸甘油具有很强大的摧毁力，是一种很好的炸药。问题是这种炸药的脾气太暴躁，受热或受到稍微的震动，就会爆炸。关键就在于怎样寻找到一种方法，使硝酸甘油变得"听话"——在平时不爆炸，只有在起爆时才爆炸。也就是说，要使硝酸甘油在平时像绵羊一样温顺，而在需要它爆炸时，却像狮子一样勇猛！ 诺贝尔刻苦地钻研着驯服硝酸甘油的方法，费尽了心力，却怎么也找不到它。

有一次，诺贝尔在海滩上散步。这时，传来了阵阵"得，得"的马蹄声，一辆马车迎面而来。

诺贝尔一眼就看到，马车上装着许多罐子——这是他所熟悉的装硝酸甘油的罐子。有几个罐子已在运输途中被震破了。

当马车从诺贝尔身边驶过的时候，诺贝尔猛然叫住了马车夫。

诺贝尔为什么叫住马车夫呢？

原来，他所担心的事并没有发生，只见那些罐子之间塞着什么东西，而这些东西是他所不认识的。

"这是什么？"诺贝尔问道。

"你不知道？这是硅藻土哇！"马车夫答道，"塞上硅藻土以后，可以防止罐子互相碰撞。再说，万一罐子破裂了，硝酸甘油流出来，就被硅藻土吸收了，不会到处流淌。"

马车远走了，诺贝尔却呆呆地伫立在海边，反复思索着马车夫刚才说过的话。

真是"踏破铁鞋无觅处，得来全不费工夫"，马车夫的话，给了诺贝尔极大的启示。诺贝尔想：马车上的硅藻土，已经吸足了硝酸甘油，却安然无事，不会爆炸。硅藻土是一种质地松软、多孔的东西，如果用它吸收硝酸甘油，制成炸药，岂不就解决了大问题？

这种硅藻土是古代硅藻沉积而成的，在德国、瑞典等有许多天然的硅藻土。诺贝尔经过许多次反复的试验，终于制成了两种新式炸药：一种是由70%硝酸甘油和30%硅藻土组成的；一种是由60%硝酸甘油和40%硅藻土组成的。这两种炸药果真具有"绵羊"和"狮子"的双重性格，在平时它像绵羊，而在起爆时却像猛狮。

不过，尽管诺贝尔到处宣传他制成这种新炸药的优点，而那些被硝酸甘油炸怕的人们，总是怀疑他这位"贩卖死亡的商人"的话。这正应了一句谚语所说的"一朝被蛇咬，十年怕井绳！"

事实胜于雄辩。诺贝尔决定用事实来说服那些怀疑者。

诺贝尔向许多企业界及政府的要人发出了邀请信，定于1876年7月17日，在英国的一座矿山上，进行现场表演。

到了那一天，果真有许多人来到了那座矿山上，连正在矿上工作的工人们也上了山，前来观看诺贝尔的表演。

这天，诺贝尔当众进行3项表演：

第一项，把10磅新式炸药放进柴上烧，居然平安无事；

第二项，把10磅新式炸药，从高高的峭壁上扔下来，竟然没有引起爆炸；

第三项，把10磅新式炸药埋入地下，用引爆剂引爆。果然，"轰！"随着一声巨响，地上被炸出了一个大坑！

真是"耳听为虚，眼见为实"，人们亲眼目睹，这下子可就相信了！

就这样，英国、瑞典、法国等国家的禁令，一个又一个地相继取消了。诺贝尔的新式炸药开始了大量生产，得到了广泛的应用。

又触动了灵感

诺贝尔是一个永不知足、进取不止的人。尽管他用硝酸甘油和硅藻土制成了新式炸药,誉满世界,可是他一点也不满足于现有的成绩。在硝酸甘油中掺入硅藻土以后,炸药虽然变得很安全了,但它的爆炸力却降低了。

诺贝尔又面临着一个新的课题:应该制造威力更强大的炸药!

诺贝尔在实验室里进行了一次又一次的实验,但仍没有获得成功。

又是一件偶然的小事,给了他新的启示。

1875 年,诺贝尔在实验室里工作时,不慎割破了手指。他拿了一点胶棉,涂敷在伤口上。

胶棉是一种黏稠的液体,涂在皮肤上会凝固成一层薄膜,保护伤口。

入夜,伤口仍然很疼痛,诺贝尔辗转不能安睡。在凌晨四点半,借助朝霞的晨光,他看了看伤口,那胶棉猛地触动了他的灵感。

他想:能不能把硝酸甘油跟胶棉混合起来,制造出一种新的炸药呢?

他赶紧起床,跑进实验室,独自干了起来。

胶棉是什么呢? 就是平时我们俗称的硝化棉或硝化纤维。它是用硝酸和硫酸的混合液,加上棉花或木屑制成的。人们早在 1832 年,就制成了这种硝化棉。

前面说道,硝酸甘油具有治疗心脏病和制造炸药这两种作用,有趣的是,硝化棉同样具有这两种作用。

硝化棉本身是一种塑料。在硝化棉中加入樟脑作增塑剂,便可以制成塑料——赛璐珞。乒乓球,就是用赛璐珞制的。

另外,硝化棉也是炸药。它在爆炸时,能放出大量的热,产生一氧化碳、二氧化碳、氮气、水蒸气等气体,同时它的体积也猛烈增加 12000 千倍。

不过，硝化棉也有好多种类。用作塑料的硝化棉的含氮量很低，所以不会引起爆炸；用作炸药的硝化棉的含氮量比较高，达到 14% 左右。

在实验室里，诺贝尔把含氮量比较高的硝化棉和硝酸甘油混合，制成了一种新颖的固体炸药——炸胶。

上午，当诺贝尔的助手——法国青年化学家华伦巴赫来到实验室的时候，诺贝尔已经试制出第一块炸胶了。华伦巴赫看到这种新炸药时，又惊又喜。

经过试验，这种炸胶的性能非常好：用火把它点燃，不会爆炸，性能十分稳定；浸水之后，它不会受潮；它的爆炸力，比纯净的硝酸甘油还强。

这么一来，诺贝尔工厂开始大量生产炸胶，广泛用于瑞典、瑞士、英国、法国、意大利的各种工程。它安全可靠，使用方便，爆炸力强，很受人们的欢迎。

诺贝尔从马车夫那儿得到启发，用硝酸甘油和硅藻土制成了新式炸药；诺贝尔又从手指头上涂的胶棉得到启发，制成了炸胶。尽管事情都是那么偶然，但这正是他日夜苦思冥想的结果。尽管"得来全不费工夫"，可是，在得来之前，诺贝尔曾"踏破铁鞋"哩！不"踏破铁鞋"，怎能"得来全不费工夫"呢？

诺贝尔常常用鹰一样锐利的目光观察大自然，这是很值得我们学习的。

炸不死的人

也许你会感到奇怪，炸胶用火点燃后，都不会爆炸，那么，怎么用它来作炸药呢？

原来，像炸胶这样的炸药，我们称它为"第二炸药"。要使第一炸药引起爆炸，必须要有起爆剂（又叫做起爆炸药）。这种起爆剂，叫作"第一炸药"。

在古代，黑色火药是用导火索起爆的。鞭炮的"小辫子"，就是导火索。

鞭炮的导火索很简单:用纸头卷着微量黑色火药,制成纸捻就行了。

可是,炸胶即使用火点着了,都不会爆炸。用导火索,当然更不起作用了。

于是,人们开始寻找一种敏感的炸药,用它来起爆别的炸药。

起初,人们找到了一种非常敏感的炸药——碘化氮。人们把碘溶解在碘化钾的水溶液里,再加入浓氨水,经沉淀,就可以得到棕色的碘化氮。

碘化氮是那么容易发怒:

用一根鸡毛轻轻地刷一下,它立即就爆炸!有人甚至看到一只苍蝇飞到碘化氮上,那纤细的脚爪刚刚踏下去,碘化氮便轰的一声炸开了!不仅如此,用强光(如照相用的镁光灯)照射碘化氮,也会使它爆炸。

我们平时常用"火药脾气"、"炸药脾气"来形容一个人脾气的急躁易怒,严格地讲,应当叫"碘化氮性格"、"碘化氮脾气",才比较确切呐!

碘化氮炸药实在太敏感了,无法在实际中得到应用。

于是,诺贝尔又开始注意起一种叫雷酸汞的灰白色粉末。

雷酸汞又叫做雷汞。雷汞也是一种很敏感的炸药。

曾经发生过这样一件事情:一位化学家的上衣纽扣扯松了,他当时没有在意。在做雷汞实验时,突然,纽扣掉了下来,落在桌子上的灰白色粉末中,那粉末顿时"轰"的一声爆炸了,炸伤了这位化学家!

所以,雷汞也是一个脾气暴躁的家伙。不过,比起碘化氮来,要温和一些了。

雷汞在爆炸时,它的分子迅速分解,产生一个汞分子、一个氮气分子和两个一氧化碳分子。

它的体积在几百分之一秒内,猛增到几万倍!

诺贝尔试着往雷汞中掺入一些硫化物及其他化合物,这样,可以使雷汞的脾气变得更加温和一些。然后,又把它装入铅管或铜管里,再接上一根导火索。这种装有雷汞的管子,就叫做"雷管"。

点燃导火索,引起雷管里的雷汞爆炸,而雷汞的爆炸又会引起第二炸

111

药的爆炸。雷管,是一种很理想的起爆器。

诺贝尔差不多花费了两年的时间,试制雷管。这是一件十分艰难的工作:有时候,雷管还没制成,就爆炸了;有时候,雷管制好后,还没等埋入第二炸药中,就爆炸了;有时候,导火索点燃了,雷管没有爆炸;有时候,雷汞爆炸了,第二炸药却没有爆炸……

就这样,诺贝尔试验了几百次,失败了几百次。

1867年9月3日这一天,在瑞典斯德哥尔摩的一个简陋的实验室里,传出了"轰隆"一阵巨响!原来是雷管爆炸后,把第二炸药也引爆了,这小小实验室的房顶被轰上了天,尘土四处飞扬。

这时,只见一位30岁的青年,从浓烈的烟尘中冲了出来,满脸鲜血,却高兴地跳了起来,大声叫道:"我成功了!我成功了!"

此人就是诺贝尔。他用鲜血和生命作为代价,研究炸药。有好多次,他被炸伤,还险被炸死,但他依旧坚持研究炸药。正因这样,诺贝尔被人们称为"炸不死的人"!

自从诺贝尔发明雷管以后,枪、炮不再用导火索了。在射击时,只消用手一扣扳机,撞针猛地撞击雷管,引起雷汞爆炸,而雷汞的爆炸又引起第二炸药爆炸,从而产生强大的推力,把弹头推出枪膛或炮口。这样一来,打仗时,再也用不着用打火石"嚓、嚓"地点燃导火索了。

雷管的外壳通常是用紫铜做的,有时也用纸壳,近年来开始用塑料壳。

用来开矿、挖隧道、炸敌堡的炸药包,里面都装有雷管。当人们使用炸药包时,只消把露在外边的导火索点着,火就沿着导火索"爬"进雷管,"触怒"了雷汞。雷汞一爆炸,引起整个炸药包爆炸,从而摧毁山岩,叫大自然按照人们的意志,改变面貌。

如今,有的雷管改用电起爆,更加方便。这种雷管,叫"电雷管"。电雷管中装有很细的金属丝。通电时,电流使金属丝熔断,产生电火花,使雷管起爆。

诺贝尔奖金

诺贝尔是一个靠自学成才的科学家。他把毕生的精力都献给了炸药的研究工作。

诺贝尔非常勤奋，精通瑞典文、德文、英文、法文、俄文。他也很喜爱文学，尤其喜爱诗歌。

诺贝尔的大部分时间，是在实验室中度过的，他曾说过："一个青年人应该把精力投入到科学研究中去，不应该把宝贵的时光消磨在游牧式的生活之中。"他还常说："没有工作，简直受不了！"

诺贝尔的发明很多，他一生所获得的专利权，竟达到255项。

诺贝尔开办了许多炸药工厂，赚了许多钱，成为世界上的巨富。

就在他成为百万富翁之后，他仍在实验室里忙碌着，冒着生命危险研究炸药。

到了晚年，他患了心脏病。他用来治病的药，竟然就是用来制造炸药的硝酸甘油！

1896年12月7日，诺贝尔在给朋友的信中还说，等他稍微好一点儿，还要进行一项新的试验。

然而，3天之后——12月10日，他在法国圣雷莫的别墅里与世长辞了。终年63岁。

诺贝尔终生没结过婚。他在遗嘱中说，他的财产除了一小部分赠给亲友之外，把920万美元交给瑞典存入银行。每年用提取的利息——20万美元，作为奖金，奖给对于物理、化学、生物或医学、文学、和平事业有重要贡献的人。不论这些人是哪一个国家的，是男的还是女的，只要确实卓有成就，就可获得奖金。

这，就是著名的诺贝尔奖金。

从 1901 年起，每年在诺贝尔逝世的日子 12 月 10 日，瑞典国王亲手向诺贝尔奖金获得者颁发奖金。

诺贝尔是一位可敬的人——他，生前不怕死，死后不要钱。

六、化学巨人的贡献

奇特的送殡队伍

1907年2月2日,俄罗斯彼得堡寒风凛冽,温度表里的水银柱萧瑟地缩到摄氏零下20多度。

太阳暗淡无光。街道上,到处点着蒙着黑纱的灯笼。

长长的送殡队伍,缓缓地从街上走过。沿途,不少人自动加入这支队伍,使队伍变得越来越长,达几万人之多。

送殡仪式非常奇特:队伍的最前头既不是花圈,也不是遗像,却是由十几位青年学生抬着的一块巨大的木牌。木牌上有好多方格,方格里写着各种化学的符号——"C"、"O"、"Fe"、"Cu"、"Zn"……

在木牌的上方,用俄文写着:"化学元素周期表"。

人们之所以抬着这块大木牌,那是因为他们认为,木牌上的表格,象征着死者一生的主要功绩。

是谁离开了人世?

他,就是著名俄罗斯化学家、化学元素周期律的创始人德米特里·伊万诺维奇·门捷列夫①。

———————————

① 门捷列夫的中译名有门得列耶夫、孟德雷叶夫、门捷列耶夫等,本书用门捷列夫。

门捷列夫个子魁伟,留着长发、长胡子,碧蓝色的眼珠,长而直的鼻子,宽而广的前额。习惯穿着他自己设计的似乎有点古怪的衣服,上衣的口袋特别大,据说那是便于放下厚厚的笔记本——他一想到什么,总是习惯立即从衣袋里掏出笔记本,把它随手记下。门捷列夫是在 1 月 20 日清晨 5 时,因心肌梗死而与世长辞的,终年 73 岁。

人们在追悼会上,引述了门捷列夫的名言:

"什么是天才?终身努力,便成天才!"

人们追忆门捷列夫的生平,他的一生,确实是"终身努力"的一生。

门捷列夫的姐姐,回忆了 7 天前门捷列夫临终前的感人情景:

门捷列夫年过 7 旬之后,由于积劳成疾,双目半盲。然而,他仍每天从清晨开始工作,一口气干到下午 5 点半,到下午 6 点半才吃"午饭"。午饭后,又接下去工作。1907 年 1 月,一位新任的工业部长去视察门捷列夫的工作,在送别部长时,朔风扑面,门捷列夫着凉了。

他终于病倒了,脸色苍白,浑身无力。

他虽然是化学家,却酷爱文学、音乐和美术。他的妻子安娜·依丹诺夫娜·波波娃擅长于画画,他病室的墙壁上挂满了妻子画的画。

他躺在病床上,一边抽着烟,一边请别人念《北极游记》给他听。过了一会儿,他觉得稍微好了点,又挣扎着起来,伏在写字台上,孜孜不倦地写着科学著作。

门捷列夫临终的那天清晨,他依旧像平时那样,很早就起床。他的姐姐劝他别再写了,休息几天。他不以为然地说道:"没关系!"

他的姐姐出去了一会儿。当她回到门捷列夫卧室时,看到他坐在椅子上,已经与世长辞了,他的手里还握着笔,他的面前是一本尚未写完的关于科学和教育的著作!

门捷列夫死后,人们仔细清理了他的遗稿,共有 431 篇著作。其中包括物理化学著作 106 篇、化学著作 40 篇、物理著作 99 篇、地球物理著作 22 篇、工业技术著作 99 篇、社会问题和经济著作 36 篇。

人们一边清理，一边深为门捷列夫那"终身努力"的精神所感动！

就在这个时候，门捷列夫的妻子收到了俄国沙皇尼古拉三世拍来的唁电："俄罗斯丧失了一位最优秀的儿子。"

人们对沙皇的唁电十分冷淡，只是耸了耸肩膀说："你瞧，连沙皇也不得不承认自己错了！"

门捷列夫被安葬在伏尔科墓地。在那里他与著名的俄罗斯作家屠格涅夫、杜勃洛留波夫长眠在一起。

门捷列夫在逝世前担任俄罗斯度量衡总局局长。为了纪念他，人们在度量衡总局大楼的墙壁上，也画上许许多多方格，写上各种元素的符号——门捷列夫化学元素周期表。

许多报纸在报道门捷列夫逝世的消息时，把门捷列夫的遗像跟那张画着化学元素符号的表格登在一起。有的杂志出版了纪念门捷列夫的专辑，封面上印着门捷列夫的遗像，封底印着那张奇异的表格。人们认为：这张奇异的表格，是门捷列夫毕生劳动的结晶和最高的功绩。

门捷列夫究竟是怎样的一个人？他是怎样"终身努力"的？他怎样创立那奇异的表格？那奇异的表格又意味着什么？

第十四个孩子

1834年2月8日，在俄罗斯西伯利亚的一个小城市——托博尔斯克市，一个婴儿诞生了。

父母见到儿子平安降生，并没有流露出过多的喜悦。因为这对于他们来说，已经是司空见惯的了：这是他们的第十四个孩子，如果把他们由于小产或生下不久便死去的计算在内，这是第十七个孩子了！然而，这个孩子却是他们的最后一个孩子。

这个孩子就是德米特里·伊万诺维奇·门捷列夫。

孩子的父亲叫伊丹·巴甫洛维奇·门捷列夫,高高的个子,稍微有点驼背,眉宇间留下的深深的"川"字纹,似乎说明他的内心充满忧郁。伊凡·巴甫洛维奇是托博尔斯克的一个中学校长。他毕业于俄罗斯首都彼得堡的师范学院,本来在那条件优越的大城市工作,后来,由于他同情十二月党人[①],被调往边远的小城镇托博尔斯克。许多十二月党人被沙皇逮捕后,也被流放到托博尔斯克。

孩子的母亲叫玛丽雅·德米特里耶芙娜·门捷列夫。她的身体非常健壮,终日忙碌不息,照料着那 14 个孩子。她很聪明,也很能干,性格爽朗乐观。

就在门捷列夫出生的那一年,这个多子女的家庭遭到了很大的不幸——父亲伊凡·巴甫洛维奇双目失明,不得不停止工作。

这是一个沉重的打击。伊凡·巴甫洛维奇不仅没有收入了,而且还要支出一笔数字不小的医药费,治疗他的眼睛。尽管许多被流放的十二月党人都很同情他,可是,他们也都是穷朋友,无能为力。

怎样才能维持这个子女众多的大家庭呢?玛丽雅·德米特里耶芙娜挺身而出。这位刚强而能干的妇女,不仅担负起照料十四个子女、失明的丈夫和繁重的家务劳动,而且解决了家庭的经济困难。

在离托波尔斯克 30 俄里的阿列姆北雅恩斯克,有一家又破又小的玻璃工厂。这本是玛丽雅·德米特里耶维娜的哥哥华西里·德米特里耶维奇·科尔尼里也夫经营的。这时,哥哥让给了她。于是,玛丽雅·德米特里耶芙娜便带领全家,搬到了这个小小的荒凉的村庄。

玛丽雅·德米特里耶芙娜手抱着出生不久的门捷列夫,奔走在那座小小的玻璃工厂里。经过她的整顿,玻璃工厂的生产大有起色。这家小工厂开始专门生产当时市场上紧缺的药瓶和药房用的玻璃器皿,很快就打开了销路。门捷列夫的哥哥、姐姐都到这家工厂里工作。就这样,玛丽

---

① 十二月党人,是指参加俄国 1825 年旧历 12 月 14 日起义的革命党人。

雅·德米特里耶芙娜使全家度过了困难的时刻，丈夫的视力也经过治疗开始恢复。

幼小的门捷列夫跟着妈妈，整天在玻璃工厂里东奔西走，看到那些沙子经过化学处理，经过加热熔化，变成透明的液体，变成漂亮的玻璃器皿。这样，门捷列夫小就深深地爱上了化学，也深深地爱上了劳动，并跟那些吹制玻璃的工人交上了朋友。

千 里 求 学

1814 年，门捷列夫 7 岁了，到托博尔斯克学校①读书。

在中学时代，门捷列夫由于体质太弱，常常生病。他的记忆力很不错，又很善于分析问题。

他很喜欢化学、物理、数学和地理，但是很不喜欢拉丁文课。

在中学里，数学和物理教师鲁米里和历史教师多伯罗堆托夫，都很喜欢门捷列夫，给了他许多帮助。回家后，生病在家的父亲，也常给门捷列夫复习功课。

门捷列夫很喜欢大自然，喜欢旅行。他的中学教师、作家彼得·巴甫洛维奇，曾带领他作过一次长途旅行，收集了不少花卉、昆虫和岩石标本。

门捷列夫曾说过这样的话："耐心地追求科学真理，用顽强、孜孜不倦的劳动去得到真理。"门捷列夫从中学时代开始，就显示了顽强学习的精神，几乎读完了学校图书馆里所有的藏书。

由于学习成绩优异，门捷列夫获得了奖学金。

然而，在门捷列夫 13 岁的时候，不幸的事情发生了——父亲病故。紧接着，母亲的得力助手、门捷列夫的大姐，也离开了人世。

---

① 这是沙皇时代的学制，8 年毕业后，即可直接升入大学。

母亲非常疼爱门捷列夫，尽管家庭经济十分困难，她仍让门捷列夫念完了中学。

1849 年，门捷列夫念完了 8 年级，从中学毕业了。

这年夏天，由于门捷列夫的哥哥、姐姐们都已成年，离开了托波尔斯克。母亲的身边，留下两个最小的孩子——丽查和门捷列夫。为了使门捷列夫能够念上大学，玛丽雅·德米特里耶芙娜在朋友的帮助下，决定搬往莫斯科。

于是，门捷列夫开始了平生第一次远行。他跟随着母亲和姐姐丽查，坐上马车，迢迢千里，从西伯利亚驶向莫斯科。沿途，门捷列夫大开眼界，看到了逶迤起伏的大森林，一马平川的草原，各式各样的城镇和咆哮奔腾的河流。

好容易到了莫斯科，可是，莫斯科大学不收他——因为他毕业于边远的西伯利亚小城镇，不能在莫斯科上大学。

玛丽雅·德米特里耶芙娜非常喜爱她最小的儿子，在 1850 年带着他上彼得堡去。然而，彼得堡大学也瞧不起这位来自穷乡僻壤的学生，不同意他报考。

听一位朋友说，彼得堡医学院可能招考的条件低一点。玛丽雅·德米特里耶芙娜到那里好说歹说，总算说妥了。然而，好事多磨，门捷列夫一走进医学院外科解剖室，看到死人和鲜血，立即昏倒在地上。医学院马上把门捷列夫赶出门外，说他连做一个外科医生最起码的条件都不够。其实是门捷列夫有生以来第一次看到手术室吓人的场面，一下子受不了。

没办法，母亲再度为小儿子的入学问题奔走。她想到丈夫是毕业于彼得堡师范学院，就把儿子送到那里。由于老朋友的帮助，门捷列夫总算进了师范学院。

这时玛丽雅·德米特里耶芙娜更加贫穷潦倒，只好紧缩一切开支，在彼得堡租了一间小房子，勉强过活。

彼得堡师范学院的制度非常严格，不收走读生。门捷列夫不得不住在学校,难得获准请假,去看望母亲。

最不幸的事情发生了:玛丽雅·德米特里耶芙娜在长途奔波、过度劳累之中,得了伤风病。

她的身边,只有门捷列夫最小的姐姐丽查照料着。1850 年 9 月 20 日,这位辛勤慈祥的母亲病逝了。

这时,门捷列夫刚刚跨进大学之门。这个打击确实是太沉重了。

玛丽雅·德米特里耶芙娜在临终时,给门捷列夫留下这样的遗言:"不要欺骗自己,要辛勤地劳动,而不是花言巧语。要耐心地寻求真正的科学真理!"

后来,门捷列夫在 1887 年所著的《水溶液比重的研究》一书序言里,曾以这样诚挚、深沉的语言,悼念他死去的母亲:"这部作品是作为最小的孩子纪念自己的慈母而写的。只有慈母以自己辛勤劳动经营工厂,才能使儿子长大成人。她以身作则来教育儿子,并以慈爱来纠正儿子的错误。她为了让儿子献身于科学,毅然离开了西伯利亚,并不惜倾其所有、竭尽全力,使我步入大学之门。"

在母亲逝世后一年半,1852 年 3 月,门捷列夫最小的姐姐丽查也不幸逝世,只留下门捷列夫孑然一身在彼得堡求学。

后来居上

刚跨入彼得堡师范学院的门捷列夫,在学习上很吃力。

门捷列夫来自穷乡僻壤,那里的教学水平比较差。中学毕业后,他辍学一年。入学不久,母亲病逝又使他陷入极度的痛苦之中。这样,在第一学年,门捷列夫的学习成绩很差,全班 28 名学生,期终考试时,门捷列夫名列第 25 名。

门捷列夫决心奋起直追,整天沉浸在学习之中。

彼得堡师范学院的化学教授亚历山大·阿伯拉莫维奇·伏斯科列森斯基,给了门捷列夫深刻的影响。这位著名教授同时在6个大学兼课。后来门捷列夫在回忆这位老师时说:"别人淡化的往往是科学事业中的巨大困难,然而在实验室里伏斯科列森斯基教授常常教导我们说:'馅饼不是从天上掉下来的。'"他还说:"我是伏斯科列森斯基的学生,我很清楚地记得,他在讲课时的那种真实纯朴的诱导力和经常督促大家独立研究科学资料的精神,他用这些方法吸引新生力量参加化学研究工作。"

果真,在伏斯科列森斯基的诱导下,门捷列夫被吸引到化学上来,开始对化学产生独特的兴趣。他立志做一位化学家!

门捷列夫勤奋地学习着。他异常贫困,父母双亡,靠着奖学金维持生活,连参考书都买不起。在念大学三年级的时候,他得了严重的喉头出血症,病得很厉害,以致医生把他当做垂危的病人来护理。然而,门捷列夫终于战胜了疾病,并在病床上坚持学习,写作论文。

在20岁的时候,门捷列夫写出了第一篇化学论文《芬兰褐帘石的化学分析》①,显示了他的科学才能。伏斯科列森斯基和另一位教授库托匀加审查了论文,非常赞赏,在门捷列夫的论文上写了这样的评语:"这一分析做得这么出色,值得登载在俄罗斯矿物学会刊物上。"

紧接着,门捷列夫支撑着病体,又完成了第二篇化学论文《从鲁斯基拉到芬兰的辉石》。

1854年,门捷列夫开始写作毕业论文《论同晶现象与结晶形状及其组成的其他关系》。他曾这样谈及写作毕业论文的经过:"师范学院要求提出自己的毕业论文题目时,我选择了同晶现象。我所以对这个题目感兴趣是因为我在第一篇和第二篇论文中已对它作了描述,而且我觉得这个题目在自然科学历史中是个很重要的题目……写这篇毕业论文,使我对化学研究

---

① 这里提到的褐帘石和下面提到的辉石都是矿石,门捷列夫在论文中分析了这两种矿石的化学成分。

工作发生了更加浓厚的兴趣。因此这篇论文确定了许多的东西。它是在1854—1855年间写成的。"

1855年，门捷列夫毕业于彼得堡师范学院。

一年级时，门捷列夫的学习成绩在班上是倒数第四名，毕业时却后来居上，跃居第一名，荣获金质奖章！

门捷列夫是在蒙受亲人接连病逝的悲痛之中后来居上的；

门捷列夫是在贫穷困苦的恶劣环境下后来居上的；

门捷列夫是在几度病倒的情况下后来居上的。

在门捷列夫毕业时，一位科学院院士曾写下这样的评语："我很高兴听到学生门捷列夫解答的一些化学问题。我相信这一青年不但完全掌握了化学知识，并且甚至已认识到这门学科最新的发展方向……"

门捷列夫的毕业论文在1856年发表于《矿业杂志》，并在同年出版了单行本。

年轻的教授

门捷列夫毕业后，第一次走出校门，踏进社会，就遇到了"怪事"：本来，由于门捷列夫学业优秀，彼得堡师范学院是准备把他分配到敖德萨工作的。敖德萨是个文化中心，那里有较好的科学研究工作条件。然而，当时的国民教育部却把门捷列夫分配到偏远的辛菲罗波尔的一所中学。不知道是国民教育部在分配时弄错了，还是其他原因，把门捷列夫同一个叫雅恩古维恩的毕业生调错了，结果把本来应分配到辛菲罗波尔的雅恩古维恩，分配到敖德萨去；而门捷列夫却来到动乱之中的辛菲罗波尔。

辛菲罗波尔位于克里米亚的塞瓦斯托波尔附近。当时，英、法、奥、土联军攻下了塞瓦斯托波尔。而辛菲罗波尔尚在俄军手中，社会秩序非常混乱,门捷列夫到了辛菲罗波尔,几乎没办法工作。

在那里,门捷列夫病了,他以为是得了结核病——这在当时是一种不治之症。然而,门捷列夫却遇上了一位高明的医生比罗果夫。他经过检查后,断定门捷列夫患的瓣膜症,是可以治好的。门捷列夫找到了自己真正的病因,对战胜疾病充满了信心。后来门捷列夫回忆比罗果夫医生时说:"这才是名副其实的医生!他把人看得非常透彻,一下子就明白了我的真正病状。"

处于战争状态的辛菲罗波尔的中学,一直没办法上课,学生们忙于逃难。1856 年 5 月,门捷列夫重新回到彼得堡,报考硕士。

门捷列夫写出了硕士论文《论比容》①。

本来,门捷列夫连彼得堡大学的大门都不能进。这一次,由于门捷列夫的论文显露了他的优异才能,经彼得堡大学校委会讨论,一致同意授予门捷列夫以"物理和化学硕士"学位。这时,他只有 22 岁。

在获得硕士学位的第三天,门捷列夫开始写作他的另一篇论文《论含硅化合物的结论》。这篇论文经过答辩、审查后,证明门捷列夫成绩优秀。1857 年 1 月,门捷列夫被提升为副教授,兼化学系秘书。这时,他才 23 岁,成为彼得堡大学中最年轻的副教授。

就这样,门捷列夫开始在当时俄罗斯的"最高学府"——彼得堡大学工作。然而,由于沙皇不重视科学研究工作,所以即使是在这"最高学府"里,实验室也非常简陋。当时,连一些最常见的实验用具,如烧瓶、试管,都很缺乏。实验室里没有通风设备。一做化学实验,有毒的气体便在室内弥漫,呛得人连连咳嗽。门捷列夫做了一会儿实验,就得赶紧跑出实验室,到外面深深地吸几口新鲜空气,然后又钻进那呛人的实验室。即使是下雨天或者严冬,门捷列夫做实验时,也得过一会儿就跑出来,那落在脸上的雨滴和寒冷的空气,倒使他的头脑一下子清醒了许多。

---

① 严格地说,也就是每 1 克物质温度升高 1℃所需的热量。

实验室里又暗又潮湿,没有煤气。门捷列夫做实验时,用酒精灯加热。可笑的是,实验室的看门老头儿喜欢喝酒,看中了那些酒精,常常偷偷地把酒精拿去喝了,弄得门捷列夫的酒精灯点不着——看门老头儿喝了酒精,兑上了水,怎么点得着呢?

门捷列夫就在这样艰难的环境中,坚持进行化学实验,探索着化学的奥秘。他接连发表了好多篇化学论文和物理论文。

1859年,门捷列夫获准到德国海德堡深造。他来到著名的德国化学家本生的实验室。当时,本生正和物理学家基尔霍夫合作,从事光谱分析研究。

本生是个大高个儿,喜欢抽烟,不喜欢讲话。基尔霍夫则又矮又小,非常健谈。他们俩非常热情地欢迎这位来自俄罗斯的小伙子。门捷列夫从他们俩那里学到不少的东西,获益不浅。

在海德堡,门捷列夫利用实验室中精密的德国仪器,埋头于研究毛细管现象,写出了3篇论文:《论液体的毛细管现象》、《论液体的膨胀》和《论同种液体的绝对沸腾温度》。

最使门捷列夫难忘的是,1860年,他参加了在德国卡尔斯鲁厄召开的第一次化学家国际会议。这是世界化学界的第一次盛会,各国著名化学家云集卡尔斯鲁厄。

当时,化学正处于混乱状态。就拿化学元素的符号来说,各国各搞一套,有的甚至在同一个国家里,不同的化学家使用的化学符号都不大统一。为了统一化学元素的符号,使各国科学工作者之间有共同的、统一的化学语言,便于进行技术交流,在卡尔斯鲁厄会议,各国化学家共同制订和通过了世界统一的化学符号。这些符号,一直沿用到今天。本书提及的那些化学符号——"C"、"O"、"Fe"、"Cu"、"Zn"……就是这次会议上确定的。

卡尔斯鲁厄会议决议规定,化学元素的符号,均采用该元素的拉丁文开头字母表示。

也有的化学元素的拉丁文开头字母相同,卡尔斯鲁厄决议规定,那就在开头字母后另加一个小写字母,这个小写字母是该元素拉丁文名称的第二个字母,以示区别。

还有的元素的拉丁文名称是第一、第二个字母均相同,那又该怎么办呢?卡尔斯鲁厄决议规定,用该元素拉丁文名称第三个字母作小写字母。

卡尔斯鲁厄会议除了对化学元素符号作出统一规定之外,还对原子、分子、原子价、原子量等许多化学概念进行了讨论,取得比较一致的看法,认定:物质是由分子组成的,分子是由原子组成的,这种学说叫做"原子—分子论",它是现代化学的基础理论。在卡尔斯鲁厄会议之前,有许多人反对"原子—分子论",法国著名化学家杜马甚至说:"如果我当家做主,我便从科学中删除'原子'二字,因为我确信它是在我们经验之外的。"经过讨论,"原子—分子论"得到大多数人的承认。

另外,还对化合价和原子量的概念进行了讨论。由于原子的绝对重量很小,不便于用直接称量的方法测定原子的重量,人们决定以氢原子的重量为1,来测定它们的相对重量。这相对重量叫原子量。如氧原子的重量是氢原子的16倍,氧的原子量便为16。人们还发现,在化合物中,各种元素的原子是以整数结合的。如一个水分子,是由一个氧原子和两个氢原子组成的,氢原子的化合价为+1价,那么氧原子则为-2价。在氯化氢分子中,由一个氯原子和一个氢原子组成,氯为-1价,氢为+1价。当时,有人认为在化合物中,各种元素的原子不是按固定的比例化合的,也就是说,不存在"化合价"这种概念,经过讨论也逐步明确了。这次会议使化学从长期的混乱状态中走向统一。

门捷列夫参加这次国际化学盛会,结识了当时世界化学界的著名人士,听到许多精彩的学术报告,大开眼界。

1861年2月,门捷列夫回到了俄国,在彼得堡大学讲授有机化学课程。门捷列夫着手给学生们写讲义。

门捷列夫通宵达旦地工作。他整天伏在彼得堡大学那高大的写字桌上写作。学生们说:"从他笔端写出的都是当时经过考虑和仔细钻研的东西。这是靠他的非常的劳动能力,使他能不分昼夜地工作。休息不到几小时。"终于在那么一天,他大笑着走出他的办公室,手里拿着厚厚的一大沓稿子。没多久,他的厚达400多页的巨著《有机化学》出版了。这是第一本用俄文出版的有机化学教科书——在这之前,彼得堡大学一直采用德国出版的有机化学教科书作为教材。

《有机化学》一书出版后,深受门捷列夫的老师、当时俄罗斯有机化学权威齐宁的赞赏。在齐宁的推荐下,门捷列夫的这本著作荣获俄罗斯科学院的季米多夫奖金。

1865年,门捷列夫写出了博士学位论文《论酒精和水的化合物》。经彼得堡大学校委会审定后,门捷列夫获得博士学位,并从副教授提升为教授。这时,门捷列夫只有31岁。

从这天开始,门捷列夫改教无机化学课程。

杂乱的无机化学

门捷列夫非常热心于教育事业。他认为,国家要兴旺发达,首先必须重视培养科学人才。门捷列夫说过这样的话:"如果俄罗斯希望避免'落后者的痛苦',如果她想独立地向前发展的话,那么她首先应该及早注意使她本国产生自己的柏拉图和牛顿!"门捷列夫很希望在他的学生之中,出现柏拉图,出现牛顿。

无机化学课程跟有机化学课一样,也没有俄文版的无机化学教科书。门捷列夫为了教好这门课程,开始着手写一本无机化学教科书。

然而,无机化学教科书却不像有机化学教科书那样容易写。门捷列夫只花了两个月时间,就写出《有机化学》,而门捷列夫着手写《无机化学》,却无从下笔!

是门捷列夫不懂无机化学吗?不,应该说,门捷列夫熟知无机化学,胜

127

过有机化学。无机化学与有机化学有很大的区别：所谓有机化合物，就是指含碳这种化学元素的化合物①，而无机化合物是指不含碳的所有化合物。世界上除了碳之外的各种元素形成的化合物，总共约5万多种，而碳的化合物——有机化合物却有300多万种！

写《有机化学》时，门捷列夫觉得按照各种碳的化合物分门别类地写，写得有条有理。可是，无机化学却像团乱麻，毫无头绪：当时，已经知道60来种化学元素。这些化学元素之间，有什么关系？按照怎样的系统，才能写好无机化学教科书？

门捷列夫早在8年前——1857年，当他初任彼得堡大学副教授时，就教过无机化学。当时，他就觉得这门课杂乱无章。其实，讲课杂乱无章，是由于人们对自然界的认识还很不够造成的。从那时起，门捷列夫就思索这一系列问题：难道氧就是氧，氮就是氮，它们之间毫无联系？难道无机世界就是这么杂乱无章？什么是化学元素间的根本规律？其实，这个问题很早就引起化学家们的注意。早在门捷列夫之前，很多化学家开始探索化学元素之间的规律。

法国化学家拉瓦锡，也是化学史上的一位巨匠。他早在1789年，着手把化学元素分类。可是，当时人们只知道33种化学元素（其中还包括一些根本不是化学元素的"热"、"光"之类）。

拉瓦锡把这33种元素分成4类②，列成一张表格——气体、金属、非金属、土质4类。

可是，这样的分类，并没有揭示事物的本质。

1815年，英国19岁的青年医生普劳特，提出一个非常大胆的观点。他认为世界上所有的元素，都是由氢原子构成的。这就是他的"氢原子构成

---

① 严格地说，除少数碳的化合物，如一氧化碳、二氧化碳、碳酸盐之外，其余碳的化合物均属有机化合物。

② 实际上，化学家们在1800年才发现了28种化学元素。

论"①。每种化学元素不同，只不过由于原子中所含的氢原子多少不同罢了。普劳特的见解，可以说已经揭开了笼罩着无机化学世界的迷雾，然而在当时看来却是几乎不能理解的。化学界的权威们纷纷责问普劳特：你说所有元素的原子都是由氢原子组成的，氢原子的原子量是1，为什么许多元素的原子不是整数？比如，氯的原子量是35.5，难道它的原子是由35个半氢原子组成的？

在当时，普劳特无法解释。所以，这种可贵的新观点也就被埋没了，无人注意。

到了1829年，人们已经发现了54种化学元素。德国化学家德贝莱纳把其中的15个元素，按照3个元素一组，分成5组：

锂 Li　　钙 Ca　　磷 P　　硫 S　　氯 Cl

钠 Na　　锶 Sr　　砷 As　　硒 Se　　溴 Br

钾 K　　钡 Ba　　锑 Sb　　碲 Te　　碘 I

他发现，每3种元素的化学性质都很相似，称为"3素组"。

德贝莱纳还发现了一件耐人寻味的事情——就拿锂、钠、钾这个"3素组"来说吧，锂的原子量是7，钾的原子量是39，如果把两者的原子量加起来除以2：

（7+39）÷2=23

很有趣，钠的原子量正好是23！

也就是说，在"3素组"里，第一个元素和第三个元素的原子量之和的平均数，正好等于第二个元素的原子量。

德贝莱纳的这一发现，使化学家们开始注意研究元素和原子量之间的关系。

129

---

①　按照现代科学的观点，氢原子的原子核是由一个 质子组成的。每种元素的原子上都含有质子，而且质子数正好等于该元素在周期表上的原子序数。如锡是第50号元素，它的原子核中含有50个质子。

不过,德贝莱纳的"3素组"只包括 15 个元素,而其余的化学元素无法归纳进去,那该怎么办呢?

1826 年,法国地质学家尚古多把各种化学元素按照原子量的大小,排列起来,很有意思,尚古多做了一个圆柱体,在上面画了一根螺纹似的螺旋线,把化学元素按照原子量的大小从下向上写在螺旋线上,发现性质相似的元素都在同一垂线上。

紧接着,在 1864 年,德国化学家迈耶尔在讲授无机化学课程时,为了使学生们容易理解,在布雷斯劳大学的化学教室里,挂出了他的"6元素"表。这"6元素"表比德贝莱纳的"3元素"进了一步,每组元素从 3 个增加到 6 个,排列的顺序也是按照原子量的大小排列的。迈耶尔把这张"6元素"表,写进了他的著作《现代化学》。

过了两年,英国化学家纽兰兹又进了一步,把"6元素"扩大成 8 个元素一组,称这为"8音律"。纽兰兹把化学元素按原子量大小排列起来,发现第一个元素与第九个元素性质相似,第二个元素与第十个元素性质相似……也就是说,每隔 8 个元素,就出现性质相似的元素,这就是 8 音律的基本内容。

然而,当纽兰兹在英国化学会上宣读了自己的论文以后,却遭到了冷嘲热讽。

英国化学学会会长福斯特教授挖苦纽兰兹道:"你怎么不按元素的字母顺序排列呢?那也会获得相同的结果呢!"

纽兰兹的发现,已经逼近真理了,然而,在那班庸人的眼里却被视为怪物。英国化学学会拒绝发表他的论文!

不平常的"扑克牌"

在彼得堡,门捷列夫坐在那高大的写字桌前,苦苦地思索着,他的面庞清癯,眼里布满血丝,精神有点郁闷。

"您病了? 德米特里·伊万诺维奇。"一天,化学系秘书去看望门捷列夫教授,感到十分惊讶。

"没病。我在绞尽脑汁思索这个!"门捷列夫说着,指了指他的写字桌。

那位秘书远远一看,桌子上放着一张张扑克牌呢。

"原来,您玩扑克牌入迷啦!"秘书笑着说。

"扑克牌?"门捷列夫非常吃惊。他拿起一张纸牌,叫秘书过来仔细看看。

"唵,这是什么牌呀? 我看不懂。"这位化学系的秘书连连摇头。

门捷列夫的纸牌,确实很难看懂。每一张纸牌上,写着一种化学元素的符号、原子量以及主要性质。

这时,人们已发现了 63 种化学元素,其中金属元素 48 种,非金属元素 15 种。

门捷列夫想把桌上的纸牌按原子量的大小排成一张表。他左排右排,始终排不好。他几天几夜连续工作,不断调换着桌子上纸牌的位置。他没有停留在"6 元素"、"8 音律"的水平上,而是在探索着化学元素之间最根本的规律。

1868 年,门捷列夫在一张纸上写下了这样的表格——这张手稿是门捷列夫陈列馆在整理门捷列夫卷帙浩繁的手稿时,于 1950 年发现的,这是迄今为止发现的门捷列夫周期表的最早手稿。

门捷列夫把这个表格称为《根据元素的原子量及其相似的化学性质所制定的元素系统表》,也就是化学元素周期表。

在这张表上,门捷列夫把所有的化学元素,都按原子量的大小排列起来。

这时,他发现在某个元素之后,每隔 7 个元素,便有一个元素在性质上与这个元素十分相似。例如,锂与钠、钾相似,都是一价的碱金属;铍与镁、钙相似,都是二价的碱土金属;硼与铝、镓相似,都是三价的,而且它们的金属性与非金属性都不很强烈;碳与硅、锗相似,都是四价的,具有较弱的非金属性……

门捷列夫总结这一规律说："单质的性质,以及各元素的化合物的形态和性质,与元素的原子量的数值成周期性的关系。"这一规律,便是化学元素周期律。

1868 年,门捷列夫把化学元素周期表的初稿发给许多俄罗斯的化学家,征求他们的意见。

1869 年 2 月 17 日,门捷列夫正式写出第一张化学元素周期表。1869 年 3 月,俄罗斯化学学会召开了。这时,门捷列夫却由于研究化学元素周期律过于劳累,病倒了。在会上,门捷列夫委托彼得堡大学门拿特金教授代他宣读了《根据元素的原子量和它们相似的化学性质所制定的元素系统表》的报告。这篇著名的论文,以《化学元素的性质和原子量的相互关系》,后来发表于 1869 年《俄罗斯化学学会志》第 1 卷 34 ~ 60 页。

门捷列夫在论文中指出:

1."按照原子量大小排列起来的元素,在性质上呈现出明显的周期性。"

2."原子量的大小决定元素的特征。"

门捷列夫的这篇论文,后来被人们称誉为"化学史上划时代的文献"。然而,在当时,并没有引起化学学会的注意和重视。

相反,门捷列夫却受到了冷嘲热讽! 其中特别是门捷列夫的老师齐宁,是当时最有声望的俄罗斯化学家,他从一开始就不支持门捷列夫的这项研究,训斥这位青年化学家"不务正业"。在化学学会上听了门拿特金代读的论文之后,齐宁更为生气了,告诫门捷列夫道:"你到了该干正事在化学方面做些工作的时候了!"

然而,真理的阳光是任何乌云所无法遮挡的。门捷列夫是个终身努力的人,他不仅在顺利的环境中不断努力,而且在受到重重阻力时仍旧奋发向前。

大胆的预言

在门捷列夫之前,尽管已有好几个人接近于发现化学元素周期律的边缘,但是,门捷列夫比之于他的同时代人有着他的过人之处:深刻的分析能力、坚定的自信和大胆的预言。门捷列夫在把化学元素按原子量的大小排成一长队时,敏锐地发现了其中的"捣乱分子"。

就拿铟来说,它就是一个"捣乱分子"。

铟是德国化学家利赫杰尔和莱克斯在 1863 年从锌矿里发现的新元素。据他们测定,铟的原子量是75.4。按照原子量排队,铟被排到砷的后面(砷的原子量为75)、硒的前面(硒的原子量为79.4)[①]。可是,当铟排在砷和硒之间,顿时使整个队伍乱套了。因为按照化学性质,砷与磷相似,硫与硒相似:

磷(P)　硫(S)

31　　　32

砷(As)　铟(In)　硒(Se)

75　　　75.4　　79.4

门捷列夫认为,可能是铟的原子量搞错了!他即查阅了利赫杰尔和莱克斯的论文,发现他们原来是这样测得铟的原子量的——他们先是测得铟的当量为37.7,因为他们认为铟是二价的,铟的原子量便是:

$$37.7 \times 2 = 75.4$$

门捷列夫认为,利赫杰尔和莱克斯把铟的化合价搞错了。因为铟的性质与铝相似,应当是三价,于是,铟的原子量应当是:

$$37.7 \times 3 = 113.1$$

———————

① 此处砷和硒的原子量为当时的原子量。现在经精确测定,分别为74.9216和78.96。

这样一来，这个"捣乱分子"被排到镉与锡之间，于是，队伍就显得"整齐"了！

后来，事实证明门捷列夫改对了，铟的原子量是114.82！

在门捷列夫之前，好几个人都不敢这样大胆地改动；不敢调动那些"捣乱分子"的位置，当然排不好元素的周期表。

同样，门捷列夫还大胆地改正"捣乱分子"铍、钛、铈、铀和铂这些元素的原子量。这样一来，化学元素的队伍排好了，就能明显地看出周期性的变化。

然而，门捷列夫遇到的最头疼的问题，要算是锌与砷之间的排列问题了。这个地方，老是排不好，因为按照原子量的大小顺序排下去，砷应当排到铝的下面，然而，砷的性质明显地与磷相似，与铝根本不同。

这该怎么办呢？

门捷列夫在翻阅那一篇篇发现新元素的论文时，猛地深受启发：既然人们还在不断报告发现了新的元素，可见还有许多新元素尚未被人们发现。也就是说，在给化学元素排队的时候，应当给未发现的新元素留好空位！

按照这样的观点，门捷列夫大胆地预言，在锌与砷之间，还有两个未被发现的新元素：

铝（Al）硅（Si）磷（P）

锌（Zn）砷（As）

门捷列夫把这两个未知元素，分别命名为"类铝"与"类硅"，意思是说它们的性质与铝、硅类似。他还根据同元素性质相似的原则，预言这两个未知元素的性质、化合价和原子量。

另外，门捷列夫还推测出在钙与钛之间，也有一个元素"缺席"，因为钙是二价的，钛是四价的，中间缺了一个三价的元素。门捷列夫把这个未知元素命名为"类硼"。

在1871年，门捷列夫把自己这些大胆的预言，写进了论文《元素的自然系统以及它在判断未知元素的性质方面的应用》。

由于制止了那些"捣乱元素"的捣乱，查清了那些"缺席元素"的位置，门捷列夫又重新排列周期表，把类似的元素排成竖排，周期则横排，这样一来化学元素周期表就更加清楚明白了。

1872年，门捷列夫写出论文《化学元素周期性规律》，详细论述了化学元素周期律的基本原理，并发表了他重新排成的化学元素周期表。这张周期表成了现代化学元素周期表的基础。

然而，门捷列夫大胆的预言，又一次遭到俄罗斯化学界权威人士们的嘲讽。他们把门捷列夫的新著朝地上一扔，冷笑道："化学是早已存在的物质的科学，它的研究结果是真实的无可争辩的事实。而他却研究鬼怪——世界上不存在的元素，想象出它的性质和特性。这不是化学而是魔术！等于呓人说梦！"

不是"呓人说梦"

究竟是科学的预言，还是"呓人说梦"？

事实是科学的最高法庭。实践是检验真理的唯一标准。

1875年9月20日，在德国科学院的例会上，法国化学家伍尔兹读了一封他的学生勒科克·德·布瓦博德朗的来信：

"1875年8月27日，夜间3至4时，我在比利牛斯山皮埃菲特矿山所产的矿物中发现了一种新元素……"

布瓦博德朗是法国人，为了纪念他的祖国，便以法国的古名——"高卢"来命名自己发现的新元素。中文名字为"镓"。

不久，布瓦博德朗发表了论文，讲述了自己发现新元素镓的经过，并论述了镓的化学性质和物理性质。

论文发表后，没隔多久，布瓦博德朗收到一封来自彼得堡的陌生人的来信。信里这样写道：

"镓就是我四年前预言的'类铝'。我预言'类铝'的原子量大约是 68,您测定的结果是 59.72。但是,比重一项,跟我的预言相差比较大,我的预言是镓的比重为 5.9 到 6.0,您测定的结果是 4.70。建议您再查一查,最好重新测定一下比重……"

信尾署名"德米特里·伊万诺维奇·门捷列夫"。

布瓦博德朗感到奇怪,镓明明是我经过千辛万苦发现的,怎么会是你未卜先知,早就预言过的呢?

最使布瓦博德朗感到莫名其妙的是,当时世界上只有他的实验室里,有一块一毫克重的镓。

那个远在千里之外的彼得堡的陌生人,根本连镓都没有看到过,居然说他把比重测错了! 布瓦博德朗简直有点不相信。

布瓦博德朗在给门捷列夫的回信中说,自己的测定不会有错。可是,门捷列夫再次写信,坚持要布瓦博德朗重新测定镓的比重。他认为,这是由于布瓦博德朗手中的镓不够纯净所造成的。他坚信,镓的比重应当在 5.9 到 6.0 之间,而不可能是别的数字!

布瓦博德朗到底是科学家,他相信那个千里之外的人是不会凭空要他重做实验的。他决定用实验来判断谁是谁非。

布瓦博德朗重新提纯金属镓,再次测定镓的比重。果真,比重是 5.96,恰恰在门捷列夫所预言的 5.9 到 6.0 之间!

布瓦博德朗大为震惊。他异常兴奋地立即给门捷列夫写信,甚至比他发现镓时给他的老师伍尔兹写信时还要兴奋、激动。他在信中说:"是的,门捷列夫先生,您没有错,镓的比重的确是 5.96。"

布瓦博德朗深深敬佩门捷列夫的远见卓识。他在一篇新的论文中写道:"我认为没有必要再来说明门捷列夫先生的这一理论的巨大意义了!"

法国科学院被震惊了! 欧洲科学界被震惊了! 因为这是在科学史上,第一次用事实证明了关于新元素的预言。

直到这时，各国科学家才急忙去查阅刊登门捷列夫论文的杂志。直到这时，门捷列夫发现的化学元素周期律才引起人们的重视。

人们一边读着门捷列夫4年前的预言，一边非常佩服门捷列夫的大胆、坚定和自信——他居然丝毫不怀疑自己的预言错了，却坚信元素发现者的实验做错了！

于是，门捷列夫关于化学元素周期律的论文，迅速地被译成法文和英文。至于德国，已在前几年译过门捷列夫的论文，但是没人注意它。

门捷列夫在那些日子里也很激动，因为事实证明了他的理论并不是"呓人说梦"！

后来，恩格斯在《自然辩证法》一书中，高度评价了门捷列夫的功绩："门捷列夫证明了，在依据原子量排列的同族元素的系列中，发现有各种空白，这些空白表明这里有新的元素尚待发现。他预先描述了这些未知元素之一的一般化学性质，他称之为亚铝（即类铝——著者注），因为它是在以铝为首的系列中紧跟在铝后面的；他并且大约地预言了它的比重和原子量以及它的原子体积。几年以后，勒科克·德·布瓦博德朗真的发现了这个元素，而门捷列夫的预言被证实了，只有极不重要的差异。亚铝体现为镓。门捷列夫不自觉地应用黑格尔的量转化为质的规律，完成了科学上的一个勋业，这个勋业可以和勒威耶计算尚未知道的行星海王星的转道的勋业居于同等地位。"[1]

胜利接着胜利

一个胜利，接着一个胜利。

一张捷报，接着一张捷报。

---

[1] 《马克思恩格斯选集》第三卷，人民出版社，1972年版，489—490页。

1879 年，瑞典化学家尼尔逊和克勒维，差不多同时在一种名叫"硅钇矿"的矿物中，发现了一种新元素。由于瑞典位于斯堪的纳维亚半岛，他们把元素命名为"钪"，意即"斯堪的纳维亚"。

钪，就是门捷列夫预言的"类硼"。尼尔逊在把他的发现跟门捷列夫的预言对照后，深为惊叹，说道："这样一来，俄罗斯化学家门捷列夫的思想已经得到了最明白的证明了。这一个思想不仅能预见所说化学元素的存在，并且能预言它的最重要的性质。"

门捷列夫最大的胜利，是在于"类硅"被证实。

1886 年，德国化学家文克列尔报告说，他用光谱分析法发现了新元素锗。

报告刚刚发表，很多人就把它与门捷列夫的预言相比较——因为经过发现镓、钪的考验，人们已对门捷列夫的预言坚信不疑，所以一听到发现新元素，便立即拿门捷列夫的预言相对照。

锗，就是门捷列夫预言的"类硅"。人们惊讶地发现，文克列尔在 1886 年的测定与门捷列夫 1871 年的预言何等相似！

门捷列夫预言："锗是一种金属，原子量大约是 72，比重大约是 5.5。"

文克列尔测定："锗是一种金属，原子量为 72.3，比重为 5.35。"

门捷列夫预言："这种金属的氧化物的比重大约是 4.7，它极易溶解于碱，并易被还原为金属。"

文克列尔的测定："氧化锗的比重是 4.703，易溶解于碱，并可用碳还原为金属。"

门捷列夫的预言："这种金属和氯的化合物应是液体，比重大约是 1.9，沸点大约是 90℃。"

文克列尔的测定："氯化锗是液体，比重为 1.887，沸点为 86℃。"

15 年前的预言，竟是如此准确，仿佛他手里拿着一块锗似的——而实际上，那时候连有没有这种元素都不知道！

文克列尔在写给门捷列夫的信中，十分激动地写道："……祝贺你的天才的研究工作中所获得的新胜利，谨向你表示我衷心的敬意。"

文克列尔在一篇谈论锗的发现的文章中,深刻地指出:"如果我们认为锗本身是一个值得注意的元素……那么研究它的性质,在作为测验人类的远见的试金石方面而言,乃是一个不寻常的引人入胜的问题。未必再有例子能更明显地证明元素周期学说的正确性了……它的意义不单单是证明了一个大胆的学说,它还意味着大大地扩展了人们在化学方面的眼界,意味着在认识领域内前进了一大步。"

科学最尊重事实。在事实面前,权威们服输了,冷嘲热讽成了吹破了的肥皂泡。

门捷列夫也非常高兴地在一篇文章中写道:"我想不到能活到周期律的预言被证实的日子,然而事实却不像我所想的那样。我叙述的 3 个元素——类硼、类铝、类硅,还不到 20 年,我已欣慰地看到这 3 个元素都被发现了。"

紧接着,门捷列夫在 1871 年所预言的其他许多"缺席"元素,也被一一找到了。

1895 年,英国化学家拉姆赛在分析钇铀矿时,发现了新元素氦。对照了一下门捷列夫的预言,原来氦就是他在 1871 年所指出的"原子量为 1 到 7……位于氢和锂之间的元素。"氦的原子量为 4,正好在"1 到 7"之间。

门捷列夫还曾预言"另一个原子量约为 20……位于氟和钠之间的元素"。1898 年,英国化学家拉姆赛发现了元素氖。果然,它是"位于氟和钠之间的元素",原子量为 20.179!

拉姆赛怀着崇敬的心情,称门捷列夫为"我们伟大的导师"。这"导师"一词,并非过誉,因为门捷列夫确实是一位指导人们探索未知元素之谜的导师!

门捷列夫在 1871 年曾预言:

"在重金属之间可以有一个和碲相似而原子量却比铋大的元素……其次在第十列中还可能有属于第一、第二、第三族的元素。它们的原子量约是 210～230。……第一个将和铯类似,第二个和钡类似……在钍和铀之间的同一列中，还可能有一个原子量约为 235 的元素……"

从 1898 年到 1918 年的 20 年中，人们连接发现了除"和铯类似"元素之外的这些未知元素：

1898 年，居里夫妇发现了放射性元素镭。镭的希腊文原意就是"射线"。镭，就是那个"和钡类似"的元素，它的原子量为 226.0254，果真在"210～230"之间。

1899 年，居里夫人发现了新元素钋。钋的原意是"波兰"，那是居里夫人用以纪念自己的祖国——波兰。钋，就是那个"和碲相似"的元素。它的原子量为 209，果然比铋的原子量大！

1899 年，德贝尔恩发现了新元素锕。它是门捷列夫预言过的"类镧"。

1918 年，迈特涅尔发现了新元素镤。镤的位置确实是"在钍和铀之间"，原子量为 232，与门捷列夫预言的 235 相近。

至于那个"和铯类似"的元素，是在 1939 年被法国女化学家佩雷发现的。她用她祖国的名字——"法兰西"，来命名这个新元素，译成中文便是"钫"。钫的性质，的确与铯十分类似。

后来门捷列夫还曾预言过存在未知元素"三锰"、"亚锰"和"亚碘"，也分别被发现：

1925 年，发现了铼——即门捷列夫所预言的"三锰"；

1937 年，发现了锝——即门捷列夫所预言的"亚锰"；

1940 年，发现了砹——即门捷列夫所预言的"亚碘"。

这样，门捷列夫在 1871 年所预言的 11 种未知元素，全部被找到了。

人们在门捷列夫化学元素周期表的指导下，还发现了一系列新的元素——惰性气体氖、氩、氦。

前面说过到，门捷列夫在排元素周期表时，遇到许多"捣乱元素"，他大胆地改动了这些元素的原子量。门捷列夫一共纠正了 9 种化学元素的原子量。后来，人们精确地加以测量，发现门捷列夫改动的原子量，竟是那么正确。

记得在 1869 年，门捷列夫大胆改变这 9 种元素的原子量时，曾遭到俄罗斯化学界的猛烈攻击，认为"改变至今所公认的原子量，是过于仓促了"，认为门捷列夫周期律是"不可依靠"的"一种普通分类法"。甚至还有人说，门捷列夫自己不做实验，凭空根据什么"化学元素周期律"去擅自改动经过反复精确测量的原子量，是天大的笑话，是对科学的侮辱。

元素名称	1869 年前测定的原子量	门捷列夫在 1869 年改正的原子量	现代测定的原子量
铍（Be）	13	9	9.01218
铟（In）	75.36	113	114.82
镧（La）	94	137	138.9055
镝（Dy）	95	140	162.50
钇（Y）	60	88	88.9059
铕（Eu）	112.6	178	151.96
铯（Cs）	92	138	132.9054
钍（Th）	116	232	232.0381
铀（U）	120	240	238.029

历史证明，门捷列夫之所以有"先见之明"，是因为他是站在科学高峰上，能够"登高望远"，站得高，看得远。

门捷列夫终生为真理而斗争。他确信他手中有真理，所以他不怕压，不信邪。他曾说过这样的话："每一个自然规律，只有当它可以说产生实际的结果，亦即作出能解释尚未阐明的事物和指出至今未知的现象的逻辑结论时，特别是这个规律导致能为实验所验证的预言时，才获得科学的意义。"门捷列夫之所以成功，便是由于他的预言"为实验所验证"。这，诚如毛泽东在《实践论》中所指出的那样："许多自然科学理论之所以被称为真理，不但在于自然科学家们创立这些学说的时候，而且在于为尔后的科学实践所证实的时候。"[1]

---

① 《毛泽东选集》（一卷本），人民出版社 1967 年版，横排本 269 页。

种种神话

这样的历史现象是屡见不鲜的:当一个年轻人含辛茹苦创立一种新理论的时候,常常遭到白眼、讽刺、打击。而当他一旦成功了,受到世界的公认,却马上变成了神,似乎他的成功是从天上掉下来的,是灵机一动想出来的。

门捷列夫也不例外。在他创立化学元素周期律的时候,人们差一点把他踩到了地下;当他获得了成功之后,人们却差一点把他吹上了天!

于是,关于门捷列夫获得成功的种种神话,流传开了。

有人说,门捷列夫是在做梦时想出化学元素周期表的。这种传说,说得那么逼真:门捷列夫排不出化学元素周期表,累极了,他不由得睡着了。在梦里,他忽然梦见了周期表,那上面一个个化学元素全都排好了位置。门捷列夫高兴得哈哈大笑,从睡梦中笑醒。门捷列夫一醒过来,赶紧把刚才梦中所见的周期表记下来。后来,他仔细研究了这张梦中所得的周期表,发现除了一处需加修正之外,其余都是正确的。就这样,他发表了化学元素周期表,成了世界化学史上最伟大的化学家。

这个神话,除了说明门捷列夫在做梦时还在研究化学元素周期表这一点之外,其余统统是无稽之谈。

又有一个神话出现了:门捷列夫在玩纸牌,纸牌上写着各种化学元素的符号。他玩着,玩着,一下子就排成了一张化学元素周期表!

这个神话有那么一点事实的影子,因为门捷列夫在创立化学元素周期表时,确实曾把化学元素符号写在纸牌上。不过,化学元素周期表绝不是"玩着、玩着",就能"一下子排成"的。

在门捷列夫发现化学元素周期律之后,曾有很多人向门捷列夫打听成功的奥秘。

一个彼得堡小报的记者,就曾这样问过:"德米特里·伊凡诺维奇,您是怎样想到您的周期系统的?"

门捷列夫听了,哈哈大笑起来,答道:"这个问题我大约考虑了20年,而您却认为坐着不动,5个戈比[①]一行、5个戈比一行地写着,突然就成了!事情并不是这样!"

记者又问:"您是不是承认,您是一位天才?"

门捷列夫不假思索,随口答道:"什么是天才?终身努力,便成天才!"

其实,门捷列夫成功的原因:

一是历史条件——发现元素周期律的时机已经成熟;

二是个人条件——坚定不移的科学献身精神。

就个人的天赋而论,法国化学家拉瓦锡完全可以与门捷列夫匹敌。可是,拉瓦锡尽管做了元素分类工作,却不可能发现周期律。因为拉瓦锡比门捷列夫早生了91年,在拉瓦锡着手元素分类工作的时候,人们只知道33种化学元素,客观条件不成熟。在门捷列夫时代,人们发现化学元素周期律的条件成熟了。正因为这样,普劳特的"氢原子构成论"、段柏莱纳的"3素组"、尚古多的"元素螺旋线"、迈耶尔的"6元素表"、纽兰兹的"8音律",已一步接着一步向发现化学元素周期律的顶峰挺进。其中特别是纽兰兹,他的"8音律"已揭示了元素周期律的某些内容,而迈耶尔也排出了十分类似的化学元素周期表,并简练、深刻地指出:"元素的性质为原子量的函数。"也就是说元素的性质是随着原子量增加发生周期性的变化。

为什么在同一时期,德国人段柏莱纳、法国人迈耶尔、英国人纽兰兹、俄国人门捷列夫在不同的地方,同时向同一目标——发现化学元素周期律挺进呢?这只能说明,发现化学元素周期律的时机成熟了!

在科学史上,经常有着类似的事情:牛顿与莱布尼茨差不多同时提出微积分,罗巴切夫斯基、鲍耶和高斯几乎同时提出非欧几何,勒贝尔和范堆

143

① 戈比,俄国的钱币。

夫差不多同时创立立体结构化学理论,而丁肇中和里奇特是在同一天早上在不同的实验室里发现 J 粒子!

正因为这样,恩格斯曾深刻地指出:"恰巧某个伟大人物在一定时间出现于某一国家,这当然纯粹是一种偶然现象。但是,如果我们把这个人除掉,那时就会需要有另外一个人来代替他,并且这个代替者是会出现的——或好或坏,但是随着时间的推移总是会出现的。"[①]然而,门捷列夫之所以成功,就在于他比德贝莱纳、迈耶尔、纽兰兹"棋高一筹"。门捷列夫在给元素排队时,遇到"缺席元素"时,就给它留下空位;最惊人的还是他给这些"缺席元素"所作的精确预言……所有这些,是他们同时代人所未能做到的。也就因为这样,人们把发现化学元素周期律的桂冠,恰如其分地戴到了门捷列夫的头上。

门捷列夫在创立化学元素周期表时,吸收了别人的优点,又超过了别人。

打开化学大门的金钥匙

门捷列夫只花了两个月,就写出了有机化学教科书;他写无机化学教科书——《化学原理》,却整整花费了 10 年时间,才写成这本厚达几千页的巨著。

门捷列夫把时间花费在清除无机化学那杂乱无章的状态。正如他的一位友人所说的:"门捷列夫是一位无论如何也不能容忍杂乱无章现象的伟大人物。我很清楚地知道他是一位富有思考力的思想家,同时也是一位认为自然界并不存在有杂乱无章混乱现象和偶然性的科学家。

如果我们看到自然界有杂乱无章的混乱现象,那么这种杂乱无章的混

---

① 《致符·博尔吉乌斯》(1894 年 1 月 25 日),《马克思恩格斯选集》第四卷,1972年版,506-507 页。

乱现象并不是自然界所固有的,而是由于我们对于自然界的认识不够。因此,当门捷列夫讲授彼得堡大学开设的化学讲座后,就着手编写无机化学教程。他认为必须把化学元素加以整理。"

门捷列夫在发现了化学元素周期律之后,证明化学元素大家族并不是一盘散沙,而是有规律、有秩序的一个整体。无机化学的混乱状态就此结束。

化学元素周期表经过上百次修改,它的形式改变了许多次。在这里,向你介绍一下现代的化学元素周期表,你可以看到,经过门捷列夫的精心安排,化学元素家庭是何等井井有条!

化学元素周期表是按照化学元素原子量大小的顺序排列的。原子量,是表现原子重量的一种量。称萝卜论斤,而原子的重量是用氢原子来论的。氢原子是最轻的原子。每一种元素的原子跟氢的原子相比,重多少倍就是这个元素的原子量。[①]也就是说,原子量是原子量相对重量。比如,氧原子的重量为氢原子的16倍,氧的原子量便为16;碳原子的重量为氢原子的12倍,碳的原子量便为12。

现在,世界上总共有127种化学元素。原子量最小的元素是氢,最大的是127号元素(中文名称尚没有正式确定)。从氢到127号元素按原子量大小排成一长队,每一个元素在队伍中的顺序号码,叫做"原子序数"。如氢是第一名,原子序数为1;氦是第二名,原子序数为2;锂是第三名,原子序数为3……

在化学元素周期表上,横的叫"列",竖的叫"族"。127种化学元素,共分为9族。例如,锂、钠、钾、铷、铯、钫、铜、银、金[②]这9个元素,被划为第Ⅰ族[③];铍、镁、钙、锌、锶、镉、钡、汞、镭这9个元素,被划为第Ⅱ族;氟、氯、溴、

145

----

① 最初以氢原子为原子量标准,后曾改为氧原子重量的十六分之一为原子量标准,现改为碳原子重量的十二分之一为原子量标准。

② 氢一般被划在第Ⅰ族,也有的把它划在第Ⅷ表示第八族。

③ 在化学上,一般用罗马数字来表示第几族。如Ⅲ表示第三族,Ⅴ表示第五族,Ⅷ表示第八族。

碘、砹、锰、锝、磷、Uns 这 9 个元素，被划为第Ⅶ族；氦、氖、氩、氪、氙、氡这 6 个元素，被划为 0 族。

同一族的化学元素的性质，十分类似。如第Ⅰ族元素，都具有较强的金属性，而第Ⅶ族元素都具有较强的非金属性。同族元素的化合价是一样的。如第Ⅰ族的化合价都是+1 价；第Ⅱ族的都是+2 价；第Ⅲ族的都是+3 价；……第 0 族的都是 0 价，也有些元素有几种化合价。

门捷列夫为什么能够对未知元素作出精确的预言呢？他是根据同族元素相似的原则作出预言的。就拿他预言的"类硅"——锗来说，锗的原子量是怎样预言的呢？

在第Ⅳ族中，位于锗之上的是硅，它的原子量为 28；位于锗之下的锡，它的原子量是 118。那么，锗的原子量便是：

$(28+118) \div 2 = 73$

另外，在锗的左边，是尚未发现的镓，门捷列夫当时算出镓的原子量为 68。而锗的左边是砷，原子量为 75。据此，锗的原子量为：

$(68+75) \div 2 = 71.5$

然后，门捷列夫再把这两个数字加以平均：

$(71.5+73) \div 2 = 72$

所以，门捷列夫预言锗的原子量为 72。后来，文克列夫测得锗的原子量为 72.3。

门捷列夫所预言的其他数字、未知元素的性质，也是根据这些方法推算的。

门捷列夫发现化学元素周期表的重大功绩，在于深刻揭示了化学元素间的内在联系。它表明，107 种化学元素不是彼此隔离、彼此孤立的，而是有着密切联系的统一体，互相关联，互相制约。它说明大自然是统一的，是可以认识的。它的发现，有力地打击了形而上学在化学中的统治，是辩证唯物主义在化学上的重大胜利。

化学元素周期律，现在成了化学的基础理论，同时也是化学这门科学最根本的规律。正因为这样，门捷列夫被誉为近代化学的奠基人——化学之父。

门捷列夫发现化学元素周期律，犹如掌握了打开化学大门的金钥匙。从此，他写《化学原理》一书，感到心明眼亮，文思如泉涌，写出了世界上第一部以化学元素周期律为纲的无机化学教科书。至今，全世界的无机化学教科书，几乎都是以化学元素周期律为系统讲述各种化学元素的。

门捷列夫以化学元素周期律为系统讲无机化学课，深受学生们欢迎。门捷列夫竭尽全力，热心培养接班人。他说："我要把生命的宝贵时光和全部精力贡献给教育事业。"门捷列夫的学生，曾这样回忆门捷列夫讲课时的盛况：

"在门捷列夫开始讲课之前，不仅是他讲课的第七教室，就在邻近的其他房间也早已挤满了各系和各年级的许多朝气蓬勃和熙熙攘攘的学生。他们按照往年的习惯来听开学的第一次讲课，以便向这位教授，彼得堡大学的骄傲、俄罗斯科学的荣耀——德米特里·伊万诺维奇·门捷列夫，表示他们的爱戴和崇敬的感情。我当时也挤在这些激动、兴奋而喜悦的学生群中，我们迫切地期待着门捷列夫的莅临。从隔壁的房门直接开向讲台的那个实验标本室里，传来轻轻的脚步声，教室中顿时肃静下来，门捷列夫在门口出现。他身材魁伟，稍稍驼背，他那斑白的长发直垂到两肩，银灰色的长衫衬托着他那副目光炯炯、严肃而纯朴的面孔。当时的情景至今仍历历在目。

"欢迎、欢呼和掌声，像春雷一般，震天撼地。这简直是一场暴雨，是一阵狂风。全体同学都在高声欢呼，大家都欣喜若狂，每一个人都衷心地表达出自己的欢乐情绪、颂扬和热忱……

"只要看到当时欢迎门捷列夫的这种热烈场面，就会体会到他是一位伟大的科学家和伟大人物。他令人神往地影响了所有的人，并吸引住了所有接触过他的人的智慧和良心。"

另一位学生回忆道：

"门捷列夫声音低而有力,言辞充满着热情,非常激动,他好像找不到字眼似的,初次听他讲课的人都会感到发窘,想催促他,暗示他所缺少的字眼。然而,这种焦虑完全是多余的,门捷列夫一定会找到适当的字眼,那就是人们所意想不到的、精确简明的借喻字眼……他始终作为讲课依据的、贯穿着包罗万象的公式和深奥无比的那种科学观点,令人心向神往。

"他的讲课经常涉及力学、物理学、天文学、天体物理学、宇宙起源论、气象学、地质学、动植物的生理学和农业学的各方面,同时也涉及技术各部门,包括航空和炮兵学。由于门捷列夫对当时科学的发展有了明确的认识,他直接参加解决各种最新的基本问题,而且又结识了许多当代杰出的人物,因此他的讲述就成了包括许多直接观察和印象的一股生动泉流。"

冷　遇

门捷列夫由于发现了化学元素周期律,闻名于全世界。几乎所有的外国科学院,如伦敦科学院、巴黎科学院、柏林科学院、罗马科学院、波士顿科学院,都聘请门捷列夫为名誉院士。

门捷列夫还光荣地担任了世界上100多个科学团体的名誉会员。

然而,在国内,门捷列夫一直遭受冷遇。不仅在他创立化学元素周期表的那些日子里受到冷嘲热讽,就在他获得巨大成就之后,依然坐冷板凳!

1880年,那位曾训斥门捷列夫"不务正业"的齐宁去世了。齐宁是俄国科学院院士。按照俄国科学院的规定,院士缺额,应予递补。

于是,发生了一场谁来当选院士的斗争。

不论是按照对科学的贡献还是在国内外的声望,理所当然的应该是门捷列夫当选。俄国科学院章程上,堂而皇之地写道:"俄国科学院是俄罗斯帝国第一流的科学院团体。它努力扩展造福人类的各种知识范围,并以新的发现来增进和丰富这种知识的科学家。"然而写在纸上是一回事,实际上又是另一回事。

著名的俄国有机化学家布特列洛夫亲自提名门捷列夫为科学院院士候选人。他说:"门捷列夫有资格在俄国科学院中占有地位,这当然是任何人都不能否认的。"

可是,俄国科学院直接听命于沙皇政府。

沙皇政府对门捷列夫一直不怀好感。他们挑选了另一个显然不够资格的人,作为候选人。因为这个人"具有忠臣良民的典型思想,不像门捷列夫那样耿直大胆而永远不会来拥护沙皇政府"。

就这样,在1880年11月11日,由于沙皇政府的操纵,在选举科学院院士时,门捷列夫落选了!

消息传出,引起了俄国正直的科学家们的愤慨,也受到国际舆论的谴责,人们把这件事称为"门捷列夫事件"。

布特列洛夫仗义执言,在《俄罗斯报》上发表了《俄罗斯的科学院还是皇帝自己的科学院》尖锐地抨击了沙皇政府。

基辅大学的教授们也忍无可忍了,他们一致选举门捷列夫为基辅大学的名誉院士。

门捷列夫非常感动,他在致基辅大学校长的信中,诚挚地说道:"我衷心地对基辅大学校委会致以谢意。我深刻了解到这是俄罗斯的荣誉,而不是我个人的荣誉。科学原野上的幼苗,是为了人民的利益而萌芽、滋长!"

"科学原野上的幼苗,是为了人民的利益而萌芽、滋长!"这话说得多好呀!门捷列夫正是从小受到十二月革命党人的思想影响,后来一直是在受歧视、受压抑的环境中成长,所以他痛恨沙皇政府,站在人民一边。

自从发生"门捷列夫事件"之后,门捷列夫更加看清了沙皇政府的嘴脸。

1890年3月,彼得堡大学爆发了反对沙皇亚历山大三世[1]的学生运动,

---

[1] 沙皇亚历山大二世于1881年3月被俄国革命者杀死。

学生们决定向沙皇政府发出请愿书。学生们请求著名的门捷列夫教授给予帮助。

门捷列夫毫不犹豫,挺身而出,投入革命洪流。3月14日,门捷列夫参加了学生大会。人们看到门捷列夫教授出现在大会主席台上,高兴地狂呼起来。门捷列夫发表了热情洋溢的演说,支持学生们的行动。门捷列夫接受了学生们的请愿书,答应由他面交给沙皇政府国民教育部部长捷良诺夫。

3月16日,由门捷列夫亲自递交的请愿书,被退回来了。

在请愿书上,写着这样的批文:

"国民教育部部长命令,请愿书退还现任五等文官门捷列夫教授,因为部长以及为圣上效劳的任何人员都无权接受此项请愿书。

此致

门捷列夫阁下

捷良诺夫

1890年3月15日"

门捷列夫收到被退回的请愿书,决定辞职,以表示对沙皇政府的抗议。

沙皇政府出动了警察,到学校里逮捕学生。

3月22日,门捷列夫再次出席学生大会,发表最后一次演说。门捷列夫以沉重的声调讲完之后说道:"由于众所周知的原因,我恳切地请求大家在我退席时不要鼓掌。"

就这样,这位伟大的化学家被迫离开了他曾工作了33年的彼得堡大学。

学生们的心,像灌了铅一样沉重。

门捷列夫的心,也像灌了铅一样沉重。

一个驰誉全球的科学家,在他的祖国受到了冷遇。然而,他热爱他的祖国,决定终身为人民工作。尽管在门捷列夫辞职之后,国外许多大学聘请他去工作,他都婉言谢绝了。

多方面的贡献

门捷列夫到哪儿去了呢？

他如同算盘珠一样被拨来拨去。沙皇政府尽量把他安排在无关紧要的地方，把他闲置起来。

然而，门捷列夫依旧是那样耿直敢言，依旧那样勤奋工作。

1890年，门捷列夫被调到海军部的海军科学技术实验室，在那里研究起无烟火药来。门捷列夫放下了对化学元素周期律的研究，认认真真地试验新炸药。果然，他制成的新炸药，超过了国外水平。然而，没多久，他被迫离开了那里。原因是海军某些大人物和他的思想敌对。

1892年，门捷列夫被任命为"标准度量衡贮存库"的库长。翌年，这个"贮存库"被改为"度量衡检定总局"，门捷列夫随之被任命为局长。在这个岗位上，门捷列夫度过了他的晚年，直到逝世。

谁都很难设想，一位发现了化学元素周期律的著名化学家，居然放弃了本行，研究起度量衡来了。

门捷列夫不忘"终生努力"。他只懂得不停地劳动，不知道什么叫享乐。他说过："劳动吧，在劳动中可以得到安宁，而在其他事务中是找不到的！享乐只是为了自己，它是会消失的；但是为别人而劳动，却会留下永恒愉快的痕迹。"

门捷列夫埋头在度量衡总局的实验室里，着手建立一整套度量衡标准。他改革各种俄制度量衡，推广国际通用的公制。他忙着在各地建立度量衡检验室。

他渐渐地病了，病越来越重，以至双目半盲，但他仍坚持工作、坚持写作。

门捷列夫是一位辛勤的学者。他一生事业的最高峰，在于发现化学元

151

素周期律。除此之外,他曾涉猎过许多科学领域,作出他的贡献。

门捷列夫的贡献是多方面的。

门捷列夫详细地研究过溶液理论。当时,人们都认为,一种物质在水中溶解了,所形成的溶液无非就是这种物质的分子和水分子的机械混合物。

门捷列夫却不同意这种观点。他把酒精和水混合,认真测量混合前后的体积。他发现,酒精与水混合所形成的溶液的体积,比原先酒精与水的总体积小!也就是说,酒精与水混合以后,体积缩小了。门捷列夫经过测定,发现当酒精占46%、水占54%①时,溶液的体积最小。为此,门捷列夫在1865年发表了博士论文《论酒精和水的化合物》,认为水和酒精不是机械混合,而是形成了某种化合物。因此,他认为"溶解过程是化学过程",认为"物质在水中溶解时,发生了一定的化合作用"。这就是门捷列夫创立的"溶解水化理论"。他的这一论文,曾获科学院奖励5000卢布。

后来,他又深入研究了283种物质的溶液,进一步丰富了溶液水化理论。这一理论对建立现代溶液理论作出了很大的贡献。

门捷列夫曾研究过流体力学。著名俄罗斯导航专家齐奥科夫斯基在门捷列夫逝世纪念会上说,门捷列夫关于流体阻力的著作,可以作为研究造船、航空和火箭飞行理论的基础读本。

门捷列夫从小对工农业生产就有很深的感情。他曾这样说过:"我在母亲所经营的,并以此来养活她身边孩子的玻璃工厂里长大,从幼年起,就看到了工厂的工作,很清楚地知道工厂是人民的养育者,甚至在西伯利亚辽阔的原野上也是如此。因此我献身于像化学这样既抽象又实际的科学,我从小就对工厂企业非常有兴趣。"

门捷列夫来到一座煤矿,正好遇上煤矿发生大火,死了不少煤矿工人。他深为痛心。煤能在地下燃烧,形成火,这件事也给了他一种启发。于是,门捷列夫提出了著名的"地下煤气化"的设想。

---

① 指重量比。

门捷列夫说，今后不必用人下去挖煤，而是叫燃料自动跑上来！燃料怎么会自动跑上来呢？他作了这样极其大胆的设想：往煤矿里通入空气，使煤在地下作不完全燃烧，变为气体燃料——一氧化碳。然后，用管子把这来自地下的气体燃料，输送到用户那里去！

门捷列夫发表了《在顿河河岸上未来的动力》一文，热情洋溢地写道："料想这样一个时代可能到来——那时地下的煤将不从地下取出，而能使煤就在地下变成可燃气由管子送往远处。"

门捷列夫对农业化学，也曾发生浓厚的兴趣。他建议，在酸性的土壤中用碱性的石灰，可以中和酸性，提高农作物的产量。后来，农业生产的实践证明，他的建议是很正确的。门捷列夫还曾亲自到农村收集骨头，制成骨粉，再用硫酸处理，制成可溶性过磷酸钙。这种磷肥，使庄稼的产量提高了。

门捷列夫曾对巴库油田进行调查，还参观过美国宾夕法尼亚的采油场。他从化学角度思索着石油是怎样形成的，提出一种新的石油起源学说——认为石油最初起源于金属硫化物。这是他独树一帜的石油起源理论。

门捷列夫的兴趣非常广泛。他不光是对数学、物理、气象都很有兴趣，也喜欢惊险小说、游记、诗歌。

门捷列夫甚至对绘画也有着浓厚的兴趣。每逢星期三，著名俄罗斯画家列宾等，常到门捷列夫家做客，谈论艺术，谈论绘画。门捷列夫的墙壁上，除了挂着化学元素周期表之外，还挂着许多名画。

门捷列夫喜爱绘画，这是深受妻子的影响。门捷列夫的妻子安娜·依凡诺芙娜·波波娃，是他侄女的女友。他们于1880年结婚。安娜擅长绘画。正因为这样，他们家的"星期三聚会"，不仅有科学家，也来了许多艺术家。安娜曾回忆道："这里可以听到一切的艺术新闻。"艺术商店送来艺术出版物给星期三聚会审阅。有时艺术界中的创作家把自己的新创作带来展览……

门捷列夫所创造的这种气氛，到处都呈现着高尚的知识趣味，而没有低级的趣味和诽谤，使星期三变得格外有趣而愉快。

门捷列夫曾为画家库莫兹的作品《第聂伯河之夜》，写过一篇评论《在

中国科普大奖图书典藏书系

库莫兹的画前面》。

1894 年,门捷列夫被推荐为俄国艺术科学院院士。

门捷列夫专心于科学研究工作,而对生活总是从简从朴,非常随便。有一次,沙皇要接见他,门捷列夫立即事先声明,请允许他随便穿什么衣服——平时穿什么,接见时穿什么。门捷列夫衣服的式样,常常落后于别人10 年以至 20 年,他毫不在乎。他说:"我的心思在周期表上,不在衣服上!"

他的头发式样也很随便,一、两个月才剪一次。那时,男人们流行戴假发。门捷列夫摇摇头说:"我喜欢我自己的头发!"

门捷列夫喜欢音乐,烟瘾很大,他很喜爱孩子,曾说过:"我生平心爱的一切事情莫过于小孩们在我旁边。"

在门捷列夫时代,铝是很昂贵的东西。因为当时人们是用金属钠来做还原剂制取铝,金属钠比黄金还贵,当然铝的身价就更高了。1889 年,英国皇家学院在伦敦庆祝门捷列夫的科学成就时,特地给门捷列夫赠送了贵重的礼物。这贵重的礼物是什么呢?一只铝的花瓶和一套铝的高脚酒杯!

门捷列夫很爱他的学生。他说过:"科学的种子是为了人民的收获而萌芽的。"他辛勤地播种着,把科学的种子播在学生们的心田。他执教 33 年,培养了一大批科学人才。他的学生中,有许多人后来成为著名的化学家。

门捷列夫对科学的贡献是巨大的。但是,到了晚年,在某些科学问题,他也显得有点保守。

比如,当人们发现了放射现象,一种原子分裂后可以变成另一种原子,这意味着一种化学元素可以转化成另一种化学元素。门捷列夫却认为化学元素是不可能转化的。他说:"我们应当不相信我们已知单质的复杂性","应当消除任何相信我们所已知的单质的复杂性的痕迹",他还特别强调:"关于元素不能转化的概念特别重要……是整个世界观的基础。"

当人们发现电子的时候,门捷列夫否认会存在电子。他说:"电子没有多大用处,只会使事情复杂化,丝毫也不能澄清事实。"

然而,放射现象的发现,电子的发现,却进一步加深了人们对化学元素周期律的认识,发展了这一理论。

当年,门捷列夫在创立化学元素周期表的时候,敢于向守旧势力发动猛攻,那是因为他每天都在进行化学研究,都在实践。然而,在他的晚年,由于沙皇政府的迫害,使他不得不离开了化学,埋头在统一度量衡的工作之中。这时,他在某些问题上转变为保守,正是由于他离开了实践。

这,如同他自己曾经说过的那样:"把'理论'和'实践'分开,是许多错误思想的根源。"

为科学而献身

门捷列夫的一生,是与困难作斗争的一生。他终生在逆境中度过。他,为科学而献身! 在门捷列夫的晚年,他那为科学而献身的精神更感人肺腑。

那是在 1887 年 8 月 7 日。据推算,这一天要发生日食。门捷列夫决定,乘坐气球到高空去仔细观察日食。

"德米特里·伊万诺维奇,气球要飞到很高很高的地方,那里空气稀薄,气温又低,风又大,太危险了! 您别上去!"人们都这样劝告门捷列夫。

"哈哈,我正是要飞到很高的地方,我喜欢高!"门捷列夫爽朗地大声笑着,答道,"在地面上,受云雾遮挡,看不清日食。我到高空去观察日食,不是为了我自己,是为了科学!"

门捷列夫早就希望制造气球,以便详细研究气象和日食。他曾说过:"大气的上层就是气象实验室,云在那里形成,云在那里移动,但在那里很少设置过测量仪器……必须在远离地球的大气层中,去寻找地球表面许多气象学现象的发源地。"

然而,那时的沙皇政府怎肯拨款去制造什么气球呢!

门捷列夫决定用自己的稿费来资助制造气球的工作。在那时出版的门捷列夫著作上,都印着这样的说明:"此书售后所得款项,作者规定用于

155

制造一个大型气球并全面研究大气上层的气象学现象。"

门捷列夫自己动手画设计图。经过几年的筹备,气球终于造出来了。这时,正好日食的日子逼近了,于是,门捷列夫决定,这个气球第一次上天,就用来观察日食现象。

气球运到了克林。气球下面有个吊篮,预计可以坐两个人。本来,是门捷列夫和航空家科文柯一起乘坐,由科文柯驾驶气球,门捷列夫负责观测。

然而,到了现场,发现气球的上升力不够,吊篮里只能坐一个人。

这时,更多的人劝告门捷列夫别上去。人们认为,门捷列夫是举世闻名的大科学家,没必要冒这个险。何况他年老多病,心脏又不好,恐怕受不了。

门捷列夫却毅然决定独自坐上气球!他一边跨进气球的吊篮,一边对人们说:"气球也是物理仪器。你们亲眼看见,多少人像注视着科学实验一样,在注视着气球的气行。我不能辜负他们对科学的信念!"

气球冉冉上升。门捷列夫一个人飞上高空,众目睽睽,多少善意的朋友,在为他的安全而担心,同时也为他的献身精神所感动。

门捷列夫在高空仔细观察了日食的全过程,还对高空气象作了详细记录。

气球徐徐下降,终于安全返回地面。

人们把门捷列夫团团围住,甚至把他抬了起来,像欢迎凯旋的英雄似地欢迎他回来。

门捷列夫这种为科学而献身的精神,贯穿他的一生。

正因为这样,当这位化学巨人在1907年1月20日清晨离开人世时,是坐在书桌前逝去的,他的手中还握着笔!

也正因为这样,当这位化学巨人出殡时,几万人自发加入送殡行列,向他表示自己内心的敬意。

门捷列夫的格言,是值得深思的:

"什么是天才?终身努力,便成天才。"

"人的天资越高,他就越应该多为社会服务!"

七、走向现代科学

化学女杰

如果说:

17 世纪的化学巨匠是波义耳;

18 世纪的化学巨匠是拉瓦锡和道尔顿;

19 世纪的化学巨匠是门捷列夫;

那么,20 世纪的化学巨匠则是居里夫人。

居里夫人的名字叫玛丽亚·斯可罗多夫斯卡,本是一位波兰姑娘。她在法国巴黎毕业以后,和法国青年物理学家埃尔·居里结婚,于是人们称她为居里夫人。

居里夫妇毕生的主要功绩,可以用两个字来概括——镭、钋。

早在 1898 年 4 月 12 日,法国科学院就发表了居里夫人的报告:"……有两种铀矿,沥青铀矿和辉铜矿,放射性要比纯铀强得多。这种现象极为值得注意。我认为,在这两种矿物中,很可能含有一种比铀的放射性强得多的新元素。"

居里认为妻子的这一见解极为重要,马上放下自己手头关于物理学的研究课题,去参加妻子发现新元素的工作。

157

可是,法国科学院的很多科学家对此表示怀疑:"你们先把这种元素拿给我们看,我们才能相信。"

就在这年7月,居里夫妇向法国科学院报告:"我们从沥青铀矿提取的物质,发现含有一种尚未发现的金属元素,它的性质与铋相近……我们提议把它叫做钋,纪念我们两人之一的祖国。"

居里夫人的祖国是波兰。钋的拉丁文原文为Polonium,即"波兰"的意思。

同年12月,居里夫妇又和贝蒙一起向法国科学院报告:"在放射性的新物质中含有一种新元素,我们提议把它叫做镭。这种新元素的放射性非常强烈。"

镭的拉丁文为radium,意即"射线"(Radius)。

紧接着,居里夫妇花费4年多时间,历尽艰辛,从沥青铀矿中提取镭和钋。在沥青铀矿中,只含有一千万分之一的镭,一百亿分之一的钋!

几个春秋过去了,居里夫妇从1吨沥青铀矿中,终于提到0.1克金属镭!

居里夫妇没有正规的实验室。他们在一间本来是贮藏室的破房子里工作。春天的雨、夏日的骄阳、秋天的沙尘、寒冬的朔风,使居里夫妇历尽千辛万苦。一位科学家当时看到居里夫妇的"实验室",叹道:"这简直是一所马厩,如同马铃薯窖般简陋!"

"自古雄才多磨难"。居里夫妇正是在磨难中的成为一代化学巨匠。

1903年,居里夫妇荣获诺贝尔奖金。在这样幸福的时候,居里夫妇在想什么呢?

他们说:"我们毫不感到需要奖金,我们最需要的是一间实验室!"

1906年,居里不幸被一辆马车撞死。居里夫人坚强地一个人做两个人的事。在1910年,她终于提取到纯净的金属镭。

1911年,居里夫人第二次荣获诺贝尔奖金。她,被人们誉为"化学女杰"、"镭的母亲"。

有人劝她申请关于制取镭的专利,这样可以成为百万富翁。居里夫人毫不犹豫地将提炼的方法公开发表了。她非常深刻地说："镭是一种元素，它属于人民所有，任何人都不能拿它来发财致富。"

固然，居里夫人在化学上的成说，主要在于发现了镭和钋。但是，作为一位科学家，她以自己高尚的科学道德光彩照人，成为后人的楷模。

爱因斯坦在悼念居里夫人时，曾非常确切地评论居里夫人一生的功绩：

"在像居里夫人这样一位崇高人物结束她的一生的时候。我们不要仅仅满足于回忆她的工作成果对人类已经作出的贡献。第一流人物对于时代和历史进程的意义，在其道德品质方面，也许比单纯的才智成就方面还要大。即使是后者，他们取决于品格的程度，也远超过通常所认为的那样。"

从原子—分子论的观点来看

进入 20 世纪，科学家们创立了现代化学理论，现代化学理论是以原子—分子论作为基础的。

按照原子—分子论的观点，世界上一切物质都是由分子组成的，而分子是由更小的颗粒——原子组成的。

世界上房子的式样，像春天的花儿一样多！有圆的、有方的；有平房、楼房；有茅屋、砖房；有白的、灰的；有中国式的、罗马式的、俄罗斯式的、日本式的……但是，世界上并没有千万种建筑材料。这些各式各样的房子，无非都是由木头、砖头、石灰、水泥、玻璃、钢筋等几种建筑材料盖成的。

同样的，尽管我们周围有数不清的各式各样的物质，但是，它们只是由 90 种化学元素①构成的。例如，水分子是由 2 个氢原子和 1 个氧原子构成的，食盐分子是由 1 个氯原子和 1 个钠原子构成的，而 1 个铁分子只是由 1 个铁原子构成的。

159

---

① 现在发现的化学元素共有 127 种，而天然存在的只有 90 种。

在发生化学反应时，参加反应的几种物质的分子被破坏了，而原子并没有被破坏。在反应过程中，原先分子中的原子被拆散，重新配搭，生成了新的物质。例如氯化钠和硝酸银在反应时，钠原子和银原子交换了自己原先的"伙伴"，结果生成氯化银和硝酸钠。这场交换反应，就正像你的小弟弟玩积木一样：把几座已经搭好的"房子"拆掉，用它们的"砖头"，重新再搭起新的"房子"。自然，这时"房子"的式样虽然改变了，但是，构成它们的"砖头"依然是那么多。

一切化学反应，从原子—分子论的观点看来，它们只不过是这样一场搭了又拆，拆了又搭的"化学积木游戏"罢了。在反应中，不论是每种原子的个数，或者每种原子的重量，都没有改变。既然每种原子的个数和重量在反应前后都没有改变，那么，它们的总重量当然也就不会改变。这，就是物质不灭定律的实质。

定组成定律和倍比定律，是物质不灭定律的发展。从原子—分子论的观点来看，定组成定律和倍比定律的本质，也很清楚。

按照原子—分子论的观点来看，同一种元素的每个原子，它们的重量和大小都是相等的。[1]例如，所有氢原子的重量和大小都是一样的，所有的氧原子的重量和大小也都是一样的，不过每一个氢原子同每一个氧原子的重量和大小是不一样的。

氢原子和氧原子化合，它们配搭成水分子，变成水。事实证明，氢氧化合所生成的水分子，都具有一事实上的组成——由1个氧原子和2个氢原子组成的。换句话说，所有的水分子的大小和重量，也都是一样的。一切纯净的物质都是由同一种分子组成的，每一个分子都具有同样的、固定不变的组成。

正因为水分子具有固定的组成，所以当普鲁斯特分析了来自世界各地的水以后，所得的结果都一样：水含氧 88.9%，含氢 11.1%。

---

[1] 为了简单起见，这里不包括同位素。

定组成定律发展了物质不灭定律,在化学反应中,不光是参加反应的每种原子的数目是一定的,而且反应后所生成的各种化合物上,所含的各种原子的种类和数目也是一定的。

至于倍比定律,用原子—分子论的观点来看,那就更清楚了。前面提到的柏济力阿斯在普鲁斯特的实验中,柏济力阿斯对铜的两种氧化物做了精确的分析,得到这样的结果:

红色氧化铜铜:氧=100:12.6

黑色氧化铜铜:氧=100:25.2

这两种氧化铜中,氧的含量恰好成简单的整数比:

12.6:25.2=1:2

其实,从原子—分子论的观点来看,红色氧化铜就是氧化亚铜,它是由2个铜原子和1个氧原子组成的;而黑色的氧化铜就是氧化铜,它是由1个铜原子和1个氧原子组成的。在氧化亚铜中,1个铜原子只跟半个氧原子化合;在氧化铜中,1个铜原子和1个氧原子化合。这里0.5:1=1:2,也是成简单的整数比。

实际上,倍比定律里所说的重量成简单整数比,就是由于原子个数成简单的整数比的缘故。

现在,物质不灭定律、定组成定律和倍比定律,已经成了化学上最基本的定律。当我们在学化学时,一开始就要学到这些定律。由于它们是化学的基础,必须好好地学。不然,就不能进一步地弄懂化学上的其他基本知识。

人们常说:"化学方程式是化学家的语言。"这话的确不错。在化学上,人们一提到化学反应,总离不了用最精确、最简要的"语言"——化学方程式来描述它。化学方程式,就是以物质不灭定律、定组成定律和倍比定律为基础的。

在化学课上,老师进过煤的燃烧反应。用化学方程式来表示:

$C+O_2=CO_2$ (C,碳原子;O,氧原子)

在式子的左边,是1个碳原子和2个氧原子;在式子的右边,也是1个碳原子和2个氧原子。为什么要使式子两边每种原子的原子数相等呢?这就是根据物质不灭定律得出来的。

至于式子右边用CO_2来表示二氧化碳,这就是根据定组成定律得出来的。因为只有承认了定组成定律,承认了每种化合物具有固定的组成,才谈得上用一种分子式来表示这种化合物。

有时,当氧气不足时,老师就会给你写出另一条新的化学方程式:

$2C+O_2=2CO$

这里,除了和上面一样,应用了物质不灭定律、定组成定律之外,还应用了倍比定律。根据倍比定律,两种元素可以化合成一种以上的化合物,而且跟等量的某元素化合的同一种元素,在几种化合物中的含量成简单的整数比。这里的一氧化碳和二氧化碳,正是由碳和氧两元素所组成的两种不同的化合物。在一氧化碳中,是1个碳原子和1个氧原子化合;在二氧化碳中,是1个碳原子和2个氧原子化合。这两种化合物中,氧原子的重量比,正好是1：2——成简单的整数比。

能量守恒定律

物质不灭定律的发现,是科学史上的一件大事。然而,物质不灭定律只是说明了在燃烧过程中物质不灭,至于在燃烧过程中发出的光和热,这些能量从哪儿来的,又跑到哪儿去了,它并没有回答。

也就是说,在这里还涉及燃烧过程中的另一个重要问题——能量是不是守恒?

这事儿得从意大利物理学家西蒙·斯台文在1586年出版的一本力学专著说起。在这本著作里,斯台文用铁的事实,批驳了著名古希腊科学家亚里士多德的错误观点。

亚里士多德认为，如果两个物体从高处落下，重的物体先着地，轻的物体后落地。千百年来，谁也没有怀疑过亚里士多德的话，以为是理所当然的。

然而，会计出身的斯台文在他著作中，却详细记述了他的实验：

"反对亚里士多德的实验是这样的：让我们拿两只铅球，其中一只比另一只重 10 倍，把它们从 30 英尺的高度同时丢下来，落在一块木板或者是什么可以发生清晰响声的东西上面，那么，我们会看出轻铅球并不需要比重铅球 10 倍的时间，而是同时落到木板上，因此它们发出的声音听上去就像是一个声音一样。"①

斯台文以不可辩驳的实验，证明了大名鼎鼎的亚里士多德错了！在科学上，所尊重的只是实践，而不尊崇任何偶像！

不久，著名的意大利物理学家伽利略继续钻研这一个问题，又进一步发现：落下来的物体的速度，是随着时间而均匀地增加的。如果把一个从 10 米高处落下的物体抛回 10 米的高度，那么，抛出的速度正好等于物体从 10 米高处快落到地面时的速度。伽利略把物体的质量与速度的乘积（即 mv）称为"动量"。他认为物体的动量是守恒的。

伽利略只是作了初步的探索。

到了 1824 年，法国的一位 20 多岁的青年工程师萨迪·卡诺（1796—1832），十分起劲地研究着蒸汽机。卡诺虔诚地信仰热素学说，以为物体之所以热，是因为含有"热素"的缘故。卡诺从对蒸汽机的研究中，认为在蒸汽机工作时，热素的量——热量并没有减少，总热量是不变的，只不过从高温的地方"流"到了低温的地方，仿佛水从高处流到低处，推动了水轮机工作，而水的总量并没有减少。正因为这样，恩格斯认为，"萨迪·卡诺是第一个认真研究这个问题(即能量守恒问题——编著者注)的人"②，然而，"阻碍他完全解决这个问题的，并不是事实材料的不足，而只是一个先入为主

163

---

① 这一实验常常被误传为伽利略做的。
② 《自然辩证法》，人民出版社，1971 年版，93 页。

的错误理论"①。

到了1830年,卡诺在实践中发现热素理论错了,在他的笔记中曾这样写道:

"热不是别的东西……它是一种运动。

"动力(能量)是自然界的一个不变量,准确地说,它既不能产生,也不能消灭。"

可惜的是,过了两年——卡诺还只有36岁,竟不幸死去。他的这些笔记,直到他死后40多年,才被人们所发现!

也就在这时候,一位德国的青年医生罗伯特·迈尔(1814—1878)开始钻研这个问题。当时,迈尔在一艘远洋轮船上担任船医。他发现,当船在热带航行时,从病人静脉抽出来的血液,要比在欧洲时更红一些。这是为什么呢?迈尔想,大约是热带气温高,人体消耗的热量少,于是血液从人体中吸收的养料也比较少;养料在血液中氧化减少,所以静脉中含氧比较多,于是颜色就红一些。迈尔从中得到启发,懂得养料中的化学能,可以转化为热能。他认为,有多少化学能,就能转化为多少热能,转化时能量不会增多,也不会减少。

1814年,年仅27岁的迈尔大胆地写了一篇论文《关于非生物界各种力的意见》,明确地提出能量"无不生有,有不变无",认为各种形式的能量可以互相转化,但是转化前后的总能量是守恒的。

迈尔把论文寄给了当时的学术界享有盛誉的德国《物理学和化学年鉴》杂志。这家杂志的主编波根道夫对这位"无名小卒"的来稿理都不理,不仅不发表,连原稿都没有看就退还给他。

迈尔并不灰心,坚信真理在他手中。迈尔又写了几篇论文,更加明确地论述了能量守恒的原理。这些论文寄出去以后,仍如石沉大海,毫无回音。迈尔没办法,到后来,他把自己仅有的一点积蓄拿出来,在一家杂志上

① 《自然辩证法》,人民出版社,1971年版,93页。

自费发表了论文。

谁知论文的发表，给迈尔招来了灾难。当时那些科学界的权威们满脑子是"热素"、"燃素"之类神秘的"素"，把迈尔的理论视为"邪说异端"。于是，有人造谣说迈尔患了精神病，才写出那样胡说八道的文章，竟然把迈尔关进了疯人院！

无独有偶。在英国，一位名叫焦耳的青年酿酒商人，利用业余时间，对电流通过电阻时产生的发热现象，进行了认真的研究。1840年，年仅22岁的焦耳发表了论文《论伏打电所产生的热》，提出了他经过多次实验发现的一条定律：当电流通过导体时，导体在一定时间内产生的热量同导体的电阻和电流强度平方的乘积成正比。在这里，焦耳不仅指出了电能会转化为热能，而且以精确的数学公式表明了转换规律。

过了3年，焦耳又发表了论文《论磁电的热量效应和热的机械值》，清楚地指出："哪里消耗了机械力，总能得到相当的热。"焦耳以自己精确的实验为依据，说明"使一磅水增1°F的热量等于把770磅①物体提高1英尺的机械功。"

焦耳的论文同样被当时的科学界权威们嗤之以鼻，不予理睬。然而，焦耳是个勇往直前的年轻人，他坚持做了大量的实验，以精确的数据有力地说明各种能量在转化时确实是守恒的。

这些精确的实验，是无法抹杀的！经过整整10年的奋战，焦耳接二连三发表了一系列论文，这才逐渐引起了各国科学界的重视。

与此同时，许多不同国籍的科学家各自独立地进行着这方面的研究：

丹麦28岁的科学家柯尔丁（1815—1888），通过对摩擦生热现象的研究，写成了关于能量守恒定律的论文，送给哥本哈根科学院。

1847年，德国年仅26岁的军医赫尔曼·赫尔姆霍茨（1821—1894）写了论文《论力的守恒》，阐述能量守恒的思想。他的论文寄到《物理学和化学年鉴》杂志，同样被主编波根道夫所压制，没有发表。后来，赫尔姆霍茨

---

① 现在精确的测量结果为778磅。1° F=9/5℃+32。

自费印刷了这篇论文。

1842年，英国31岁的律师格罗夫（1811—1896），也独立地提出了能量守恒定律。

……就这样，在一批年轻的、各种职业的科学家们的努力之下，终于用排炮轰开了那些科学界"权威人士"的顽固脑壳，使他们不得不在事实面前，承认了能量守恒定律——自然界的又一重要定律。

恩格斯把能量守恒定律作为19世纪的三大发现（能量守恒定律、细胞学说、达尔文进化论）之一，热烈地赞颂它：

"第一是由热的机械当量的发现（罗伯特·迈尔、焦耳和柯尔丁）所导致的能量转化的证明。

"自然界中所有起作用的原因，过去一直被看做是一种神秘的不可解释的存在物，即所谓力——机械力、热、放射（光和辐射热）、电、磁、化学化合力和分解力，现在都已经证明是同一种能（即运动）的特殊形式，即存在方式；而且甚至可以在实验室中和工业中实现这种转化，使某一形式的一定量的能总是相当于另一形式的一定量的能。……自然界中整个运动的统一，现在已经不再是哲学的论断，而是自然科学的事实了。"[1]

严峻的考验

正当能量守恒定律被当做19世纪的三大发现之一而载入史册不久，却发生了一场轩然大波，差一点把能量守恒定律整个儿推翻掉。

这得从法国物理学家贝克勒尔（1852—1908）实验室里发生的一件怪事说起。

1896年的一天，贝克勒尔把一包包得好好的照相底片，放在抽屉里。

---

[1] 《自然辩证法》，人民出版社，1971年版，175-176页。

后来,他在冲洗底片时拿错了,竟把这包未用过的底片也拿去冲洗。奇怪的是,一冲洗,底片上竟出现一把钥匙的影子!

贝克勒尔百思而不得其解。

贝克勒尔仔细回忆着,这几天什么时候用过钥匙?喔,想起来了:那天,他用钥匙锁好旁边的一个抽屉,就把钥匙顺手扔在桌子中间的抽屉中,这个抽屉放着一包没用过的底片,钥匙正好落在底片上面。

底片是用黑纸包得好好的,为什么会出现钥匙的影子呢?贝克勒尔顺着蛛丝马迹寻找,查明当时桌上只有一个装着黄色结晶体的瓶子。

贝克勒尔经过反复研究,这才终于揭开了谜底:原来,那瓶黄色的结晶体会不断射出一种看不见的射线,这种射线会透过木头、纸,使底片感光。

这种看不见的射线,叫做放射性射线。在那黄色的结晶体里,含有一种放射性元素,叫做铀。黄色的结晶体是硫酸双氧铀钾。

放射性射线不仅会使底片感光。有一次,贝克勒尔要出去作关于放射性元素的演讲,顺手拿了一小瓶放射性元素插在裤袋里。演讲结束以后,贝克勒尔感到皮肤很疼,一看,原来大腿上的皮肤被放射性射线严重地灼伤了。

放射性射线为什么那样厉害呢?显然,它具有一定的能量,所以才会使底片感光,才会灼伤皮肤。

贝克勒尔是巴黎索本大学的教授,他的发现引起了大学里一位年轻的波兰姑娘玛丽亚·斯可罗多夫斯卡(即居里夫人)的注意。经过她与她的丈夫比埃尔·居里的艰苦努力,于1898年,在沥青铀矿中发现了两种新元素——镭和钋,能够发射出比铀更强的放射性射线。镭的希腊文原意,就是"射线"的意思。

这些放射性元素,不断放出大量的能量。经过测定,人们惊异地发现:1克镭在1小时里,就能放出140卡热量!

更使人们惊叹不已的是:尽管时间一小时又一小时,一天又一天,一年又一年地过去,镭照样不断地每小时放出140卡热。人们经过推算,算出经过1560年以后,镭放出的能量能会减少一半——1克镭每小时放出70卡热。

167

据计算，要是让1克镭把所有的热量都放出来，竟有270亿卡！这么多热量，足以使29吨冰融化成水！

1克镭有多少呢？只有一片大拇指甲那么大！

"唔，镭是永恒的能源！"有人这么说。

"哈，什么能量守恒？镭的发现，彻底推翻了能量守恒定律！"还有人这么说。

于是，能量守恒定律面临着一场严峻的考验。

人们深入地研究放射现象，经过多次的科学实验，才弄明白了镭的本质：原来，镭原子是会分裂的。镭原子的分裂，叫做"裂变"。它裂变以后，变成两个更小的原子——氡原子与氦原子。在720亿个镭原子中，平均每秒钟有一个原子要分裂，向周围以每秒两万千米的速度射出它的"碎片"。镭那不断放出的能量，便是镭原子裂变时释放出来的原子能。

也就是说，镭并不是什么"永恒的能源"。世界上永远不存在什么"永恒的能源"。随着镭原子的不断裂变，镭放出的能量也不断减少，也就是说，经过1560年以后，1克镭每小时放出的能量少了一半——从140卡降到70卡；再经过1560年，又减少了一半——从70卡降到35卡；然后，又经过1560年，则减至17.5卡……

镭的原子能的发现，并没有推翻能量守恒定律。相反地，却从新的高度进一步丰富了能量守恒定律：一个镭原子裂变为一个氡原子和一个氦原子时释放出来的能量；恰好等于用一个氡原子和一个氦原子合成一个镭原子时所需要的能量。这一事实再一次有力地说明，能量不可能凭空产生，也不可能无端消亡！

能量守恒定律，经受了严峻的考验，更灿烂地射出真理的光辉。正如列宁指出的那样："自然科学方面的最新发现，如镭、电子、元素转化等，不管资产阶级哲学家们那些'重新'回到陈旧腐烂的唯心主义的学说怎样说，却灿烂地证实了马克思的辩证唯物主义。"[①]

---

① 《列宁选集》第二卷，人民出版社，1972年版，442页。

爱因斯坦的贡献

物质不灭定律，说的是物质的质量不灭；能量守恒定律，说的是物质的能量守恒。

虽然这两条伟大的定律相继被人们发现了，但是人们以为这是两个风马牛不相关的定律，各自针对不同的自然规律。甚至有人以为，物质不灭定律是一条化学定律，能量守恒定律是一条物理定律，它们分属于不同的科学范畴。

然而，在 1905 年，一个年仅 26 岁的德国物理学家接连在德国《物理学》杂志上发表了 5 篇论文，从一个崭新的高度，揭示了物质不灭定律和能量守恒定律的本质及其相互关系。

这个年轻的科学家，就是阿尔伯特·爱因斯坦。

爱因斯坦是犹太人。他小时候，并没有显示什么天才的特征，他甚至一直到 3 岁才开始学会说话。

会上学的时候，爱因斯坦很喜欢读圣经，真心诚意地相信圣经上所讲述的故事都是真实的。然而，他后来读了许多科学著作之后，就转为相信科学，认为圣经上所讲的故事是荒诞的。在大学里，爱因斯坦深深地爱上了物理学。他非常勤奋，常常沉醉于物理实验而忘了吃饭。爱因斯坦的数学造诣也很深，他认为现代物理学不用数学武装自己的头脑，是无法攻克物理学上的难题的。

爱因斯坦喜欢独立思考。对于任何一种理论，他总是经过一番思索之后，觉得它确有道理，这才接受下来。

爱因斯坦大学毕业后，很想在大学里担任教师，从事科学研究，可是由于他是犹太人，受到歧视，不能留校工作。他经过别人介绍，才好不容易在一个专利局找到工作，当个职员。在那里，既没有图书馆，也没实验室，然而，艰苦的环境更能磨炼一个人的意志。就在那小小的专利局宿舍里，爱

169

因斯坦经常工作到深夜。

1905 年，爱因斯坦创立了著名的"狭义相对论"[1]。爱因斯坦认为，物质的质量是惯性的量度，能量是运动的量度；能量与质量并不是彼此孤立的，而是互相联系的，不可分割的。物体质量的改变，会使能量发生相应的改变；而物体能量的改变，也会使质量发生相应的改变。

在狭义相对论中，爱因斯坦提出了著名的质能关系公式：

$E=cm^2$

这里的 E 代表物体的能量，m 代表物体的质量，c 代表光的速度，即每秒 30 万千米。

按照爱因斯坦的理论，将 1 克温度为 0℃的水，加热到 100℃水吸收了 100 卡的热量，这时水的质量也相应增加了。按照质能关系公式计算，1 克水的质量增加了 0.00000000000465 克。

爱因斯坦的理论，最初受到许多人的反对，就连当时一些著名物理学家也对这位年轻人的论文表示怀疑。然而，随着科学的发展，大量的科学实验证明爱因斯坦的理论是正确的，爱因斯坦才一跃而成为世界著名的科学家，成为 20 世纪世界最伟大的科学家之一。爱因斯坦的质能关系公式，正确地解释了各种原子核反应：就拿氦来说，它的原子是由 2 个质子和 2 个中子组成的。照理，氦 4 原子核的质量就等于 2 个质子和 2 个中子质量之和。实际上，这样的算术并不成立，氦核的质量比 2 个质子、2 个中子质量之和少了 0.0302 原子质量单位[2]！ 这是为什么呢？ 因为当 2 个氘［dāo］核（每个氘核都有 1 个质子、1 个中子）聚合成 1 个氦 4 原子核时，释放出大量的原子能。生成 1 克氦 4 原子核时，大约放出 2700000000000 焦耳的原子能。正因为这样，氦 4 原子核的质量减少了。

---

[1] 狭义相对论是现代物理中的重要理论，是研究物质与运动、空间与时间、绝对与相对、属性与关系等范畴的理论。1916 年，爱因斯坦又进一步创立了"广义相对论"。

[2] 原子质量单位是衡量原子质量的一种单位，以碳原子（即 C12）质量的十二分之一为一个单位。1 个原子质量单位=0.00000000000000000000000166 克。

这个例子生动地说明：在2个氘原子核聚合成1个氦4原子核时，似乎质量并不守恒，也就是氦4原子核的质量并不等于2个氘核质量之和。然而，用质能关系公式计算，氦4原子核失去的质量，恰巧等于因反应时释放出原子能而减少的质量！

这样一来，爱因斯坦就从更新的高度，阐明了物质不灭定律和能量守恒定律的实质，指出了这两条定律之间的密切关系，使人类对大自然的认识又深化了一步。

没有什么大自然的奥秘，是人类所不能认识的；但是，大自然的奥秘又是无穷无尽的。人类永远没有一天完全认识得了大自然，没有一天可以完全知道它的奥秘。只有永不知足，才能不断前进。

物质不灭定律和能量守恒定律，是自然界的伟大定律。它来自客观实际，又在客观实际中久经考验。多少年来，这两条定律经受了千万次考验，像经得起风吹雨打的宝石一样，闪耀着夺目的光芒。

物质不灭定律和能量守恒定律，已经成为现代自然科学的基石，同样，它也从根本上给宗教的唯心主义观点以致命的打击，因为物质是不能凭空创造的，也不能凭空消灭，所以谁也不再相信什么上帝创造万物，上帝创造世界的反科学的谬论了。另外，它还雄辩地说明，世界上永远不会有"永动机"。想不花费劳动就从大自然中获取能源，是不可能的。

定律是客观存在着的。人，虽然不能去"创造"定律，"改造"定律，但是，人可以去发现定律，掌握定律，利用定律。现在，物质不灭定律和能量守恒定律已经被千百万人所掌握。

人们正在利用物质不灭定律和能量守恒定律，去征服自然，改造自然，揭开大自然的秘密！

171

八、化学在发展

原子核的加法

话题仍回到本书开头所讲的第一个有趣的故事：在美国那座门卫森严、一定要有"国防部证明"才能通行的大楼里，所进行的研究正是20世纪重大的化学研究课题——原子弹。

早在240多年前，古希腊著名哲学家德谟克利特提出"原子"这一概念时，"原子"的希腊文原意便是"不可再分割"的意思。

放射性元素的发现，说明原子并非"不可分割"。

苏联科学文艺作家伊林，曾用非常通俗的比喻，说明了原子核裂变的原理："就好像你把3枚5分的铜币锁在抽屉里。过了几天，你发现抽屉里的5分铜币不是3枚，而只有2枚了。那枚5分铜币自己兑成了3分的和2分的铜币了。"也就是说，原子核分裂，就好像5分铜币兑成3分和2分的铜币。

这时，随着人们对放射现象的深入研究，逐渐认清了化学元素的真面目。

在1911—1913年，科学家们开始弄清楚，原子是由原子核和电子组成的。电子围绕着原子核飞快地旋转着。

原子核又是由什么组成的呢？放射现象说明，铀、镭等放射性元素的原子核会不断分裂。

这就是说,原子核是可分的,是由更小的微粒组成的。

1932 年,人们终于揭开了原子核的秘密:原子核是由质子和中子组成的。质子、中子都比电子大得多,质子的质量电子质量的 1836 倍,中子的质量是电子质量的 1839 倍。质子是带正电的微粒。中子不带电,是中性的微粒。

自从揭开了原子核的秘密之后,人们开始认识元素的本质:氢是第 1 号元素,它的原子核只含有 1 个质子;氦是第 2 号元素,它的原子核中含有 2 个质子;碳是第 6 号元素,它的原子核中含有 6 个质子……铀是第 92 号元素,它的原子核中含有 92 个质子。也就是说,元素原子核中的质子数,就等于它在元素周期表上"房间"的号数——原子序数。

这样一来,错综复杂的种种化学元素之间的关系,变得非常简单:化学元素的不同,就在于它们原子核中质子的多少不同! 原子核上质子数相同的一类原子,就属于同一种化学元素。

看来,在原子核中举足轻重的是质子,它的多少决定了原子的命运。然而,那中子起什么作用呢?

人们经过仔细研究,发现同一元素的原子核中,虽然质子数相同,但中子数有时不一样。比如,普通的氢的原子核,只含有 1 个质子;有一种氢原子的原子核,除了含有 1 个质子外,还含有 1 个中子,叫做"氘"或"重氢";还有一种氢原子的原子核,含有 1 个质子和 2 个中子,叫做"氚"或"超重氢"。氢、氘、氚都属于氢元素,但它们由于原子核中的中子数不同,脾气也不一样,被叫做"同位素"。

本来,人们对放射性元素镭,会变成铅和氦,感到莫名其妙,不可思议。这时,却可以正确地得到解释:镭是 88 号元素,它的原子中含有 88 个质子。它的原子核分裂后,变成 4 块碎片。在那块大的碎片中,含有 82 个质子,也就是 82 号元素——正好是铅;在那 3 块小的碎片中,含有多少个质子呢? 用 88 减去 82,剩 6 个质子,而 3 块碎片是一样大小的,也就是各含有

2个质子——2号元素，正好是氦！

这样一来，放射现象——原子核分裂，无非是一种特殊的"减法"罢了。

这给了人们一个重要的启示：能不能进行特殊的"加法"呢？比如说，那个43号元素，一直找不到，而42号元素——钼是人们熟知的。能不能运用"加法"，往钼的原子核中"加"上一个质子，岂不就可以人工地制造出43号元素吗？

这种原子核的"加法"，又燃起了人们寻找失踪元素的热情。于是，人们又继续探根求源，千方百计去捉拿失踪元素。

第一个人造元素

用算盘做加法，那很方便，只需把算盘珠朝上一拨，就加上一了。

但是，要往一个原子核里加一个质子和别的什么东西，可就不那么容易了。

从1925年起，整整经过9个年头——直到1934年，法国科学家弗列里克·约里奥·居里和他的妻子伊纶·约里奥·居里（即镭的发现者居里夫人的女儿）才找到进行原子"加法"的办法。

当时，他们在巴黎的镭学研究院里工作。他们发现，有一种放射性元素——84号元素钋的原子核，在分裂的时候，会以极高的速度射出它的"碎片"——氦原子核。在氦原子核里，含有2个质子。

于是，他们就用氦这"炮弹"，去向金属铝板"开火"。嘿，出现了奇迹，铝竟然成了磷！

铝，银闪闪的，是一种金属，磷，却是非金属。铝怎么会成磷呢？

用"加法"一算，事情就很明白：

铝是13号元素，它的原子核含有13个质子。当氦原子核以极高的速度向它冲来时，它就吸收了氦原子核。氦核中含有2个质子。

13+2=15

于是,形成了一个含有 15 个质子的新原子核。你去查查元素周期表,那 15 号元素是什么?

15 号元素是磷!

就这样,铝像变魔术似的,变成了另一种元素——磷!

不久,美国物理学家劳伦斯发明了“原子大炮”——回旋加速器。在这种加速器中,可以把某些原子核加速,像“炮弹”似的以极高的速度向别的原子核进行轰击。这样一来, 就为人工制造新元素创造了更加有利的条件,劳伦斯因此而获得了诺贝尔物理学奖金。

1937 年,劳伦斯在回旋加速器中,用含有 1 个中子的氘原子核去“轰击”42 号元素——钼,结果制得了 43 号新元素。

鉴于前几年人们接连宣称发现失踪元素,而后来又被一一推翻,所以这一次劳伦斯特别慎重。他把自己制得新元素,送给了著名的意大利化学家西格勒,请他鉴定。西格雷又找了另一位意大利化学家佩里埃仔仔细细地进行分析。这 43 号元素,终于被劳伦斯制成了。这两位化学家把这新元素命名为“锝”,希腊文的原意是“人工制造的”。

锝,成了第一个人造的元素!

当时,他们制得的锝非常少,总共才一百亿分之一克。

后来,人们进一步发现:锝并没有真正地从地球上失踪。其实,在大自然中,也富含着大量的锝。

1949 年, 美籍华裔女物理学家吴健雄以及她的同事从铀的裂变产物中,发现了锝。据测定,一克铀全部裂变以后,约可提取 26 毫克锝。

另外,人们还对从别的星球上射来的光线进行光谱分析,发现在其他星球上也存在锝。

这位“隐士”的真面,终于被人们弄清楚了:锝是一种银闪闪的金属。具有放射性。它十分耐热,熔点高达 2200℃。有趣的是,锝在零下 265℃时,电阻就会全部消失,变成一种没有电阻的金属!

填满了空白

自从锝被发现以后,元素周期表上只剩下三处空白了。

人们继续寻找那失踪了的 61 号、85 号、87 号元素。

1939 年,法国女化学家佩雷在起劲地研究 89 号元素——锕。锕是一种放射性的金属。佩雷想要提纯锕,结果在剩下的残渣中发现一种具有另一种放射性的物质。她仔细一检查,发现这是一种新元素:它是 89 号元素锕的原子核在分裂时,失去了一个氦原子核,也就是失去了 2 个质子,变成了一个只含有 87 个质子的原子核——87 号元素。

这 87 号元素,正是人们苦苦追索的一个失踪元素!

佩雷用她祖国的名字——"法兰西"来命名这一新元素。译成中文,那就是"钫"。钫是一种寿命很短的放射性元素。如果有 100 个钫的原子放在那里,经过 21 分钟之后,就剩下 50 个了——那 50 个钫原子已经分裂,变成了别的元素。正因为这样,人们费了九牛二虎之力,才找到了这位"短命"的"隐士"。

1940 年,那位曾给锝进行鉴定的意大利化学家西格雷迁居到美国,与美国科学家科森、麦肯齐共同合作,着手人工制造 85 号元素的工作。

起初,他们想用 84 号元素——钋作为"原料",往它的原子核中加入 1 个质子,制成 85 号元素。可是,钋在大自然中很少,价格比较贵。他们就改用 83 号元素——铋作为"原料"。铋比钋便宜易得。

他们在美国加利福尼亚大学用"原子大炮"——回旋加速器加速了氦原子核,轰击金属铋,制得了 85 号元素。

这又是原子的"加法"——铋核中含有 83 个质子,氦核中含有 2 个质子:
83+2=85

正当他们的研究工作获得了初步成绩时,由于发生第二次世界大战,不得不中断了工作。在战后,他们又重新开始研究,终于在 1947 年发表了关于发现 85 号元素的论文。西格雷把这一新元素命名为"砹",希腊文的原意是"不稳定的"意思。

砹是一种非金属,它的性质跟碘很相似。砹确实很不稳定。当西格雷制成了砹以后,只过了 8 个多小时,便有一半砹的原子核已经分裂,变成别的元素了。

后来,人们在铀裂变后的产物中,也找到了极微量的砹。这说明了在大自然中,存在着天然的砹。

正因为砹在大自然中又稀少又不稳定,所以找到它很不容易。

剩下的最后一个失踪元素,是 61 号。

起初,有人想用 60 号元素钕或者 59 号元素镨作"原料",来人工地制造 61 号元素。虽然他们在 1940 年就宣称制成了 61 号元素,但是没有把它单独地分离出来,没有得到世界的公认。

直到 1945 年,美国橡树岭国立实验室的科学家马林斯基、格伦德宁和科里宁从原子能反应堆中铀的裂变产物中,分离出 61 号元素。他们认为,61 号元素的发现和原子能的应用是分不开的, 就用希腊神话中从天上盗取火种的英雄普罗米修斯的名字来命名它——当初,普罗米修斯盗来了天火,使人类进入取火、用火的时代;如今,61 号元素的发现,象征人类进入了原子时代。

直到 1949 年,国际化学协会才正式承认了马林斯基等的发现,并同意了他们的命名。"普罗米修斯"译成该元素名称,便成了"钷"。

钷是一种具有放射性的金属。钷的化合物常常会射出浅蓝色的荧光,被用来制造手表上的荧光粉。用钷还可以制成只有纽扣那么小的原子电池,能连续工作达五年之久,是人造卫星上非常需要的体积小、重量轻、寿命长的电源。

自从人类发现钷之后,失踪元素全部找到了,元素周期表上的空白全部被填满了。

铀不是最后的元素

自从发现钚以后，人类认识化学元素的道路，是不是到达终点了呢？

起初，有人兴高采烈，觉得这下子大功告成，再也不必去动脑筋发现新元素了！

可是，更多的科学家觉得不满足。他们想，虽然从第 1 号元素氢到第 92 号元素铀，已经全部被发现了，可是，难道铀会是最后一个元素？谁能担保，在铀以后，不会有 93 号、94 号、95 号、96 号……

这么看来，周期表上的空白，并没有真的全被填满——因为在 92 号元素铀以后，还有许许多多"房间"空着呢！

早在 1934 年，意大利物理学家费米就认为周期表的终点不在于 92 号元素铀，在铀之后还存在"超铀元素"。

费米试着用质子去攻击铀原子核，宣布自己制得了 93 号元素。费米将这一新元素命名为"铀 X"。

可是，过了几年，费米的试验被人们否定。人们仔细研究了费米的试验，认为他并没有制得 93 号元素。因为当费米用质子攻击铀原子核时，把铀核撞裂了，裂成两块差不多大小的碎片，并不像费米所说的变成一个含有 93 个质子的原子核。

直到 1940 年，美国加利福尼亚大学的麦克米伦教授和物理化学家艾贝尔森在铀裂变后的产物中，发现了 93 号新元素！

他们俩把这新元素命名为"镎"。镎的希腊文原意是"海王星"，这名字是跟铀紧密相连的，因为铀的希腊文原意是"天王星"。

镎是银灰色的金属，具有放射性。它的寿命很长，可以长达 220 万年，并不像砹、钫那样"短命"。在铀裂变后的产物中，含有微量的镎。在空气中，镎很易被氧化，表面蒙上一层灰暗的氧化膜。

镎的发现,有力地说明了铀并不是周期表上的终点,说明化学元素大家庭的成员不止92个。

　　镎的发现,还有力地说明镎本身也并不是周期表上的终点,在镎之后还有许多化学元素。

　　镎的发现,鼓舞着化学家们在认识元素的道路上继续前进!

青云直上的"冥王星"

　　就在发现93号元素镎的时候,麦克米伦便认为,可能还有一种新的超铀元素跟镎混在一起。

　　不出所料,没隔多久,美国化学家西博格、沃心和肯尼迪又在铀矿石中,发现了94号元素。他们把这一新元素命名为"钚",希腊文的原意为"冥王星"。这是因为镎的希腊文原意是"海王星",而冥王星是在海王星的外面,是太阳系中离太阳很远的一个矮行星。

　　最初,西博格等只制得极微量的钚,总重量还不到一根头发重量的千分之一。这样稀少的元素,在当时并没有引起人们的注意,人们只把它看做一种新元素罢了,谁也没有去研究它可以派什么用场。

　　后来,当人们发明了原子弹之后,钚却一下子青云直上,成为原子舞台上的"明星"! 这是怎么回事呢?

　　原来,原子弹中的主角是铀。在大自然中,铀有两种不同的同位素,一种叫"铀235",一种叫"铀238"。在铀235的原子核中,含有92个质子、143个中子,加起来是235个,所以叫"铀235";在铀238的原子核中,含有92个质子、146个中子,加起来是238个,所以叫"铀238"。铀238跟铀235的不同,是在于它的原子核中多了3个中子。

　　铀235与铀238的脾气大不一样:铀235是个急性子,铀238却是个慢性子。铀235受到中子攻击时,会迅速发生链式反应,在一刹那间释放出大量原子能,形成剧烈的爆炸。在原子弹里,就装着铀235。可是,铀238受到中子攻击时,却不动声色地把中子"吞"了进去,并不会发生爆炸。

在天然铀矿中,绝大多数是铀238,而铀235仅占千分之七(重量比)。人们千方百计地从铀矿中提取那少量的铀235,用它制造原子弹,而大量的铀238却被废弃了。

铀238难道真的是废物吗?

人们经过仔细的研究,结果发现,铀238可以作为制造钚的原料,而钚的脾气跟铀235差不多,也是个急性子,可以用来制造原子弹!

本来,在天然铀矿中,只含有一百万亿分之一的钚。如今,人们用铀238做原料,大量制造钚。于是,钚的产量迅速增加,从只有一根头发的千分之一那么重猛增到数以吨计。不久,人们不仅制造了以钚为原料的原子弹,而且用它制成了原子能反应堆,用来发电。这样一来,钚一下子成了原子能工业的重要原料。

钚是一种银灰色的金属,很重。在空气中也很易氧化,在表面形成黄色的氧化膜。

钚的寿命也很长,达24360年。

钚的发现和广泛应用,一下子就使人们对化学元素的认识,进入一个新阶段:原来,世界上还有许多很重要的未被发现的新元素哩!

继续进击

人们继续进击,寻找94号以后的"超钚元素"。

在1944年底,钚的发现者——美国化学家西博格和加利福尼亚大学教授乔索合作,用质子轰击钚原子核,先是制得了96号元素,紧接着又制得了95号元素。

他们把95号元素和96号元素分别命名的"镅"和"锔"(过去曾译为

"锔",因与锯子的"锯"字相同,容易误会,改译为"锔"),用来纪念发现它们的地点美洲("锔"的原意即"美洲"。因为锔在元素周期表上的位置正好在 63 号元素铕之下,铕的希腊文原意为"欧洲",所以就用"美洲"命名锔)和居里夫妇("锔"的原意即"居里")。

锔和锔都是银白色的金属。锔很柔软,可以拉成细丝,也可以压成薄片。锔有 10 种同位素,绝大部分都是"短命"的,很快就会裂变成其他元素,只有一种"锔 243"的寿命很长,达 8000 年左右。

锔是一种很有意思的放射性金属,它辐射出来的能量很大,可以使锔变得很热,温度高达 1000℃左右。如今,人们已把锔用在人造地球卫星和宇宙飞船中,用来作为不断发热的热源。

西博格和乔索继续努力,在 1949 年制得了 97 号元素——锫;1950 年制得了 98 号元素——锎。锫的原意是"柏克立",因为它在柏克立城的回旋加速器帮助下制成的;锎的原意是"加利福尼亚",因为它是在加利福尼亚州的回旋加速器帮助下制成的。

锫和锎都是金属元素,都具有放射性。锫在目前还没有得到应用,锎可用作原子能反应堆中的原子燃料。另外,由于锎能射出中子,现在已被用来治疗癌症。

接着,人们又开始寻找 99 号元素和 100 号元素。

有趣的是,在人们用回旋加速制造出这两种新元素之前,却在另一场合无意中发现了它们。

那是在 1952 年 11 月,美国在太平洋上空爆炸了第一颗氢弹。当时,美国科学家在观测这次爆炸产生的原子"碎片"中,发现竟夹杂着两种新元素——99 号和 100 号元素。

1955 年,美国加利福尼亚大学在实验室中制得了这两种新元素。为了纪念在制成这两种新元素前几个月逝世的著名物理学家爱因斯坦和意大利科学家费米,分别把 99 号元素命名为"锿"(原意即"爱因斯坦"),把 100 号元素命名为"镄"(原意即"费米")。 1955 年,就在制得锿以后,美国加利福尼亚大学的科学家们用氦核去轰击锿，使锿原子核中增加2个质子，变成了101号元素。他们把101号元素命名为"钔"，纪念化学元素周期律创始人、俄罗斯化学家门捷列夫。

有趣的是，最初制得的钔竟如此之少——只有17个原子！然而，正是这17个原子，宣告了一种新元素的诞生。

紧接着，在1958年，加利福尼亚大学与瑞典的诺贝尔研究所合作，用碳离子轰击锔，使锔这个原来只有96个质子的原子核一个子增了6个质子，制得了极少量的102号元素。他们用"诺贝尔研究所"的名字来命名它，叫做"锘"。但是，他们的研究成果，一开始并没有得到人们的承认。直到几年以后，别人用另外一种办法也制成了102号元素时，这才获得国际上的正式承认。

人们追索不息。1961年，美国加利福尼亚大学的科学家们着手制造103号元素。他们用原子核含有5个质子的硼，去轰击原子核中含有98个质子的锎，进行原子"加法"：

5+98=103

就这样，制得了103号元素。这个新元素被命名为"铹"，用来纪念当时刚去世的美国物理学家、回旋加速器的发明者劳伦斯。

铹是一个不稳定的元素。每经过3分钟，铹的原子中便有半数分解掉了。

1964年、1967年，苏联弗列罗夫所领导的研究小组，分别制得了104号和105号元素。其中104号元素被命名为"Kü"，用来纪念于1960年去世的苏联原子物理学家库尔恰托夫。

与此同时，美国乔索领导的小组用另一种方法也制得了104号、105号元素，使中为"Rf"和"Db"，分别用来纪念著名物理学家卢瑟福和德国物理学家哈恩。

至今，关于104号、105号元素的命名，仍争论不休，没有得到统一。

104号和105号元素都是"短命"的元素，只能活几秒钟，很快就裂变成别的元素。1974 年，苏联弗列罗夫等人又用 24 号元素——铬的原子核去轰击 82 号元素——铅的原子核，进行原子加法：

24+82=106

于是，制得了 106 号元素。

有趣的是，在此同时，美国乔索及西博格等人用另外的"算式"进行原子"加法"：拿 8 号元素——氧的原子核去轰击 98 号元素——锎的原子核。

8+98=106

于是，也制得了 106 号元素。

与 104 号、105 号元素一样，这一次又引起了争论。双方都说自己最早发现了新元素，相互争论不休。

1976 年，苏联弗列罗夫等人着手试制 107 号元素。他们从 24 号元素——铬的原子核，轰击 83 号元素的原子核。

24+83=107

就这样，107 号元素被制成了。

107 号元素是一种寿命非常短暂的元素，它竟然只能活 1 毫秒！

制成 109 号元素

1982 年 9 月 16 日，一位留着络腮胡子、头发朝左梳理的高个子，走上英国剑桥的科学讲坛。此人是联邦德国著名核物理家，名叫 P.安布拉斯特。他发布了震动世界科学界的新闻：联邦德国重离子研究所在 1982 年 8 月 29 日下午 4 时 10 分，发现了 109 号元素！

安布拉斯特说，他们是用人工合成的方法制得 109 号元素的——制得 109 号元素的一个原子，而这个原子仅存在千分之五秒的时间！

获得新元素的发现权，是科学上的莫大荣誉。一旦听说谁发现了新元素，科学家们总是"横挑鼻子竖挑眼"，要进行一番辩论、验证，才予以最后承认。这一次,联邦德国科学家们只制得新元素的一个原子,这原子又是"短命"的,能得到世界科学界的承认吗?

出人意料,由于那位"大胡子"在学术报告中所叙述的实验步骤无懈可击,所提供的数据、电子计算机的分析结果无可辩驳,因此,得到了国际科学界的承认。发现 109 号元素的桂冠,被联邦德国的科学家们夺走了!

他们怎样制得新元素那唯一而又"短命"的原子呢?

原来,他们是以铋原子为靶,用加速了的铁原子核进行"轰击"。铋是 83 号元素,铁是 26 号元素,它们"相加",便成了 109 号元素:

83+26=109

不过,进行这一原子"加法",并不容易。联邦德国科学家们曾用铁原子核进行了几十亿次"轰击",要么没有击中"靶",要么劲儿太大,把铋原子"轰"成一堆碎片。

1982 年 8 月 29 日,机会终于来了,有一个铁原子核,不偏不倚击中一个铋原子核,聚合在一起,形成了 109 号元素。这个新原子在千分之五秒之后,分裂了,射出一个氦核,蜕变成 107 号元素的原子。紧接着,这个原子又射出一个氦核,蜕变成 105 号元素的原子。新原子放射一个正电子,原子核中的一个质子转变为中子,于是再蜕变成 104 号元素。这 104 号元素原子又大分裂,碎成两半……

但是,所制得的 109 号元素,只有一个原子。要发现、确定这个新元素的原子,是很不容易的。如同联邦德国重离子研究所所长普特里兹所说:"比方有一趟货车,一节节车皮拉的都是砂子,它的速度是 1 小时 20 英里。在一节车皮里,埋藏着一粒稍微不同寻常的砂子。我们探测器要完成任务,就相当于在飞驰而过的这趟列车上找出那粒砂子。"

联邦德国科学家用十分精密的方法,准确地测到了那唯一的 109 号元素的原子:他们设置了"重离子反应分选器",犹如设置了哨卡。站在那儿执勤的"哨兵"是电场和磁场。只有按照一定速度运行的 109 号元素的原子,才得以"放行",而其他元素的原子,休想通过这一"哨卡"。

通过"哨卡"的原子,撞击在一块硅片上。这时,硅片把这原子的撞击位置以及能量记录下来。经过电子计算机计算,可以算出这原子的质量,从而明确地查出这个原子的"身份"。

另外,联邦德国科学家还通过"探测器",精确地测得了这个原子蜕变为 107 号元素—105 号元素—104 号元素……的整个蜕变过程。

所有这一切严格的测定和严密的实验,都清楚地表明:联邦德国科学家确实制得了 109 号元素——虽然只制得了一个原子!

109 号元素的制成,说明人类对化学研究达到了一个崭新的水平。

1977 年 8 月,国际纯粹化学和应用化学联合会(IUPAC)无机化学组会议决定,从 104 号元素起,不再用人名或者国名来命名了,而是称为"XXX 号元素"的拉丁文名称,也作了统一的命名规定。根据这一规定,109 号元素的拉丁文名称应为"Unnilennium",化学元素符号为"Une"。

109 号元素以后

在 109 号元素发现以后,请注意,人类已发现的化学元素,并不是 109 种,而是 108 种!

为什么呢?

因为科学家们"越过"了 108 号元素,先合成了 109 号元素。

不过,据科学家们估计,在 109 号元素发现以后,离发现 108 号元素的日子,已经不会太远了。

果真如此。时间过去还不到两年,化学元素周期表上那第 108 号空房间,就迁入新居民了。

首先合成 108 号元素的,是由德国、俄罗斯和中国等 7 个国家的 24 位核化学家组成的一个国际合作研究组。他们在 1984 年 3 月宣布了自己的新成果。

国际合作研究组是在德国黑森州达姆斯塔特加速器中合成 108 号元素的。他们用铁 58 去轰击铅 208，制得 108 号元素。108 号元素寿命很短，半衰期为 2 毫秒。

108 号元素的英文名字为 Hassium，以纪念达姆斯塔特加速器所在的黑森州。108 号元素符号为 Hs，中文名字为镖。

就在国际合作研究组在德国宣布自己的新发现之后两个月——1984 年 5 月，苏联科学家们在能够产生强大重离子束的 Y-400 回旋加速器上，用类似的方法，也制得了 108 号元素。虽然苏联科学家们晚了一步，但他们毕竟又一次证明，用人工方法能够合成 108 号元素。

然而，世界上到底有多少种化学元素？人们会不会无休止地把化学元素逐个制造出来？

这个问题引起了激烈的争论。

有人认为，从 100 号元素镄以后，人们虽然合成了许多新元素，但是这些新元素的寿命越来越短。像 107 号元素，只能活 1 毫秒。照此推理下去，108 号、109 号、110 号……这些元素的寿命更短，因此人工合成新元素的希望将会越来越渺茫。他们预言，即使今后人们还可能再制成几种新元素，但是已经为数不多了。

可是，很多科学家认真研究了元素周期表，推算出在 108 号元素以后，可能会出现几种"长命"的新元素！

这些科学家经过推算，认为当元素的原子核中质子数为 2、8、20、28、50、82，或者中子数为 2、8、20、28、50、82、126 时，原子核就比较稳定，寿命比较长。根据这一理论，他们预言 114 号元素，将是一种很稳定的元素，寿命可达一亿年！也就是说，人们如果发现了 114 号元素，这元素将像金、银、铜、铁一样"长寿"，可以在工农业生产中得到广泛应用。

科学家们甚至根据元素周期表，预言了 114 号元素的一些特征：

它的性质类似于金属铅，目前可称它为"类铅"。

它是一种金属，密度为每立方厘米 16 克。

沸点为147℃。熔点为67℃。

它可以用来制造核武器。这种核武器体积很小，一颗用114号制成的小型核弹，甚至可放在手提包中随身携带！

另外，科学家们还推算出，110号和164号元素也将是一种长命的元素，可以活1000万年以上。

不过，当110号元素终于被制成时，却表明这种新元素并非"可以活1000万年以上"，而是依然"短命"。

那是在1994年，德国达姆施塔特重离子研究所宣布，由德国物理学家安布鲁斯特领导的一个小组，利用镍原子轰击作为靶的铅原子，从产物中检测到新元素110号的存在。这个小组成员包括俄罗斯、斯洛伐克和芬兰的科学家。新元素110号的寿命极短，半衰期小于1毫秒。

德国达姆施塔特重离子研究所提议以实验室的所在地达姆斯塔特(Darmstadtium)命名110号元素。9年之后，即2003年8月，国际纯粹化学和应用化学联合会同意把110号元素命名为Darmstadtium，化学符号为"Ds"。中文名字为𫟼。

也是在1994年，德国科学家西古德·霍夫曼与同事用镍和铋进行对撞实验，观测到了三个衰变系，其中有111号元素存在。此后，科学家又重复实验，证实了111号元素的存在。111号元素放射性强，半衰期为千分之一点五秒。

德国科学家提议，把111号元素命名为roentgenium，以纪念发现X射线的德国物理学家伦琴(Wilhelm Conrad Roentgen)。

十年之后，即2004年，国际纯粹化学和应用化学联合会同意把111号元素命名为roentgenium，化学符号为Rg。

2006年1月20日，中国科学技术名词审定委员会、国家语言文字工作委员会组织召开了111号元素中文定名研讨会，决定111号元素的中文名字为𬬭。

1999年，美国加利福尼亚的"劳伦斯·利弗莫尔国家实验室"宣称他们已经合成了 118 号元素。但是,2002 年,他们又宣布,撤回发现 118 号元素的公告,因为他们发现,有人伪造数据。为此,这个实验室开除了那个造假的科学家。

2006 年 10 月 17 日,美国加利福尼亚的"劳伦斯·利弗莫尔国家实验室"和俄罗斯的"联合核研究协会"共同郑重宣布,他们制成了 118 号元素。118 号元素是在俄罗斯制成的,使用了美国提供的少量锎。他们是用人造元素锎去撞击钙,制造出 118 号元素。

118 号元素"住"在化学元素周期表中在氡元素之下的"房间"。这种新元素仅仅存在了 0.9 毫秒,但这却是人类首次制成的人造惰性气体元素。

118 号元素裂变时,先是衰变为 116 号元素。在一毫秒之后,116 号元素立即衰变成 114 号元素,然后又衰变成 112 号元素,最后分裂成两半。

这样,在制成 118 号元素的同时,又发现了 112 号元素、114 号元素和 116 号元素。

112 号元素只能存在 0.00002 秒。

与此同时,俄罗斯的杜布纳(Dybna)实验室宣布,他们通过"热融合",合成了 114、115 和 116 号元素。其中 115 号元素衰变时,生成了 113 号元素。

其中 113 号元素的寿命为 1.2 秒。

这样,111、112、113、114、115、116、118 号元素相继被发现。在这段时间里,其他国家的科学家也曾经用不同的方法制成这些人造元素。

然而,117 号元素一直空缺。不过,有人预言,一旦制成 119 号元素,当 119 号元素衰变时,会产生 117 号元素。

于是,119 号元素成为当今化学家们众所关注的元素。2007 年 9 月 26 日,忽然从俄罗斯叶卡捷琳堡市的全俄发明家专利研究院传出消息,一位来自斯维尔德罗夫州的工程师,他声称自己发现了元素周期表上的 119 号元素,并希望获得此项专利。据报道,"这名工程师不愿意透露自己的姓名,也没有向外界透露这一元素的合成方法,他向研究院的专家们解释道,从重量上看,119 号元素是氢元素的 299 倍,也就是说,其原子量为 299;它是元素周期表上尚未记录的新元素,并最终完成元素周期表"。

不过,这一消息虽然很快被许多媒体所报道,但是此后没有下文。因为制造 119 号元素,倘若没有庞大的实验室和先进的设备,谈何容易!

倒是美国的劳伦斯·贝克莱实验室正在为此而努力。这个实验和德国重离子研究中心以及俄罗斯的研究人员,正在筹划用氪离子来轰击铋靶子,以获得 119 号元素。他们预计,由于 119 号元素会衰变成 117、115 和 113 号元素,所以有可能"连带"着发现 117 号新元素!

1976 年 6 月,从美国曾传出一个震动科学界的新消息:美国橡树岭国立实验所达兹博士、佛罗里达州大学威廉·纳尔逊和加利福尼亚大学汤姆·卡希尔共同合作,在一种来自马达加斯加的独居石矿物中,用 X 射线谱发现了 4 种稳定的新元素——116 号、124 号、126 号和 127 号! 他们在加拿大以及牛津的科学报告会上,详细地介绍了他们在独居石中发现极微量的这 4 种新元素的经过。但是,国际纯粹化学与应用联合会没有承认这一研究成果。

在寻找和制造化学元素的道路上,人类已经付出了巨大的努力,获得灿烂的成果。但是,时代在前进,人类对化学元素的认识,是永无止境的。

化学元素的秘密,期待着本书的每一位读者去探索,去发现。在不久的将来,化学的历史将要揭开新的篇章。

189

化学元素漫话

HUAXUEYUANSUMANHUA

什么是化学元素

世界上房子的形状、式样、颜色各式各样。有圆的、方的、尖的；有平房、楼房、茅屋、板屋、窑洞……有白的、灰的、红的、黄的……但是，世界上并没有成千上万种建筑材料。各式各样的房子，无非都是由木头、砖头、石灰、水泥、黄沙、玻璃、钢材、塑料等若干建筑材料建成的。

同样的，尽管我们周围有成千上万种物质。但是，从本质上讲，它们都只不过是由90种化学元素①构成的。如氧、氢、金、银、铁等，都是化学元素，简称元素。

正如26个汉语拼音字母可以拼成上千万个文字；7个音符可以谱写成千歌万曲；红、黄、蓝三色可以组成万紫千红各种颜色；90种化学元素，也可以形成千千万万种化合物。据统计，现在已发现的天然存在的化合物和人工合成的化合物，大约有300多万种。这些化合物，有的是由两种化学元素组成的，例如水就是由氧和氢两种元素组成的，食盐则是由氯和钠两元素组成的。有的化合物是由三种化学元素组成的，例如硫酸是由氧、硫、氢三元素组成的，葡萄糖是由氧、碳、氢三元素组成的。也有的化合物是由四种化学元素组成的，例如小苏打（碳酸氢钠）便是由碳、氢、氧、钠四元素组成。还有的化合物更加复杂，是由五种、六种以至更多的化学元素组成的。至于单由一种化学元素组成的物质，就不叫化合物了，而叫做单质。例如，纯净的金刚石（碳）、氢气、氧气、金、银等，都是单质。

自然界中纯净的单质和化合物是不多的，绝大部分东西都是由各种化合物混合组成"大杂拌"。例如，海水的主要成分是水，占96%左右，但却含

---

① 现在已经发现的化学元素共127种，其中天然元素只有92种，由于锝和钷两元素没有稳定同位素，因此在自然界实际上只有90种化学元素。据报道，曾在非洲刚果铀矿中发现过痕迹量的、天然的第93种元素镎，但现在人们一般仍只提天然元素为90种。

有 3%左右的食盐（氯化钠），以及少量的氯化镁、硫酸镁、硫酸钾、碳酸氢钙、溴化镁；微量的铁、金、铝、碘、硅、锌的化合物等。据分析，海水中就包含有 58 种元素。其他像植物体、动物体、空气、泥土等，也都是"杂货铺"。就拿人体来说，65%是氧，18.2%是碳，10%是氢，2.7%是氮，1.4%是钙，此外还含有少量的磷、钾、钠、氯、硫、镁、铁以及微量的锌、硅、溴、铜、氟、碘、铝、锰、砷、铅、硼、钛等化学元素。

尽管如此，世界上任何物质——哪怕是化学成分非常复杂，都是由 105 种化学元素组成。若是天然物质，则都是由 90 种化学元素所组成。

我们再深入一步，从现代化学理论的基础——原子—分子论的观点，来剖析化学元素的实质。

先从分子谈起。高楼大厦，是由一块块砖头砌成的。分子，就是构成物质的最小的"砖头"。物质是可分的。打开一瓶香水，整个房间便香气氤氲，这便是因为香水挥发了，无数个香料的分子，扩散到空气中去，使得房间的每个角落都馨香扑鼻，沁人心脾。同样，在水中放一块糖，整杯水都甜了，也是因为糖块——糖的"大厦"在水中被拆散了，变成一块块"砖头"——糖的分子，遍布于水的各个部分。

分子又轻又小，如果把一个水分子排成一长队，也只有一颗橄榄核那么长——2.8 厘米。根据人们测定，水分子只有 0.000,000,000,000,000,000,000,000,03 克重。水分子很小，一滴水里的分子个数，当然就非常惊人了。有一个有趣的估算：如果一个人每秒钟数一个水分子，一秒钟也不停地数下去，数一千年，也只不过才数了一滴水里全部分子的二十亿分之一！

一切纯净的单质和化合物，都是由同样的分子组成的。就拿食盐来说，不论是海盐、井盐，也不论是岩盐和湖盐，只要是纯净的食盐，都是由同样的氯化钠分子组成的。因此，现在世界上约有 300 多万种化合物，从原子—分子论的观点来看，世界上无非只是存在着约 300 多万种分子而已。

分子是能够独立存在的物质的最小微粒，它保持原物质的成分和一切化学性质。

193

分子，是不是最小的微粒呢？不，人们发现，分子是由更小的微粒——原子组成的。组成一个分子的原子数目并不一样。拿铁分子、金分子、银分子、氦气分子来说，都只是由一个原子组成的，也就是说，一个铁分子就是一个铁原子。也有的分子是由两个原子组成的，如一个食盐分子是由一个氯原子和一个钠原子组成的。有的分子是由三个原子组成的，如一个水分子是由一个氧原子和两个氢原子组成的。有的分子是由四个原子组成的，如一个三氧化硫分子，是由一个硫原子和三个氧原子组成的。还有的分子是由五个、六个以至几十个原子组成的，如一个硫酸分子便是由六个原子组成。最大的分子，要算是蛋白质、淀粉、塑料、纤维、橡胶这些高分子的化合物，它们是分子中的巨人，一个高分子化合物常常是由成千上万个原子组成的。

由于不同分子中所含的原子数目多少不一，因此，不同的分子的大小相差悬殊。然而，不同的原子虽然大小也不尽相同，但是相差不大，如果分子中只含有一个原子，则分子和原子的大小是一样的。

原子，是构成分子的最小微粒。世界上的分子虽然有300多万种，然而，原子却只有127种。一种化学元素只有一种原子[①]。各种原子，组成各种不同的分子。

事情就是这样：127种不同的原子，组成大约300多万种不同的分子；这300多万种分子，又组成成千上万种不同的物质。

那么，化学元素的实质是什么呢？从原子—分子论的观点来看：具有相同的化学性质的一定种类的原子，就叫做化学元素。127种不同的化学元素，实质上就是127类不同的原子。我们还可以再继续深入一步揭示化学元素的最小微粒，原子仍是可分的。原子是由原子核和不断绕核旋转的电子组成的。原子核又是由质子和中子组合而成的。质子带正电荷，电子带负电荷。人们通过科学实验发现，同一化学元素原子的原子核中，所含

① 此处只是广义地讲，即同一元素的各种同位素的原子都算作是一种原子。

的质子数是一样的。例如，凡是氧原子，它的原子核中都含有 8 个质子。但是，同一元素的原子核中的中子数却可能不同。如自然界中的氧原子的原子核，其中绝大部分（99.76%）是由 8 个质子和 8 个中子组成的，但也有少量是由 8 个质子和 10 个中子（0.2%）或者由 8 个质子和 9 个中子（占 0.04%）组成的。这些质子数相同、中子数不同的原子，叫做同位素。几乎所有天然的化学元素，都有好几种同位素。因此，就这个意义上讲，几乎所有天然的化学元素，都是由几种同位素组成的混合物。

既然同一化学元素的不同原子的原子量可以不同，这就是说，决定原子性质的主要因素不是原子量，而是质子数，亦即核电荷。一种化学元素的化学性质，主要就是取决于原子核外的电子数（这电子数等于原子核内的质子数）。这样，人们进一步了解了化学元素的本质，认为化学元素就是以核电荷为标准而对原子进行分类的一种方法——核电荷数相同的一类原子就叫做一种化学元素。也就是说，原子的核电荷是决定化学元素内在联系的关键。

现在，人们对 127 种化学元素的看法，无非就是原子核中的质子数（亦即核外电子数）从 1、2、3……一直逐渐增加到 127，而形成的 127 类原子罢了。例如，氢原子核中含有一个质子（亦即核外有一个电子），氢原子核中含有两个质子（亦即核外有两个电子），锂原子核中含有三个质子（亦即核外有三个电子）……第 105 号元素原子核中含有 105 个质子（亦即核外有 105 个电子）。这就是说，105 种化学元素的不同，105 种原子的不同，归根结底，在于它们原子核中所含质子的数目不同，亦即它们原子核外电子数的不同。

这种现代的化学元素概念，不仅能正确解释过去所无法解释的同位素现象，而且发现和正确解释了异位素现象。所谓异位素，就是指质量相同而性质不同的原子。例如：S_{16}^{36} 与 Ar_{18}^{36}，S 为硫的化学符号，Ar 为氩的化学符号，右上角数字表示原子量，右下角数字表示质子数。虽然原子量都是 36，但由于它们的质子数不同，分属于不同元素——硫和氩。同样的，Cu_{29}^{65}

与 Zn_{30}^{65}，Cu 为铜的化学符号，Zn 为锌的化学符号。虽然原子量都是65，但是由于它们的质子数不同，也分属于不同的元素——铜和锌。异位素的发现，正说明以核电荷（质子数）作为划分化学元素的标准是符合客观规律的，是抓住了事物的本质。

再重复讲一下，化学元素的现代概念，即原子核中的质子数（亦即核外电子数）相同的一类原子叫做一种化学元素。

人类对化学元素的认识

人们对化学元素的认识，从古至今，经历了漫长而曲折的过程。

人们对化学元素的认识，正是这样：随着生产的发展，人们才逐渐了解世界万物是由各种化学元素组成的这一自然现象，逐渐了解各种化学元素的性质，逐渐了解化学元素的规律——元素周期律，并逐渐利用各种化学元素为工农业生产服务。

我国早在公元前2500—前2000年，就会炼铜了。到了殷代，冶炼青铜的技术已经相当高了。可是，用孔雀石（铜矿）和木炭为什么会炼出铜呢？孔雀石、木炭是什么东西组成的呢？冶炼时烧的火，炼出来的铜又是什么？这些在当时是无法回答的问题。不久，我国在春秋战国时期，又掌握了炼铁技术。用铁矿石和木炭炼铁，也同样有许多令人不解的地方。

为了解决物质是由什么东西组成的这个问题，我国在春秋战国时期，产生了"五行"学说。

《尚书》中说："五行：一曰水，二曰火，三曰木，四曰金，五曰土。"《国语》中则更进一步指出"以土与金、木、水、火杂以成百物"。这就是说，"五行"学说认为世界是由金、木、水、火、土组成以百物。这就是说，"五行"学说认为世界是由金、木、水、火、土这五种"元素"组成的。金、木、水、火、土，都是古代劳动人民在生产实践中经常接触到的东西。

在古希腊,那时也产生了"四元素说"。希腊安培杜格尔认为,世界万物是由水、气、火、土这四种"元素"组成的。在古印度,则认为世界则是由地、火、水、风、空五种"元素"构成的。

古希腊哲学家亚里士多德还进一步提出:每一种元素都是由两种基本性质配合而成的。例如,热和干配合可以生成"元素"火,热和湿配合则形成"元素"气,冷和湿配合得"元素"水,冷和干配合组成"元素"土。这种古代的元素观,把物质和性质完全割离开来,并把性质看得比物质更重要,是第一性的。那时的人们认为,改变一种元素的性质,就可以把它从一种元素变成另一种元素。

在这种错误的元素观的指导下,便产生了金丹术。金丹术又称炼金术、炼丹术。炼金,就是企图把普通的元素转变成黄金;炼丹,则是企图制造使人长生不老的仙丹。金丹术开始于我国西汉时期(公元前2世纪)。由于金丹术符合封建统治阶级贪得无厌、梦想长生的奢望,便得到了发展和传播。到了公元3世纪,便从我国传入阿拉伯,然后,又传入欧洲。

炼金家们认为,有三种最基本的性质——可溶性、可燃性和金属性。盐代表可溶性,硫代表可燃性,汞代表金属性。他们以为,用这三种基本性质,按不同的比例,可以组成各种不同的元素。他们非常看重性质,企图把某种性质加入某种元素,以制造黄金。

然而,由于金丹术本身是违反化学元素的客观规律的,是唯心主义的,所以在漫长的1200多年中,炼金不成,炼丹亦成泡影,枉费心机。特别是炼丹所用的药物都是汞、铅、砷等有毒的化合物,不仅不能使人长生,反而使一些封建统治者断送了性命。所以,我国东汉时,劳动人民就是用民歌讽刺统治者为"服食求神仙,多为药所误"。

显然金丹术是违反化学元素的客观规律的,但是,人们在长期的炼金过程中,却积累了不少化学知识,掌握了一些化学元素的特性。炼丹家、炼金家们制造了各种化学仪器,他们还用各种化学符号表示化学元素,这些,都为进一步揭开化学元素的本质准备了条件。在16世纪,欧洲资本主义

197

开始发展。那时,新大陆航线发现,工农业生产迅速发展,人们已经迫切需要炼丹术,制造大批能够用来治病的药剂。在 15 世纪,瑞士医药化学家巴拉塞尔士提出:"化学的目的并不是为了制造金银,而是为了制造药剂。"不过,他仍未逾越出古代元素观的圈子,认为世界是由盐、汞、硫三"元素"组成的。这盐代表"肉体",汞代表"灵魂",硫代表"精神"。人生病,主要是因为缺少了这三"元素"中的某一"元素"。

只要给病人加入他所缺少的"元素",病就会好了。

在我国,随着生产的发展,炼丹术也逐渐被生产实践所淘汰。明代著名的药物学家李时珍写的《本草纲目》一书,便是系统地总结了我国劳动人民的医药化学知识。

与此同时,随着金属冶炼技术的发展,炼金术也就犹如瓦上霜似的逐渐消融了。在我国,明代宋应星写的《天工开物》一书,其中总结了劳动人民在冶金方面的知识,尤其是化学方面的许多知识。15 世纪,欧洲也出现了德国阿格利柯拉写的《论金属》一书,同样总结了许多关于金属方面的化学知识。

正如恩格斯在《自然辩证法》中所指出的:"科学的发生和发展一开始就是由生产决定的。"[①]随着工农业生产的发展,特别是医药化学和金属冶炼的发展,促使了炼丹术、炼金术的破产,迫切要求产生新的化学理论。于是,以英国化学家波义耳为代表,总结了前人的经验教训,批判了唯心的古代元素观,提出了唯物的化学元素概念。1661 年,波义耳在《怀疑派的化学家》一文中指出:元素是"组成复杂物体和在分解复杂物体时,最后所得到的那种最简单的物体"。他还指出:"化学的目的是认识物体的结构,而认识的方法是分析,即把物体分解为元素。"这样,波义耳就纠正了古代错误的元素观,揭示了化学元素这个概念的正确含义,即物质并不是由性质组成的,而是由化学元素组成的。

---

① 《马克思恩格斯选集》,第三卷,523 页,人民出版社,1972 年。

一定的化学元素，具有一定的性质。物质与元素的关系是这样的：用一般化学方法不能再分解的最简单的物质，叫做元素。物质是由元素组成的。

恩格斯高度评价波义耳的贡献，指出："波义耳把化学确立为科学。"[①]

波义耳虽然在总结前人经验的基础上，给化学元素下了正确的定义，但是，限于当时科学技术的水平，还不能真正把一些物质分解成最简单的成分，因此，还常常把一些化合物当作元素。随着生产的向前发展，人们分解物质的技术也不断提高，这才把一些列入元素名单的"假元素"辨别出来，发现了一个又一个新元素。同时，人们对化学元素概念的认识，也不断深入，从波义耳的元素定义发展到原子—分子论的元素定义，然后又发展到现代化学元素概念。随着生产的进一步发展，人们对化学元素的认识还将继续深入，将更加深刻地揭示化学元素的实质，掌握化学元素的规律，认识自然，改造自然。

化学元素的发现

人们对化学元素概念的认识，是随着生产的发展而不断深入的。人们对各种化学元素的认识，也是随着生产的发展而不断深入的。

早在古代，人们学会钻木取火，便认识了碳——木头烧成乌黑的木炭，这木炭就是碳。学会了取火，学会了制造木炭，这就为冶炼一些容易被还原的金属提供了技术条件。把绿色的孔雀石（铜矿）和木炭一起煅烧，铜便被木炭从孔雀石中还原出来，变成火红的铜水流了出来。

同样道理，锡、铅、汞、镍、锌等较易被还原的金属，也都相继被人们在生产实践中发现了。另外，有些元素在自然界中有纯净的单质，也就很快

---

① 《马克思恩格斯选集》，第三卷，524页，人民出版社，1972年。

被人们发现了,如天然的金、银和硫。

这些化学元素是古代劳动人民在生产实践中发现的,而发现这些化学元素又进一步推动了生产的发展。其中最重要的要算是铜了,因为铜可以用来制造各种生产工具。我国考古工作者曾在河南安阳的小屯村,发掘到许多孔雀石、木炭、碎铜块以及铜制的矛、刀、斧、钟、鼎等。安阳一带并不产孔雀石。据考证:安阳是我国古代的"铜都"。那些孔雀石是从外地运来炼铜用的。而木炭、碎铜块,则正是古代炼铜的遗迹。至于矛、刀、斧之类铜器,则正是我国古代应用铜制造武器和生产工具。据考证,我国早在公元前2700年便懂得怎样炼铜了。后来,人们又发现,如果把铜矿和锡矿放在一起冶炼,炼出来的合金容易浇铸,机械性能也很好。于是便普遍用这办法冶炼。现在发掘到古代炼制铜器一般都含有锡,含锡的铜是青铜。由于那时广泛用青铜制造各种生产工具,所以在历史上称为"青铜时代"。

后来,人们又发现了铁。铁比铜难还原,炼铁所需的温度比铜高。因此,只有在炼铜技术发展到一定程度时,人们才可能学会炼铁。先发明炼铜,而后发明炼铁,这正是充分说明"科学的发生和发展一开始就是由生产决定的"。铁矿比铜矿普遍,铁的机械性能在很多方面优于铜,因此,铁很快就取代了铜,大量地用来制造各种生产工具。于是,继"青铜时代"之后,便出现了"铁器时代"。我国是世界上最早发明冶炼铸铁的国家。铁制工具的出现,大大促进了生产,特别是农业生产的发展。公元1世纪后,铁便成了我国使用最普遍的金属。到了公元997年,即宋太宗时,我国铁生产量竟达15000吨。这在近1000年前,是非常了不起的事情,是当时世界上铁的年产量最高的国家!

另外,我国发现和使用锌和镍,也都早于世界各国。我国南北朝(公元4世纪)时就会炼制黄铜——铜锌合金。在唐代的文献中,有用"炉甘石"(即锌矿,化学成分为碳酸锌)制黄铜的记载。在明代的文献中,则更有炼"倭铅"(即金属锌)的记载。我国发掘的西汉(公元前1世纪)时的白铜(即铜镍合金)器中,经化学分析,证明含镍。在《广雅》一书(公元 3 世纪)中,也记载着"鋈","鋈"就是白铜,亦即铜镍合金。

我国炼丹家马和对空气的成分作了详细的研究,并发现了氧气。

至于铝,南京博物院考古工作者们于 1953 年发掘江苏宜兴周墓墩的周处墓时,曾发现尸骨腰部有铝质的金属片,从而说明我国古代已会制铝。但据后来的考证[①],对这一提法表示否定。这一问题,尚有待进一步探讨。我们将在《地球上最多的金属——铝》一节中,详细地谈这一问题。

在封建社会时期,由于封建统治阶级提倡和重用金丹术士,沉醉于追求点金石与长生之丹,结果在漫长的 1000 多年中,只在炼金、炼丹的偶然机会中,发现了砷、磷、铋三元素。那时,化学正处于"中世纪的黑夜"之中。

到了 18 世纪,随着资本主义的兴起,生产迅速向前发展,特别是冶金、染料、制药、酸碱等化学工业的迅速发展,为大量发现新元素提供了技术条件。正如恩格斯所指出的:"如果说,在中世纪的黑夜之后,科学以意想不到的力量一下子重新兴起,并且以神奇的速度发展起来,那么,我们要再次把这个奇迹归功于生产。"[②]

在 18 世纪,人们接连发现了氢、氮、钛、铬、钼、碲、钨、铀、锰、氯、钴等元素。

到了 1800 年,人们共发现了 28 种化学元素。

在 19 世纪,随着工业革命的迅速发展,发现的化学元素就更多了。在那时的报纸、杂志上,接二连三地发表关于发现新元素的消息。仅在 19 世纪的头 50 年中,就发现了 27 种化学元素。其中,特别是在 1800—1812 年这 12 年中,人们就发现了 19 种新元素,发现的速度达到了最高峰。[③]

在 19 世纪初,人们发明了电解的方法,用这一新技术发现了一系列过

---

① 夏鼐,"晋周处墓出土的金属带饰的重新鉴定",《考古》,1972 年第 4 期,34 页。

② 《马克思恩格斯选集》,第三卷,523 页,人民出版社,1972 年。

③ 这里所讲的化学元素的数目,由于各国对化学元素发现者的提法不一,数字也互有出入。

去没法还原的较活泼的金属——钠、钾、镁、锶、钡,并用钠、钾等活泼金属去还原非金属化合物,发现了新的非金属元素——硼和硅。

随着化学分析技术的提高,特别是光谱分析的发明,人们又继续发现了镉、镧、铟、铊、铒、镱、铊、镝、硒、钌等元素,其中大部分是地球上比较稀少的元素。到了1871年,人们共发现63种化学元素,其中金属48种,非金属15种。在这些新元素中,有的是直接在生产实践中发现的。例如,当时巴黎郊区的一家硝石工厂,在制造硝石时,铜槽常常很快就被腐蚀掉。为了解决这个生产问题,人们着手寻找腐蚀铜槽的原因。结果发现,在碱液中含有一种腐蚀铜槽的物质。经过提纯,这物是紫黑色的晶体。人们再仔细进行研究,发现这晶体原来是一种未知元素——碘。也有许多元素是人们在科学实验中发现的。例如,铯、铷、铊、铟、氦等新元素,就是在研究光谱技术中发现的。铯的拉丁文原意是"天蓝",就是因为它的光谱谱线是天蓝色而命名的;铷的谱线是暗红色的,铷的拉丁文原意是"暗红";铊和铟的谱线分别为翠绿和蓝紫色,铊的拉丁文原意是"绿色",而铟则是"蓝靛"的意思。至于氦,因为是人们在研究太阳光谱中发现的,所以它的拉丁文原意是"太阳"。

在19世纪末(1891—1895),人们在对空气的研究中,接连发现了六种新的稀有气体——氦[①]、氖、氩、氪、氙、氡。这六种气体的化学性质都很不活泼,叫做惰性气体。氩的希腊文原意是"不活泼",即惰性气体的意思;氪的希腊文原意是"隐藏的",即隐藏于空气中好多年才被发现;氙的希腊文原意是"生疏的",即为人们所生疏的气体;氡的希腊文原意是"射气",因为它是放射性元素镭蜕变而产生的一种放射性气体。这样,再加上人们在这一时期发现的几种新元素,总共发现了79种化学元素。

到了20世纪,随着生产的发展,人们又发现了几种较难于被发现的新

---

① 人们先是在太阳光谱中发现氦的谱线,只是表明在太阳上有氦,而后在空气的研究中制得了氦,证明氦在地球上也存在。

元素,这些元素在地球上都很稀少。在 1917 年,人们发现了镤;1925 年发现了铼;1944 年发现了钷。这样,到了 1944 年,人们便发现了存在于地球上所有的天然元素,连没有稳定同位素的锝、钷两元素也被发现了,总共 92 种。

化学元素只有这 92 种吗? 不。随着原子能工业的发展,人们又用"原子大炮"——加速器,射出中子或质子,制造人造元素。

1940 年,人们用慢中子轰击铀,制得了 93 号元素——镎。1941 年,又用氘原子轰击铀,得到镎 238,而镎 238 不稳定,进行β衰变,得到了 94 号元素——钚。1945 年,用具有 4000 万电子伏特能量的高速α质子轰击铀 238,制得 95 号元素——镅。接着,在 1950 年后的几年内,制得了 96 号元素——锔,97 号元素——锫,100 号元素——镄,101 号元素——钔。1958 年,制得 102 号元素——锘。1961 年,制得 103 号元素——铹。不久前,人们又制得 104 号元素——Rf 和 105 号元素——Ha。

105 号元素,是不是最后的元素了呢? 不,人们制造了 106 号、107 号、108 号……直至 127 号新元素。据报道,人们还正在试图人工合成 168 号元素。随着生产的发展,科学技术水平的提高,化学元素家族的成员在不断增多!

化学元素的分类、名称与符号

化学元素大家庭中,通常分为两大类——金属与非金属。其中,22 种元素是非金属,其余是金属。

金属和非金属,究竟有些什么不同呢?

一般来说,有这样四个方面的区别:

第一,金属大都具有特殊的金属光泽,金属表面能强烈地反射光线,而非金属则不具有金属光泽。金属大部分都是银白色,如铁、银、铂、钯等，不过，通常只有在块状时才是银白色的；如果呈粉末状时，颜色则成黑色或灰色。例外的是铝和镁，尽管变成粉末，也还是银白色的。非金属的颜色各式各样，如碘是紫黑色的，溴是暗红色的，氯是黄绿色，氧则是无色的。

第二，除了汞在常温下是液体以外，其他一切金属都是固体，而且都比较重，然而，非金属有很多在常温下是气体或液体。很多金属的熔点都在1000℃以上，如铁为1530℃，锰为1250℃，铬为1615℃，锇为2700℃，钨为3370℃，铜为1088℃，铂为1773℃。金属的比重，大都在5以上，如铬为7.1，铁为7.8，铜为8.93，钨为19.1，金为19.3，铂为21.4，锇为22.48——要知道，水的比重仅为1！在22种非金属中，在常温下则有11种是气态——占全数的一半！

液态的有1种，固态的有10种。即使是固态非金属，熔点一般也都在1000℃以下。

第三，金属大都善于导电传热，非金属则往往不善于导电传热。金属中导电性和导热性最差的是汞和铅，最好的是银和铜。据测定，银的导电性约为汞的59倍，而导热性则为汞的48.8倍。非金属大都是气体，导电性和导热性当然很差。固体的非金属，常是半导体。

第四，大部分金属都可以打成薄片或者抽成细丝，如锡箔、铜丝等，而固体非金属通常很脆。

当然，上面所讲的只是"一般来说"罢了，在金属和非金属之间，并没有截然的界限，而是存在着"过渡地带"。实际上，有不少非金属很像金属，又有些金属却具有非金属的性质。

例如，石墨的化学成分是碳，不是金属，但它却和金属一样，具有灰色的金属光泽，善于传热导电。而锑呢，它虽然是金属，却非常脆，又不易传热导电，具有非金属的某些性质。化学元素的中文名称的造字、读音也都有着一定的规律。懂得了这些规律，就很容易认识化学元素的名字。

在中文中，化学元素的名称，都是一个字来表达。在这些字中，除了金、银、铜、铁、锡、铬①、碳、硫等,是采用我国古代原有的字外,绝大部分都是最近几十年来,我国化学工作者新创的字,如铂、镥、氪、氯之类的字,在古籍中是见不到的。最初,在清末开始创造这些新字时,也曾走过一段弯路。例如,有的用双音节的名称,把氧称为"养气",氮为"淡气",氢为"轻气",这样,用起来太啰唆;也有的是用一个字来表达,但笔画太多了,如锰写作"钅莽",钙写作"钅夹",镁写作"镁"。这些字都被淘汰了。当然,清末创制的化学新字中,有的比较好,仍沿用下来。如 19 世纪末,徐寿在翻译《化学鉴原》时根据英文第一音节所创造的钾、镍、钴、锌等,便一直沿用到现在。

现在通用的化学元素中文名称中,凡是金属,都写作"金"旁,如钠、镁、钙、镍、钨等;例外的一个是金属——汞,因为它在常温下是液态("水"代表液态)。过去也有人写过"钅录",现这字被淘汰了。凡是非金属,常温下为固态的一律写作"石"旁,如碘、砹、碲、碳、硫、硅等;液态的,写作"氵"旁,如溴;气态的,写作"气"旁,如氧、氟、氯等。

化学元素的读音,一般来说,都是按偏旁字发音。例如,"镥"念作"鲁","钡"念作"贝","氟"念作"弗","氪"念作"克","砹"念作"艾"等等。自然,这也只是"一般来说",有不少例外的,现在把它列举如下:

溴念作"嗅",铪念作"哈",钠念作"纳",锡念作"习",锇念作"鹅",钯念作"把",锰念作"猛",铂念作"伯",钋念作"泼",钷念作"颇",锑念作"涕",钽念作"坦",氧念作"养",氮念作"淡"。

也有的字,不是按偏旁字直接发音。例如,锫念作"陪",钇念作"轧",镝念作"滴",钐念作"杉",锝念作"得",硫念作"流",磷念作"邻"。

有四个化学元素的名称,常被读错,一是铬,应读作"各",但现在常误读作"洛";二是铊,应读作"它",但现在常误读作"陀";三是氯,应读作"绿",

205

---

① 铬系古字,如《抱朴子》中说:"武则钩铬摧于指掌。"但古时铬并不是指元素铬,而是剃发的意思。

现常误读为"碌";四是钪,应读作"亢",现常误读为"抗"。

至于化学元素的外文名称,在命名时,往往都是具有一定含义的,或者是为了纪念发现的地点,或者是为了纪念某科学家,或者是表示这一元素的某一特性。例如,铕的原意是"欧洲",因为它是在欧洲发现的。镅的原意是"美洲",因为它是在美洲发现的。同此,锗的原意是"德国","钪"的原意是"斯堪的纳维亚",镥的原意是"巴黎",镓的原意是"家里亚","家里亚"即法国的古称。至于钋的原意是"波兰",虽然它并不是在波兰被发现的,而是在法国发现,但发现者玛丽亚·斯可罗多夫斯卡(即居里夫人)是波兰人,她取名"钋"是为了纪念她的祖国。为了纪念某科学家的化学元素名称也很多,上面谈到的镆、镄、锿就是如此,另外,如钔是为了纪念化学元素周期律发现者门捷列夫,锔是为了纪念居里夫妇,锘是为了纪念瑞典科学家诺贝尔等等。为了表示元素某一节中所谈到的铯(天蓝)、铷(暗红)、铊(拉丁文原意为"刚发出芽的嫩枝",亦即绿色)、铟(蓝靛)、氩(不活泼)、氡(射气)等。此外,如氮(无生命)、碘(紫色)、镭(射线)等,也是根据元素某一特性而名的。

每种化学元素除了用它的名称表示外,在化学上,还常用化学符号来表示。

在古代,全世界是没有统一的化学符号的。那时候,不仅各国,而且每个人所用的化学元素符号,几乎都不一样。

到了19世纪,道尔顿用各式各样的圆圈来代表各化学元素。这些符号比炼金术士们的符号要清楚一些,但是,写起来学很是麻烦,而且很难记。

为了统一化学元素的符号,使各国科学工作者之间有共同的、统一的化学语言,便于进行技术交流,1860年,世界各国化学工作者在卡尔斯鲁厄召开了代表大会,一起制订和通过了世界统一的化学元素符号。这些符号,一直沿用到今天。

卡尔斯鲁厄会议决议规定,一切化学元素的符号,均采用该元素的拉丁文开头字母表示。例如。

氧的拉丁文为 Oxygenium 化学符号为 O

氢的拉丁文为 Hydrogenium 化学符号为 H

氮的拉丁文为 Nitrogenium 化学符号为 N

碳的拉丁文为 Carbonium 化学符号为 C

硫的拉丁文为 Sulfur 化学符号为 S

但是,也有的化学元素的拉丁文开头字母是相同的,那怎么办呢? 例如,钛和钽的拉丁文开头字母均为 T:

钛 Titanium

钽 Tantalum

卡尔斯鲁厄决议规定,那就在开头字母旁边,另写一个小写字母,这个小写字母应该是该元素拉丁文名称的第二个字母, 以资区别。如钛写作 Ti,而钽写作 Ta,

也有的元素的拉丁文的简称的第一、第二个字母均相同,如砷、银、氩拉丁文名称的第一、第二个字母为"Ar":

砷 Arsenicum

银 Argentum

氩 Argonium

这又该怎么办呢? 卡尔斯鲁厄决议规定,用该元素拉丁文名称第三个字母作小写字母。例如,砷写作 As,银写作 Ag,而氩则写作 Ar。

在这里,唯一的例外是碘。碘的化学符号,世界各国都写作"I",只有俄罗斯把碘的符号写作"J"。

有了统一的化学元素符号,就可以写出统一的化合物的分子式来表示各种化合物。例如, 食盐是氯化钠,它的一个分子是由一个钠原子和一个氯原子组成的,钠的化学符号为 Na,氯的化学符号为 Cl,那么, 食盐的分子式就写成 NaCl。水的分子是由两个氢原子和一个氧原子组成的,氢的化学符号为 H, 氧的化学符号为 O,那么水的分子式就是 H_2O。这样,只要你一写 NaCl 或 H_2O,不论是哪一个国家,不经翻译,都可看得懂是代表什么化合物。

有了统一的分子式,就可以写出统一的化学方程式来表示各种化学反应。例如,碳与氧化合,生成二氧化碳。用化学元素符号可以写成如下的化学方程式来表示:

$C+O_2=CO_2$

这里,C 代表碳,O_2 代表氧气,CO_2 代表二氧化碳。

这些化学方程式,也是世界各国统一的。不经翻译,各国都能看得懂。

自从化学元素有了统一的名称和符号以来,给各国、各地区、各部门之间的化学技术交流以极大的方便,从而更促进了化学的发展。

化学元素周期律

自然界是统一的整体。组成自然界的 105 种化学元素相互之间存在着密切的联系。

1869 年,当时人们已发现了 63 种化学元素,为找寻化学元素间的规律提供了条件。俄罗斯化学家门捷列夫在总结前人经验的基础上,发现了著名的化学元素周期律[①]。

门捷列夫把各种化学元素按照原子量的大小,由小到大,排成一长列[②]:

元素	氢	氦	锂	铍	硼	碳	氮
原子量	1.0080	4.00260	6.941	9.01218	10.81	12.011	14.0067
元素	氧	氟	氖	钠	镁	铝	硅
原子量	15.9994	18.9984	20.179	22.9898	24.305	26.9815	28.086

---

① 化学元素周期律的内容较多,本书只简略地介绍一下。其中提到的原子量,是指元素的同位素的质量的平均数。

② 为了叙述的方便,这里姑且把当时还未发现的元素也写进去,原子量是采用现在的数据。

元素　　　磷　　　硫　　　氯　　　氩

原子量　30.9738　32.06　35.453　39.948

这时,他发现在某个元素之后,每隔几个元素(7个),便有一个元素的性质与这个元素十分相似。例如,氦与氖、氩的性质很相似,都是惰性气体;锂又与钠、钾相似,都是一价的碱金属;铍与镁、钙相似,都是二价的碱土金属;硼与铝、镓相似,都是三价的,而且它们的金属与非金属都不很强烈;碳与硅、锗相似,都是四价的,具有较弱的非金属性。

门捷列夫总结了这一规律说:"单质的性质,以及各元素的化合物的形态和性质,与元素的原子量的数值成周期性的关系。"这便是化学元素的周期律。门捷列夫把化学元素按照原子量由小到大的次序,排成一张表,这张表便是化学元素周期表。

在化学元素周期表上,把127种元素分成九族①。例如,锂、钠、钾、铷、铯、钫、铜、银、金这9个元素被划为第Ⅰ族②;铍、镁、钙、锌、锶、镉、钡、汞、镭这9个元素被划为Ⅱ族;氟、氖、氩、氪、氙、氡6个元素,被划为第0族。

同一族的化学元素的性质,十分类似。如第Ⅰ族元素,都具有较强的金属性,而第Ⅶ族元素都具有较强的非金属性。同族元素的化合价是一样的。如第Ⅰ族的化合价都是+1价;第Ⅱ族的都是+2价;第Ⅲ族都是+3价……第0族都是0价(当然,也有元素有几种化合价的)。

化学元素周期律深刻地揭示了化学元素间的内在联系。它表明,105种化学元素不是彼此隔离、彼此孤立的,而是有着密切联系的统一整体,互相关联,互相制约。

在门捷列夫发现化学元素周期律时,还有许多元素未被发现。1871年,门捷列夫给这些未发现的元素在周期表上留下了空的位置,并根据同

① 氢一般被划为第Ⅰ族,也有的把它划为第Ⅶ族。

② 在化学上,一般用罗马数字来表示第几族,如Ⅲ表示第3族,Ⅴ表示第5族,Ⅷ表示第8族。

族元素的性质相似的原理,对这些未发现的元素作了准确的预言。

以镓为例。当时,镓尚未被发现,门捷列夫在化学元素周期表的铝的下边,空了一格。门捷列夫把这空着、尚未发现的元素叫做亚铝(也有译为类铝),并预言了亚铝的各种性质。过了4年,即1875年,法国化学家布瓦博德朗在比利牛斯山的闪锌矿中,发现了一个新元素,命名为镓。镓就是门捷列夫所预言的亚铝。布瓦博德朗测量了镓的各种物理、化学数据,结果与门捷列夫四年前所作的预言非常相近。例如,门捷列夫预言镓的原子量大约是68,而布瓦博德朗的测定结果是69.72;然而,只有比重一项,差值比较大;门捷列夫预测镓的比重是5.9到6.0,而布瓦博德朗测定的结果是4.70。

当时,世界上只有布瓦博德朗的实验室里,有一小块金属镓。门捷列夫远在千里之外的彼得堡,根本还没有看到镓,然而,他却给布瓦博德朗写信,指出布瓦博德朗测得的镓的比重是错误的,并建议重新测定。布瓦博德朗简直有点不相信。他在给门捷列夫的回信中说,自己的测定不会有错。但是,门捷列夫再次写信,要他进一步提纯金属,重新测定比重,坚信镓的比重应该是5.9到6.0,不可能是4.70。布瓦博德朗重新进行了提纯,再次测定镓的比重。果然是5.96,恰恰在门捷列夫所预言的5.9到6.0之间!

门捷列夫之所以能如此准确地作出预言,主要是由于他认识并掌握了化学元素之间的内在规律——化学元素周期律。正如恩格斯在《自然辩证法》一书中所指出的:"门捷列夫证明了:在依据原子量排列的同族元素的系列中,发现有各种空白,这些空白表明这里有新的元素尚待发现。他预先描述了这些未知元素之一的一般化学性质,他称之为亚铝,因为它是以铝为首的系列中紧跟在铝后面的;并且,他大胆地预言了它的比重和原子量以及它的原子体积。几年以后,布瓦博德朗真的发现了这个元素,而门捷列夫的预言被证实了,只有极不重要的差异。亚铝体现为镓。门捷列夫不自觉地应用黑格尔的量转化为质的规律,完成了科学上的一个勋业,这个勋业可以和勒威耶计算尚未知道的行星海王星的轨道的勋业居于同等地位。"[1]

再以锗为例。锗就是门捷列夫在1871年所预言的亚硅——它是在化学元素周期表中硅的下方的一个空位。1886年,德国化学家文克列尔用光谱分析法发现了锗。比较下面的这对照表,就可以看出,门捷列夫根据化学元素周期律所作的预言是多么精确:

门捷列夫在1871年的预言:锗是一种金属,原子量大约为72,比重大约是5.5;

文克列尔在1886年的测定:锗是一种金属,原子量为72.3,比重为5.35;

门捷列夫在1871年的预言:这种金属几乎不和酸起作用,但是可和碱作用;

文克列尔在1886年的测定:锗很难和酸作用,但在熔融时极易和碱起作用;

门捷列夫在1871年的预言:这种金属的氧化物的比重大约是4.7,它极易溶解于碱,并易还原于为金属;

文克列尔在1886年的测定:氧化锗的比重是4.703,易溶于碱,并可用碳还原成金属;

门捷列夫在1871年的预言:这种金属和氯的化合物是液体,比重大约是1.9,沸点大约是90℃;

文克列尔在1886年的测定:氯化锗是液体,比重为1.887,沸点为86℃。

化学元素周期律的发现,使人们对化学元素的认识大大地深入了,加强了发现新元素的预见能力,减少了寻找新元素的盲目性。人们在化学元素周期律的指导下,逐个发现了门捷列夫在1871年所预言的11个元素(包

---

[1] 《马克思恩格斯选集》,第三卷,人民出版社,1972年,489-490页。

212

括镓、锗,但不包括惰性气体）：

1879 年,发现了钪——即门捷列夫预言的"亚硼"；

1898 年,发现了两种新元素镭与钋——即门捷列夫所预言的钡与亚碲；

1899 年,发现了锕——即门捷列夫所预言的亚镧；

1899 年,发现了铼——即门捷列夫所预言的亚钽；

1937 年,发现了锝——即门捷列夫所预言的三锰；

1939 年,发现了钫——即门捷列夫所预言的亚铯；

1940 年,发现了砹——即门捷列夫所预言的亚碘。

另外,人们还根据化学元素周期律,发现了一系列惰性气体。

化学元素周期律,现成了化学这门科学的基础理论,同时也是化学元素的最根本的规律。以上介绍了许多关于化学元素的知识,是为了帮助读者先对化学元素有个初步的、基本的概念。

有关化学元素的知识是非常多的,几乎每一种化学元素都可以出一本书来进行介绍。在这本小册子里,只准备通俗、扼要地介绍 60 种比较常见、重要的化学元素。读了这本书以后,可以概括地认识这些化学元素的基本特性。

介绍每种化学元素时,大体上包括元素的历史、在大自然中的含量与存在形式、物理性质、化学性质、重要化合物、主要用途这样六个方面。

地球上最多的元素——氧

在世界化学史上,过去人们一直认为,氧气是瑞典化学家舍勒在 1772 年和英国化学家普利斯特利在 1774 年各自独立发现的。其实,世界上第一个发现氧气并对它作了许多研究的,是我国古代学者马和。在 1100 多年前,马和写过一本叫《平龙认》的书。在书中,马和认为:空气中有阴阳两气,阴气可以从加热青石、火硝、黑炭石中提取,水里也有阴气,它和阳气紧密混合在一起,很难分开。这里的"阴气",就是指氧气。

1807年,德国的汉学家克拉普罗特在俄罗斯彼得堡科学院宣读了论文《第8世纪时中国人的化学知识》,详细介绍了马和发现氧气的情况。

克拉普罗特见到的《平龙认》是一本手抄本,这本书现在没找到。因此,关于马和发现氧气的详细情况尚有待进一步考证,但是,至少可以得出这样的结论:在1000多年前,我国学者马和已经对氧气作了十分深入的研究。

氧是地球上最多的元素,也是分布最广的元素。据统计,氧气几乎占地壳总重量的一半——49.13%[①]。在空气中,氧气占总体积的20.99%(按重量计算为23.19%)。据计算,大气中氧气总重量达 1,000,000,000,000,000,000 吨以上! 海洋,也是一个巨大的氧的仓库,因为水是氢和氧组成的,氧气占水总重量的89%,而地球表面有四分之三的面积是被水覆盖着的! 在动物中,占总重量的一半以上也是水。一个体重为70千克的人,大约含有40千克水——其中氧占36千克(何况不含水的部分也含氧)。我们脚下的大地,也是氧气的大"旅馆",如砂子(二氧化硅)中含氧53%,黏土含氧达56%,石灰石含氧达48%,其他许多矿物绝大部分也都是氧化物,如铁矿、铝矿、锡矿、铜矿、锰矿、锌矿等。

氧原子的原子核,是由8个质子和8个中子组成的(指O_{16}而言)。在原子核外,有8个电子。氧的化合价是负二价。一个氧气分子,是由两个氧原子组成的。

少量纯净的氧气,是无色、无臭的气体,但大量的氧气,则呈浅蓝色。在零下183℃以下,氧气可变成蔚蓝色的液体,温度更低些甚至可得到雪花般的固态氧。现在,人们用分馏液态空气或电解水来大量制取氧气。

213

---

① "地壳中的含量"中的"地壳",是指深度达16千米的地球层表面层,它包括岩石层、水气层及大气层,而"含量"一般是指重量百分比。

氧气的化学性质很活泼,能和绝大部分元素化合变成氧化物。在化合时,常放出大量的光和热——燃烧,因此,氧成了重要的助燃剂。煤、木柴、汽油等,没有氧气便不能燃烧。在纯氧中,燃烧比空气中更猛烈,以至连铁丝都能在纯氧中猛烈燃烧,射出炫目的白光。利用乙炔、氢气在纯氧中燃烧,制得"炔氧焰"、"氢氧焰",在工业上用来切割或焊接厚厚的钢板,因为那炽热的火焰能使钢铁迅速熔成铁水。把棉花浸在液态氧中,居然成了炸药,可以用来开矿、劈山。

呼吸也离不了氧气。人、动物、植物在呼吸时,都是从空气中吸进氧气,吐出二氧化碳。从化学本质上讲,呼吸就是缓慢的氧化,而燃烧则是剧烈的氧化。人一星期不喝水才会死亡,但如果停止呼吸六、七分钟便会死亡。氧气,过去常称"养气"。这名字是我国清末近代化学启蒙者徐寿取的,意即"养气之质",是人的生命不可缺少的东西。后来为了统一起见,气体元素偏旁一律写成"气",才出现"氧"字——从"养"字转音而来。据统计,成年人每分钟要呼吸16次,每次大约吸入半升氧气,一天需吸入11000多升氧气!在医疗上,常给一些严重的肺结核病人呼吸纯净的氧气,可以大大减少他们肺部的负担,每分钟只用呼吸七、八次就够了。登山运动员、飞行员也随身带着氧气囊,以便在缺少氧气的地方正常地工作。

氧气的分子含有两个氧原子。在雷雨时,氧气受电击会产生少量的臭氧。臭氧的分子含有三个氧原子——O_3。臭氧具有一股臭味。纯净的臭氧是天蓝色的气体,具有极强的氧化能力,如银与氧气不会直接化合,而遇臭氧便被氧化成过氧化银;松节油、酒精和臭氧一相遇,便立即发火燃烧。在工业上,臭氧被用作氧化剂、漂白剂和消毒剂。更有趣的是,浓的臭氧固然很臭,但是稀薄的臭氧非但不臭,反而给人以清新的感觉。雷雨后,空气便格外新鲜,那游荡着的少量臭氧,起着净化空气和杀菌的作用。有很多有机树脂也很容易被氧化而放出臭氧来,这样,一些疗养院便常常设在松林里。

在大自然中,氧气有三种同位素,即 O^{16}、O^{17}、O^{18}。普通的氧,就是由这三种同位素混合组成的,其中 O^{16} 最多,占 99.76%; O^{17} 占 0.04%; O^{18} 占 0.20%。

在化学上,以前曾用氧原子量的 1/16 作原子量的单位,叫做氧单位。现在已改用 C^{12}(即碳-12)原子的原子量的 1/12 作为原子量的单位。

生命的基础——氮

在空气中占总体积 78.16% 的是氮气。氮是在 1771 年被瑞典化学家舍勒发现的。

纯净的氮气,在常温下是无色无味的气体,比空气略轻;在零下 195.5℃ 时成无色的液体。如果温度低至摄氏 240℃ 以下,液体氮就凝结为雪花般的白色晶体。

氮气在平常的温度下,化学性质很不活泼,既不助燃,也不能帮助呼吸。这样,舍勒最初把它命名为"无用的空气"。游离态的氮气,用途并不很广——人们只是利用它孤独的脾气:在电灯泡里灌有氮气,可以减慢钨丝的挥发速度。在博物馆里,那些贵重而罕有的画页、书卷,常常保存在充满氮气的圆筒里,因为蛀虫在氮气中不能生存,当然也就无法捣乱了。医治肺结核的"人工气胸术",也是把氮气(或空气)打进肺结核病人的胸腔里,压缩有病灶的肺叶,使它得到休息。我国农村应用氮气来保存粮食,叫做"真空充氮储粮"。2011 年 3 月,日本福岛核电站为了防止氢气爆炸,也往里灌入脾气孤独的氮气。

然而,氮气真的是"无用的空气"吗?不,恰恰相反!

氮气在高温下十分活泼,能与许多东西化合。例如,在高温、高压与催化剂的作用下,氮气能与氢气化合,变成氨,氨俗称阿摩尼亚。夏天,从存放冰棍的冰箱旁,有时会逸出一股刺鼻的臭味,那便是氨,因为氨很容易液化,常被用作冷冻机里的冷冻剂。氨是制造氮肥的重要原料。氨与硫酸化合,便制成最常用的化肥——硫酸铵(俗称肥田粉)。氨与二氧化碳化合,

215

可制成尿素——碳酸酰胺。氨溶解在水中，便成了氨水。氨水是成本低廉、肥效很好的速效氮肥。其他氮肥如氯化铵、硝酸铵、碳酸铵，磷酸铵（氮磷复合肥料）等，都是以氨为原料的。不过，氨具有强烈的刺激性，对人体是有毒的。空气中如果含有 0.5%的氨，便会强烈刺激人的鼻黏膜。严重氨中毒时，会使人气喘，发生眼睛和呼吸系统的疾病，以至使人昏迷。

氨经氧化以后，可制造著名的强酸——硝酸。硝酸是无色的液体，具有很强的酸性与氧化性。稀硝酸能迅速腐蚀铁，而浓硝酸却可装在铁器中——因为浓硝酸会氧化铁器的表面，生成一层氧化膜，而使内部的铁不被腐蚀。用硝酸可制造黄色炸药——梯恩梯（三硝基甲苯）、五光十色的各种染料、著名的消炎药物——磺胺。

这样，氮成了氮肥、炸药、染料、制药工业的"主角"。

氮还是"生命的基础"！一切生命现象，都离不了蛋白质，而氮就是组成蛋白质的重要成分。羊毛、蚕丝、头发、指甲、羽毛以及人体中的各种酶、激素、血红蛋白，都是蛋白质。牛奶、鸡蛋、黄豆等都含有大量的蛋白质。蛋白质则是由氨基酸组成的。味精，就是一种氨基酸——谷氨酸（常用的是它的钠盐）。

蛋白质是与生命现象紧密联系在一起的：不论在什么地方，只要我们遇到生命，那里就有蛋白质；不论在什么地方，只要我们遇到不处于解体过程的蛋白质，我们也无例外地可发现生命现象。恩格斯在《反杜林论》中指出："如果化学有一天能够用人工方法制造蛋白质，那么这样的蛋白质就一定会显示出生命现象……"研究人工合成蛋白质，具有重要的意义。1965 年我国在世界上第一次人工合成了具有生物活力的蛋白质——结晶牛胰岛素。不久，又成功地用 X 光衍射法完成了分辨率为 2.5 艾的猪胰岛素晶体结构的测定工作。如今，科学家们正为进一步揭开生命现象的本质而努力。

另外，现在广泛应用制革工艺——酶法脱毛。用蛋白酶脱毛，不仅成本低，质量好而且大大减轻了工人的劳动强度。正因为氮是"生命的基础"，所以植物也离不了氮。缺少了氮，庄稼便长得又瘦又小，叶子发黄，花小而不易受孕，果实小而不饱满。因为氮不仅是庄稼制造叶绿素的原料，而且是庄稼制造蛋白质的原料。据统计，全世界的庄稼，在一年之内，要从土壤里摄取 4000 多万吨氮！也正因为这样，氮被誉为庄稼生长的"三大要素"——氮、磷、钾——中的一个。氮不仅在工业上很重要，在农业上也很重要。

在豆科植物的根部，常常长着许多小疙瘩——根瘤。根瘤里住着根瘤菌。根瘤菌能够直接从空气中吸取氮气，制造氮肥。正因为这样，在种植豆科作物时，常不需施用太多的氮肥。

在大自然中，氮约占地壳总重量的 0.04%，共中绝大部分集中在空气中。另外，硝石（即硝酸钠）中也含有很多氮。氮的希腊文原意，便是"来自硝石"。拉丁美洲的智利盛产硝石。在土壤中，一般也含有微量的硝酸钾、硝酸钠、硝酸钙等氮化物。

最轻的气体——氢

16 世纪末，瑞士化学家巴拉采尔斯把铁放在硫酸中，铁片顿时和硫酸发生激烈的化学反应，放出许多气泡——氢气。但直到 1787 年，氢才被确定为化学元素。

氢气是无色无味的气体。在地壳中，如果按重量计算，氢只占总重量的 1%，而如果按原子百分数计算，则占 17%——也就是说，在地壳中，100 个原子里有 17 个是氢原子！氢在大自然中分布很广，水便是氢的"仓库"——水中含 11% 的氢；泥土中约有 1.5% 的氢；石油、天然气、动植物体也含氢。在空气中，氢气倒不多，约占总体积的一千万分之五。

在整个宇宙中，按原子百分数来说，氢却是最多的元素——比氧还多。据研究，在太阳的大气中，按原子百分数计算，氢占 81.75%。在宇宙空间中，氢原子的数目比其他所有元素原子的总和约大 100 倍。

氢气是最轻的气体。在 0℃ 和一个大气压下，每升氢气只有 0.09 克重

——仅相当于同体积空气重量的 14.5 分之一。这样轻盈的气体,很早便引起人们的注意。1780 年,法国化学家布拉克便把氢气灌入猪的膀胱中,制得了世界上第一个、也是最原始的氢气球,它冉冉地飞向高空。现在,人们就是往橡胶薄膜中灌入氢气,大量制造氢气球。节日里放的彩色气球,便灌着氢气。在气象台,人们差不多每天都要放几个气球,探测高空的风云。现在,气球又添了一项新用途——支援农业:利用气球携带干冰、碘化银等药剂升上天空,在云朵中喷撒,进行人工降雨。

氢是元素周期表中的第一号元素,它的原子是 105 个元素中最小的一个。由于它又轻又小,跑得最快,也最会"钻空子"。氢气球灌好后,过了一夜,第二天便常常飞不起来,就是由于在一夜之间,大部分氢气都钻过橡胶薄膜上看不见的细孔,溜之大吉了,因此氢气球必须随灌随用。在高温、高压下,氢气甚至还能穿过很厚的钢板,因此,合成氨的反应塔总是用很厚的钢筒来做。氢气的导热能力也特别好,比空气高 6 倍,有些发电机便用氢气来冷却。除了氦之外,氢气是最难液化的气体,沸点低达 −253℃,熔点为 −259℃。

氢在空气或氧气中能燃烧,生成水。因此,它的希腊文原意,便是"水的生成者"。有趣的是,氢气在常温下,化学性质并不活泼,只能与氟直接化合或在紫外线照射下直接与氯气化合,而与氧却很难化合。人们曾做了这样的实验:把氢气和氧气混合放在玻璃瓶中,过了几年,瓶中还没有水迹。据估计,在常温起码要经过 1000 万年以上,氢气和氧气才会全部化合成水。然而,一遇见火或放进一点铂粉,氢与氧立即会爆炸,在百分之一秒钟内化合成水。这种能发出爆炸声的氢氧混合气,在化学上叫做"爆鸣气"。含氢在 9.5% 以下与 65% 以上,点燃时虽也燃烧,但不会发出震耳的爆炸声。

氢气和氧气化合时,放出大量的热。工业上,人们用氢气作气体燃料。著名的"氢氧焰",温度高达 2500℃,可用来焊接或切割钢板。氢气也是重要的工业原料,人们用氢气和氮气作用制成氨,而氨可以说是"氮肥之母",绝大部分氮肥都是用氨做原料制造的。氢气和氯气化合成氯化氢,它溶解于水,便成为重要的强酸——盐酸。许多金属,要用氢气作还原剂来冶炼。许多液态的油,用镍作催化剂,通入氢气,可变成固态,这叫做"油脂氢化"。如鲸油是具有一股臭味的油液,氢化后,变成漂亮的白色固体,没有臭味。在工业上,人们是用水蒸气通过灼热的煤层制取氢气,也可用电解水来制取纯氢。

在大自然中,除了普通的氢以外,还有四种氢的同位素——氘、氚、氢-4和氢-5,它们的原子量分别为2,3,4,5。其中,以氘最重要。普通氢原子的原子核是由一个质子组成的,而氘的原子核除了含一个质子外,还含有一个中子。氘俗称重氢。氘和氧形成的水叫重水。重水的确比水重:一立方米重水比一立方米水重105.6千克。重水看上去和水差不多,但性质大不相同:如果你用重水养金鱼,没多久鱼便死去。用重水浸过的种子不会发芽。普通水在100℃沸腾,重水则在101.42℃才沸腾。在大自然中,重水很少,50吨普通水中才含有1千克重水。在原子能工业上,重水是重要的中子减速剂。氢弹,也是用氘做主要原料。现在,人们用电流来大批大批地电解水,由于重水不会被电解,而普通的水则被电解,变成氢气和氧气从两极逸走。于是重水的浓度随着电解的进行不断提高。最后,把电解液蒸馏一下,便可以得到很纯净的重水。

重水是在1932年才第一次被人们发现的。但是,在短短的40年间,重水已成了很重要的战略物资。在不久的将来,重水将越发重要,人们称它为"未来的燃料",因为重水是热核反应的"燃料"——一种在核反应时释放出来的能量异常巨大的好"燃料",而海水将成为制取重水的取之不尽、用之不竭的原料。

太阳的元素——氦

1868年法国天文学家让桑和英国物理学家洛克耶,在用光谱分析法研究太阳光谱时,发现了一种新元素。由于这种元素当时在地球上还未发现过,因此他们把它命名为"氦",按照拉丁文原意,就是"太阳"的意思。其实,地球上也有氦,1895年英国化学家拉姆齐,在分析钇铀矿时便发现了氦。后来,人们在大气中、水中,以至陨石和宇宙线中也发现了氦。

氦,是一种无色、无味、无臭的惰性气体。它和其他惰性气体一样,都是单原子分子,即一个分子是由一个原子组成的(一般气体分子大都是双原子分子)。在大气中,它的含量很少,按体积计算,仅占百万分之五。不过,从地下冒出的天然气中,氦的含量较多,达2%~6%。现在,工业上都是利用天然气来制取氦的。

氦很轻。在所有的元素中,除了氢外,就数氦最轻了。它的重量,只有同体积的空气的七分之一。由于氦不像氢那样会燃烧,使用非常安全,因此,人们便用氦来代替氢气,填充气球和飞艇的气囊。用氦气填装的飞艇的上升能力,大约等于同体积的用氢气填装的飞艇的93%。不过,氦比较贵。填充一个现代化的飞艇,约需20万立方米的氦。氦,最近还被人们混在塑料、人造丝、合成纤维中,制成非常轻盈的泡沫塑料、泡沫纤维。

氦气,又是极难溶于水的气体,100体积的水在0℃时,大约只能溶解1体积的氦。在医学上,便利用氦的这一特性来医治"潜水病"。过去,当潜水员潜入海底时,由于深海压力很大,吸进体内的空气的氮气,随着压力的增加大量溶解在血液里;而当潜水员出水时,压力猛然下降,原先溶在血液里的氮气纷纷跑出来,以致使血管阻塞而造成死亡。这种病叫做"潜水病"。现在,人们利用氦气和氧气混合,制成"人造空气"来供给潜水员呼吸。由于氦气在血液中溶解很少,因此,潜水员即使沉降到离水面100米以下的水底,也不会再患"潜水病"。这种"人造空气"也常被用来医治支气管气喘和窒息等病,因为它的密度只是空气的三分之一,因此呼吸时要比呼吸空气轻松得多,可以减少病人呼吸的困难。

氦是最难液化的气体,曾经被认为是"永久气体",意思是说,氦是永远不能被变成液态的。直到1908年才终于被液化。氦在-286℃以下才变成液态,在-272.2℃以下才会变成"氦冰"——固态氦。现在,在低温工业上,液态氦常被用作冷却剂。

氦具有极高的激发电势,在电子管工业上,常用氦作填充气体。氦也被用来制造精密温度计、辉光灯、验极器、高压指示器等。

氦的化学性质极不活泼,几乎不和别的元素相化合,是惰性气体之一。在工业上,当焊接金属时,常用氦作保护气体,隔绝空气,防止金属在焊接时被氧化。

住在霓虹灯里的气体——氖和氩

霓虹灯是法国化学家克劳德在1910年发明的,它的英文原意是"氖灯"的意思。这是因为世界上第一盏霓虹灯是填充氖气制成的。

氖是1898年被英国化学家拉姆齐发现的,它的希腊文原意是"新",意即从空气中发现的新气体。

氖是一种无色的气体,在-246℃会变成液体,温度降到-249℃,才变成白色的结晶体。

氖是惰性气体,化学性质极不活泼,几乎不与别的元素化合。在空气中,氖的含量极少,一立方米的空气中,也只有18立方厘米的氖。现在,人们用分馏液态空气的办法制取氖。

在电场的激发下,氖能射出红色的光,霓虹灯便是利用氖的这一特性制成的。在霓虹灯的两端,装着两个用铁、铜、铝、镍制成的电极,灯管里装着氖气,一通电,氖气受到电场的激发,放出红色的光。氖灯射出的红光,在空气中透射力很强,可以穿过浓雾。因此,氖灯还常用在港口、机场、水陆交通线的灯标上。

除氖以外,惰性气体氩也是霓虹灯里的"居民"。

氩,是最早发现的惰性气体,1894年拉姆齐和雷拉就发现了它,它的希腊文原意是"不活泼"的意思。

在空气中,氩的含量并不太少,按体积计算,约占0.93%——将近百分之一,比起别的惰性气体来,氩是空气中含量最多的了。

氩也是无色的气体,但比较重。在一个大气压和0℃时,1升氩气重1.7837克,几乎比空气重50%。在电场激发下,氩会射出浅蓝色的光。因此,它被用来填充在霓虹灯管里。除了装氖和氩以外,还有的霓虹灯里是充进氦气,射出淡红色的光;有的充进水银蒸气,射出绿紫色的光。也有的是装着氖、氩、氦、水银蒸气等四种气体(或三种、二种)的混合物。由于各种气体的比例不同,便能得到五光十色的各种霓虹灯。

除了制造霓虹灯外,氩气还用来填充普通的白炽电灯泡。因为氩是空气中含量最多的一种惰性气体,比较易得,而且氩分子运动速度相当小,导热性差,用氩来填充电灯泡,可以大大延长灯泡的寿命和增加亮度。在焊接金属时,常用氩作保护气体,焊接一些化学性质非常活泼的金属,如镁、铝等,这样可防止这些金属在高温中氧化。原子能反应堆的核燃料钚,在空气中也会迅速氧化,同样需在氩气保护下进行机械加工。现在,我国许多工厂都已采用氩弧焊接技术。

在低温下,可以用铝硅酸钠作"分子筛",它能吸附氧而使氩穿过,也就是把氧留在"筛"上,使氩"筛"过去,这样,可以制得纯度为99.996%的氩气。

"小太阳"里的"居民"——氙

1965年春节,在上海南京路上海第一百货商店大楼顶上,出现一盏不平常的灯,它的功率高达2万瓦。每当夜幕降临,它大放光芒,照得南京路一片雪亮。然而,它并不大,灯管只比普通日光灯长一倍。人们称誉它为"人造小太阳"。这"人造小太阳"是复旦大学研制成功的。

"人造小太阳",就是高压长弧氙灯的俗称。高压长弧氙灯的"主角",

便是氙气。

氙是在 1898 年被英国化学家拉姆齐和特拉威尔斯发现的。它在空气中的含量极少，仅占总体积的一亿分之八，因此，它的希腊文原意便是"生疏"的意思。现在，人们使用分馏液态空气的方法来制取氙。

氙气是一种无色的气体，比同体积的空气重 3 倍多。在 $-108\,^{\circ}\mathrm{C}$ 时，氙会变成无色液体，当温度降到 $-110.5\,^{\circ}\mathrm{C}$ 时，会变成白色结晶体。

氙也是一种惰性气体，化学性质极不活泼，一向被认为是"懒惰"的元素，是"永远不与任何东西相化合"的元素。然而，经过人们长期的努力，终于突破了氙"永远不与任何东西相化合"的形而上学的观点。1962 年，加拿大一位化学家，用六氟化铂与氙作用，首先制成了一种黄色的六氟化氙固体化合物。紧接着，人们又陆续制得了二氟化氙、四氟化氙、二氧化氙、三氟氧化氙、四氟氧化氙等化合物。1972 年，人们还合成了第一个氙与金属形成的新型化合物。

氙在电场的激发下，能射出类似于太阳光的连续光谱。高压长弧氙灯便是利用氙的这一特性制成的。氙灯是 60 年代才发展起来的新光源之一。这种灯的灯管是用耐高温、耐高压的石英管做成的，两头焊死，各装入一个钨电极，管内充入高压氙气。有的高压氙灯内，氙气的压力高达几十个大气压。通电后，氙气受激发，射出强烈的白光。一只 6 万瓦的氙灯的亮度，相当于 900 只 100 支光的普通灯泡！高压长弧氙灯可用于电影摄影、舞台照明、放映、纺织和油漆工业照明以及广场、运动场的照明用。一盏氙灯，一般可照明 1000 多小时。氙灯能放出紫外线，因此在医疗上也得到应用。

氙也大量被用来填充光电管和用在真空技术上。用氙制造的照相闪光灯，可以连续使用几千次，而普通的镁光灯，却只能使用一次。

在原子能工业上，氙可以用来检验高速粒子、γ粒子、介子等的存在。氙的同位素还可以代替 X 射线来探测金属内部的伤痕。

有趣的是，氙还具有一定的麻醉作用——它能溶于细胞汁的油脂中而

223

引起细胞的膨胀和麻醉,从而使神经末梢作用暂时停止。人们曾试用80%氙和20%氧组成的混合气体,作为麻醉剂。只不过由于氙比较少,因此目前还不能广泛用它做麻醉剂。

最活泼的元素——氟

在所有的元素中,要算氟最活泼了。

氟是淡黄色的气体,有特殊难闻的臭味,剧毒。在−188℃以下,凝成黄色的液体。在−223℃变成黄色结晶体。在常温下,氟几乎能和所有的元素化合:大多数金属都会被氟腐蚀,碱金属在氟气中会燃烧,甚至连黄金在受热后,也能在氟气中燃烧!许多非金属,如硅、磷、硫等同样也会在氟气中燃烧。如果把氟通入水中,它会把水中的氢夺走,放出原子氧。例外的只有铂,在常温下不会被氟腐蚀(高温时仍会被腐蚀),因此,在用电解法制造氟时,便用铂作电极。

在原子能工业上,氟有着重要的用途:人们用氟从铀矿中提取铀235,因为铀和氟的化合物很易挥发,用分馏法可以把它和其他杂质分开,得到十分纯净的铀235。铀235是制造原子弹的原料。在铀的所有化合物中,只有氟化物具有很好的挥发性能。

氟最重要的化合物是氟化氢。氟化氢很易溶解于水,水溶液叫氢氟酸,这正如氯化氢的水溶液叫氢氯酸(俗名叫盐酸)一样。氢氟酸都是装在聚乙烯塑料瓶里的。如果装在玻璃瓶里的话,过一会儿,整个玻璃瓶都会被它溶解掉——因为它能强烈地腐蚀玻璃。人们便利用它的这一特性,先在玻璃上涂一层石蜡,再用刀子划破蜡层刻成花纹,涂上氢氟酸。过了一会儿,洗去残余的氢氟酸,刮掉蜡层,玻璃上便出现美丽的花纹。玻璃杯上的刻花、玻璃仪器上的刻度,都是用氢氟酸"刻"成的。由于氢氟酸会强烈腐蚀玻璃,所以在制造氢氟酸时不能使用玻璃的设备,而必须在铅制设备中进行。

在工业上，氟化氢大量被用来制造聚四氟乙烯塑料。聚四氟乙烯号称"塑料之王"，具有极好的耐腐蚀性能，即使是浸在王水中，也不会被侵蚀。它可以耐250℃以上的高温和−269.3℃以下的低温。在原子能工业、半导体工业、超低温研究和宇宙火箭等尖端科学技术中，有着重要的应用。我国在1965年已试制成功"聚四氟乙烯"。聚四氟乙烯的表面非常光滑，滴水不沾。人们用它来制造自来水笔的笔尖，吸完墨水后，不必再用纸来擦净墨水，因为它表面上一点墨水也不沾。氟化氢也被用来氟化一些有机化合物。著名的冷冻剂"氟利昂"，便是氟与碳、氯的化合物。在酿酒工业上，人们用氢氟酸杀死一些对发酵有害的细菌。

氢氟酸的盐类，如氟化锶、氟化钠、氟化亚锡等，对乳酸杆菌有显著的抑制能力，被用来制造防龋牙膏。常见的"氟化锶"牙膏，便含有大约千分之一的氟化锶。

在大自然中，氟的分布很广，约占地壳总重量的万分之二。最重要的氟矿是萤石——氟化钙。萤石很漂亮，有玻璃般的光泽，正方块状，随着所含的杂质不同，有淡黄、浅绿、淡蓝、紫、黑、红等色。我国在古代便已知道萤石了，并用它制作装饰品。现在，萤石大量被用来制造氟化氢和氟。在炼铝工业上，也消耗大量的萤石，因为用电解法制铝时，加入冰晶石（较纯的氟化钙晶体）可降低氧化铝的熔点。天然的冰晶石很少，要用萤石做原料来制造。除了萤石外，磷灰石中也含有3%的氟。土壤中约平均含氟万分之二，海水中含氟约一千万分之一。

在人体中，氟主要集中在骨骼和牙齿。特别是牙齿，含氟达万分之二。牡蛎壳的含氟量约比海水含氟量高20倍。植物体也含氟，尤其是葱和豆类含氟最多。

氟是瑞典化学家舍勒在1771年发现的。1810年，英国化学家戴维把它命名为氟，拉丁文的原意就是"萤石"。由于氟很活泼，不易制取，所以直到1886年，法国化学家莫瓦桑才第一次制得了游离态的氟。

225

消毒的毒气——氯

清晨，当你用自来水洗脸时，常会闻到一股刺鼻的气味。这就是氯气 Cl_2 的气味。

氯，是黄绿色的气体，有股强烈的刺激性气味。氯是瑞典化学家舍勒在 1774 年发现的，它的希腊文原意就是"绿色的"。我国清末翻译家徐寿，最初便把它译为"绿气"，后来才把两字合为一字——"氯"。氯约比空气重 2.5 倍，每升氯重 3.21 克（在标准状态下）。在常温和 6 个大气压下，氯就可以被液化，变成黄绿色的液体。在工业上，便称之为"液氯"。

氯的化学性质很活泼，它几乎能跟一切普通的金属以及除了碳、氮、氧以外的所有非金属直接化合。不过，氯在完全没有水蒸气存在的情况下，却不会与铁作用。这样，在工业上，液氯常常被装在钢筒里。装液氯的钢筒，一般都漆成绿色（习惯上，装氧的钢筒漆为蓝色，装氨的漆成黄色，装二氧化碳的则漆成黑色。化工厂中输送这些气体的管道。也往往漆成这些颜色，以示区别。不过，也有例外的）。

氯是呛人、令人窒息的有毒气体。在空气中，如果含有万分之一的氯气，就会严重地影响人的健康。在制氯的工厂中，空气里游离氯气的含量最高不得超过 1 毫克/立方米。氯气中毒时，人会剧烈地咳嗽，严重地使人窒息、死亡。一旦发生氯气中毒，应把患者抬到空气新鲜的地方，吸入氨也有解毒作用。

氯气虽然是有毒的，而氯的化合物有的却是无毒的。

氯气易溶于水，在常温常压下，1 体积水大约可溶解 2.5 体积的氯气。氯气的水溶液，叫做"氯水"。我们平常所用的自来水，严格地说，是一种很稀的氯水！这是因为在自来水厂，人们往水里通进少量氯气，来进行杀菌、消毒。另外，人们也常把氯气通入石灰水中，制成漂白粉[主要成分是氯化钙和次氯酸钙,有效成分是次氯酸钙 Ca(ClO)₂]。漂白粉也可用来作饮水消毒。在工业上,漂白粉还被用来漂白纸张、棉纱、布匹,因为它在水中能分解,放出具有很强氧化性的初生态氧。不过,漂白粉必须保存在阴凉的地方,它受热或见光,都会逐渐分解,失去杀菌、漂白能力。

氯气能在氢气中燃烧,氢气也能在氯气中燃烧。燃烧后,都生成重要的氯化物——氯化氢。氯化氢是无色的气体,有一股刺鼻、呛人的气味。在工业上,氯化氢是制造产量、用途广的塑料——聚氯乙烯的主要原料。现在,绝大部分塑料雨衣、塑料窗帘、塑料鞋底、人造革等,都是用聚氯乙烯塑料做的。一吨聚氯乙烯塑料做成的人造革,可以代替一万张牛皮!

氯化氢——HCl 气体很易溶解于水。在常温常压下,1 体积的水可以溶解 450 体积的氯化氢!氯化氢的水溶液是大名鼎鼎的强酸——盐酸。在化学工业上,盐酸是重要的化工原料,在冶金工业、纺织工业、食品工业上,也有广泛的应用。在人的胃中,含有浓度为千分之五的盐酸,促进食物的消化,并杀死病菌。有些人因胃液中缺少盐酸,引起消化不良,患胃病,医生常给他们喝些稀盐酸。当然,浓盐酸是万万喝不得的,它具有强烈的腐蚀性。人们在焊接金属时,常在表面涂些盐酸,以便清除杂质。

氯的另一个重要化合物是食盐——氯化钠(NaCl)。食盐,是工业上制烧碱(氢氧化钠 NaOH 的俗称)、氯气和盐酸的原料(用电解饱和食盐水的方法)。此外,像氯化钾(KCl),是重要的钾肥;无水氯化钙(CaCl₂)很易吸水,是常用的干燥剂;氯化银(AgCl),是制造照相纸和底片的重要感光材料;氯化锌(ZnCl₂),则用作铁路枕木的防腐剂。

氯的有机化合物也很多。氯化苦、敌百虫、乐果、赛力散等农药,都是含氯的有机化合物。三氯甲烷俗称氯仿,是医院中常用的环境消毒剂。四氯化碳是常用的溶剂和灭火剂。高效化学灭火剂——"1211",化学成分为二氟一氯一溴甲烷。它的分子结构类似于四氯化碳,但是,灭火能力高于四氯化碳和二氧化碳,尤其是能有效、迅速地扑灭油类着火。"1211"能在很短时间(几秒到几十秒)内扑灭大面积油类火灾。现在,已开始用于我国船舶、油田、炼油厂、酒精厂等部门。

氯在地壳中的含量很高,约为千分之二,在人体中约含有四百分之一的氯。

有机世界的"主角"——碳

碳在地球上虽不算太少,但也不算太多,按重量计算,占地壳中各元素总重量的千分之四,按原子总数计算不超过千分之一点五,然而,碳的足迹却遍布全球。

在大自然中,有纯净的碳。比如,金刚石便是非常纯净的碳——在纯净的氧气中,金刚石居然会燃烧,变成二氧化碳!金刚石是最坚硬的东西,人们用它来裁玻璃,或者装在钻探机的钻头上,成为向地层深处进军的开路先锋。不过,天然的金刚石终究不多,不能满足工业上的需要。现在,我国已试制成功人造金刚石——在高温高压下,用石墨制造金刚石。

用石墨怎么能制造金刚石呢?这是因为石墨也是很纯净的碳。铅笔的笔芯,就是用石墨做的。石墨与金刚石的脾气大不一样,它很软,在纸上一划,便留下一条黑道道,因此常用作铅笔芯。石墨能耐3000℃以上的高温,在工业上用石墨制造坩埚来熔炼钢、铜。石墨还能导电,被用作电极,干电池里的黑芯,便是石墨。

金刚石和石墨都是碳,为什么性质截然不同呢?这是因为它们的晶体结构不同。在金刚石中,碳原子排列非常规则,在每一个碳原子周围有四个等距离的碳原子,构成一个正四面体,所以金刚石比重大、坚硬。而石墨的晶体结构则是层状,层与层之间距离较大,容易滑动,所以石墨比重比金刚石小,而且软、滑。金刚石与石墨,叫"同素异构体"。即由同一元素构成的两种性质不同的物体。

木炭、煤、骨灰也是碳(含有一些杂质),叫做无定形碳。我国是世界上最早知道用煤作燃料的国家，早在3000多年前，我国便已用"黑石"（即煤）来取暖、烧饭。煤被誉为"工业的粮食"，是最重要的工业燃料，经过炼焦后，从煤焦油中还能得到苯、苯酚等500多种工业原料。烟囱里的烟炱也是纯净的碳。烟炱用来制造墨、墨汁、油墨。在橡胶中加入烟炱，可以使它的机械强度增加10倍。现在90%的烟炱，都是用作橡胶的"增强剂"。

木头、煤、炭等燃烧后，生成了二氧化碳。二氧化碳是无色无味的气体，比空气略重，在空气重的含量为万分之三。一加压力，二氧化碳很易变成无色的液体，温度更低些，则变成白色、雪花般的晶体——干冰。二氧化碳易溶解于水，汽水里便溶有二氧化碳。二氧化碳不助燃，化学灭火剂喷出的气体便是二氧化碳。动物在呼吸时不断吐出二氧化碳，据统计，全人类每年呼出的二氧化碳达10.8亿多吨。而全世界工厂、火车、轮船的烟囱，每年要吐出100多亿吨二氧化碳。这样下去，世界岂不成了二氧化碳的世界吗？不，不会，原来大自然中有一个奇妙的循环：植物在光合作用时，吸收大量二氧化碳，吐出氧气，这样，二氧化碳才不至于越来越多。

煤不完全燃烧，会生成一氧化碳。一氧化碳是剧毒的气体，"煤气"中毒，这"煤气"便是一氧化碳。一氧化碳在工业上是重要的燃料和原料。一氧化碳燃烧时产生蓝色的火焰，炉膛的煤层上常看见浅蓝色火苗，那便是一氧化碳在燃烧。

山上，那巨大的石灰岩，也是碳的化合物——碳酸钙。石灰岩可以作建筑材料、铺路、造桥。石灰岩在石灰窑中灼烧后，可变成生石灰（氧化钙），生石灰常用来做建筑黏合剂或粉刷墙壁。生石灰遇水后，变成熟石灰（氢氧化钙），同时放出大量的热，甚至可以煮熟鸡蛋。

石油，更是碳的化合物的"仓库"。石油主要是各沸点不同的碳氢化合物的混合物。石油被誉为"工业的血液"，从石油中可提取汽油、煤油、柴油，是工业上最重要的液体燃料，用来开动各种内燃机。用石油做原料，还可制造塑料、合成纤维、合成橡胶等三大合成材料。

229

天然气常和石油矿"住"在一起。天然气的主要成分是甲烷 CH_4，也是碳氢化合物，用作气体燃料和化工原料。

碳，是生命的基础。一切动、植物体中的有机质，都是碳的化合物——蛋白质、油脂、淀粉、糖以及叶绿素、血红素、激素，都离不了碳。在工业上，碳的化合物也是非常重要的，像塑料、化学纤维、橡胶、香料、染料、制药等有机化学工业，绝大部分都是生产碳的化合物。

无机世界的"主角"——硅

硅，在稍微老一点的化学书上都写作矽。因为矽与锡同音，"二氧化矽"和"二氧化锡"读起来使人不易分辨，这样，我国化学界在1953年一致同意把矽改称为硅。但是台湾仍沿用矽，所以台湾人称美国硅谷为"矽谷"。

如果说碳是有机世界的"主角"，那么，无机世界的"主角"该是算硅了。硅是地壳中第二个含量最多的元素，占地壳总重量的26%，仅次于氧；而在地壳中，绝大部分硅是以二氧化硅（SiO_2）的形式存在的，据统计，二氧化硅占地壳总重量的87%，这也就是说，硅和氧这两种最多的元素所形成的无机化合物，几乎"垄断"了地壳。重要的岩石，如长石类、辉石类、角闪石类和云母类，都含有二氧化硅（或以其他形式存在的硅的化合物）。砂子中也含有大量的二氧化硅。最纯净的二氧化硅要算是石英了。具有六面角柱形，头上带有六面角锥的透明无色的石英结晶，便是水晶。水晶硬而透明，特别是能很好地透过紫外线，折光率大，在光学上具有重要用途。水晶眼镜，便是用水晶磨成的。水晶图章，美观而耐用。水晶中如含有一些杂质，则带有颜色，如紫水晶、烟水晶。在大自然中，大的水晶不多，最大的有一米多高。

所有的植物都含有硅，特别是马尾草和竹子中含硅最多。动物中含硅较少。在海绵、鸟的羽毛、动物的毛发中含有硅。人体中含硅量约为万分之一。

人们早在远古时代便和硅的化合物打交道。但是，纯净的硅直到1811年才第一次被制得。到1823年，硅才被确定为化学元素。粉末状的纯硅，是棕褐色的，在空气中可燃烧变成二氧化硅。如果把粉末状硅溶解在熔化了的金属（如锌、镁、银）中，慢慢冷却，可制得以完整的八面体析出的结晶硅。结晶硅具有钢灰色的金属光泽，熔点为$1414℃$，具有显著的导电性。纯净的结晶硅（含硅量达99.9999%以上），是现在最重要的半导体材料之一，与锗（Ge）齐名。但是，随着提炼技术的改进，硅将会比锗更重要，因为硅的原料比锗要普遍易得。现在，我国已大量生产半导体硅。

硅和碱作用，能析出大量的氢气。制备1立方米的氢气只需0.63千克硅，如果改用金属的话，却需2.9千克的锌或2.7千克的铁。在工业上，用焦炭在电路中还原二氧化硅（SiO_2）来制取纯硅。

纯硅的用途并不太广，最重要的硅的化合物是二氧化硅，它是重要的工业原料。玻璃工业每年消耗几百万吨的砂子，因为玻璃是用砂子（主要成分二氧化硅）、苏打（碳酸钠）和石灰石（主要成分碳酸钙）做原料熔炼成得。用纯二氧化硅——石英制成的石英玻璃，能耐高温，即使剧烈灼烧后立即浸到水里也不会破裂。由于石英玻璃能很好地透过紫外线，所以常用来制造光学仪器。纯净的玻璃是无色的。加入不同的化学元素，可使玻璃产生不同的颜色：电焊工人所戴的蓝色护目镜片，是加了氧化铈或氧化钕。若加入氧化铁（Fe_2O_3），玻璃呈黄色。若加入氧化亚铁（FeO），则变成红色。若加入极细的金粉、铜粉或硒粉，玻璃呈红色。若加入极细的银粉，则呈黄色。

黏土的主要成分是水化硅酸铝。黏土大量被用来和石灰石一起煅烧，制成水泥。黏土也被用来烧制砖、瓦等建筑材料。纯净的黏土——高岭土，是制造瓷器、陶器最重要的原料。玻璃、水泥、陶瓷、建筑材料等工业，均以硅为"主角"，被合称为"硅酸盐工业"。

231

硅和碳的化合物——碳化硅,俗称金刚砂,是无色的晶体,含有杂质时为钢灰色,它非常坚硬,硬度和金刚石相近。在工业上,常用金刚砂制造砂轮和磨石。它还很耐高温,用来做耐火的炉壁。

硅和氯的化合物——四氯化硅（$SiCl_4$),是无色的液体,很易挥发,在57℃就沸腾。在军事上用来作烟雾剂,因为它一遇水,便水解生成硅酸和氯化氢 $SiCl_4+3H_2O\rightarrow H_2SiO_3+4HCl$,产生极浓的白烟。特别是海战时,水蒸气多,烟雾更浓。四氯化硅的成本比白磷低廉得多。

硅虽然是无机世界的"主角",但是近年来,它在有机世界中也成为引人注目的角色——人们制成了一系列有机硅化合物。有机硅有个特性——憎水。一些药品瓶的内壁,如青霉素瓶,便常涂着一层有机硅。这样,在使用后瓶壁上就不会留有药液。巍立在首都广场上的人民英雄纪念碑,表面也涂着一层有机硅,这样可以防尘防潮,保护那精美的浮雕。有机硅塑料具有很好的绝缘性能,如果用它作为电动机的绝缘材料,可以使电动机的体积和重量都减少一半,而使用寿命却可以延长8倍多,并且在高温、潮湿的情况下都能使用。有机硅橡胶,在冰天雪地之中（甚至低到-90℃）,或在烈日酷晒之下（甚至高达350℃）,都不龟裂、不老化、保持弹性,用它来制造汽车轮胎非常合适。

"硫黄"——硫

硫,俗称"硫黄",是黄色的晶体。在自然界中,有天然的硫黄,所以人们早在古代便发现了硫。硫的比重比水大一倍,在112.8℃熔化。硫有股臭味,并且能杀菌。医生便常用硫黄膏给得了疥疮的人治病。在一些火山附近,常有天然的硫黄矿。火山旁的温泉里,也常含有一些硫,一些患疥疮等皮肤病的人去温泉洗澡,也可有助于治好皮肤病。

在农业上,硫黄是重要的农药。不过,硫黄只能杀死它周围1毫米以内的害虫。因此,在使用时,人们不得不把它研得非常细,然后,均匀地喷洒到庄稼的叶子上。为了增强杀虫力,现在人们大都把硫黄和石灰混合,制成石灰硫黄混合剂。石灰硫黄混合剂是透明的樱红色溶液,常用来防止小麦锈病和杀死棉花红蜘蛛、螨等。

在橡胶生产中,硫有着特殊的用途。生橡胶受热易黏,受冷易脆,但加入少量硫黄后,由于硫黄能把橡胶分子连接在一起,起"交联剂"的作用,因此大大提高了橡胶的弹性,受热不黏,遇冷不脆。这个过程叫做"硫化处理"。

硫能燃烧,是制造黑色火药的三大原料(木炭粉、硝酸钾、硫黄)之一 $3C+2KNO_3+S \rightarrow K_2S+N_2\uparrow+3CO_2\uparrow$。我国是世界上最早发明黑色火药的国家。

不过,硫最重要的用途是用于制造它的化合物——硫酸(H_2SO_4)。硫酸,被人们誉为"化学工业之母",很多化工厂及其他工厂都要用到硫酸。例如,炼钢、炼石油要用大量的硫酸进行酸洗;制造人造棉(粘胶纤维)要用硫酸做凝固剂;制造硫酸铵($NH_4)_2SO_4$、过磷酸钙[$Ca_3(PO_4)_2$ 与 $Ca(H_2PO_4)_2$ 的混合物]等化肥,也消耗大量硫酸;此外像染料、造纸、蓄电池等工业,以及药物、葡萄糖等的制造,都离不了硫酸。

硫酸是无色、透明的油状液体,纯硫酸的比重是水的 1.8 倍多。浓硫酸具有极强的脱水性。你见过白糖变黑炭吗?你只要把浓硫酸倒进白糖里,白糖立即变成墨黑的了。这是因为白糖是碳水化合物,浓硫酸脱去了其中的水(氢、氧原子个数比以 2:1 水的形式脱去),剩下来的当然是墨黑的炭了。不过,把浓硫酸用水冲稀时,千万要注意:应该是把浓硫酸慢慢倒入水中,而不能把水倒入浓硫酸中。这是因为浓硫酸稀释时,会放出大量的热,会使水沸腾起来。水比浓硫酸轻得多,把它倒进浓硫酸中,它就会像油花浮在水面上似地浮在浓硫酸上面。这时,产生的高热能使水沸腾起来,很容易会将酸液四下飞溅,造成事故。硫酸是三大强酸之一,具有很强的酸性和腐蚀性。硫酸滴在衣服上,很快地便会把衣服烂成一个洞。

233

硫酸,现在倒很少用硫黄做原料来制造,而使用硫的化合物——黄铁矿(二硫化亚铁)做原料。硫酸在工业上的制造方法有铅室法(制成浓度约为 65%)。铅室法制成的硫酸浓度不可超过 75%,若超过该浓度,硫酸会溶解铅表面的氧化膜——硫酸铅,使铅腐蚀。铅室法是较古老的制硫酸方法,现已基本淘汰。塔室法(制成浓度为 75%～76%)和接触法(制成浓度为 93%、98% 或 105%)。硫酸是三氧化硫溶于水而制得的 $SO_3 + H_2O \rightarrow H_2SO_4$。三氧化硫还可溶于浓硫酸,故用接触法可制得 105% 浓度的浓硫酸,即在 100% 浓度的浓硫酸中还含有部分三氧化硫。这种硫酸,打开后即冒白烟,叫发烟硫酸。

硫燃烧形成蓝紫色火焰,并放出一股呛人的气体——二氧化硫。黄铁矿燃烧后,也生成二氧化硫。二氧化硫经过进一步氧化,变成三氧化硫。三氧化硫溶解于水,就成了硫酸。二氧化硫具有一定的漂白作用。有这样一个化学魔术:把一束彩色花放在玻璃罩里,点燃硫黄,彩色花很快变成白花了。这就是由于硫燃烧,生成大量的二氧化硫,使彩色花褪色。现在,工业上常用二氧化硫作漂白剂,漂白不能用氯漂白的稻草、毛、丝。麦秆是金黄色的,用麦秆编成的草帽却是白色的,这草帽便是用二氧化硫熏过,漂成白色。

硫的另一重要化合物是硫化氢(H_2S)。硫化氢是大名鼎鼎的臭气。粪便中有它,臭鸡蛋那臭味也是它在作怪。硫化氢对人体有毒,吸入含有千分之一的硫化氢的空气会使人中毒。如果浓度更大些时,会使人昏迷,甚至因呼吸麻痹而死亡。在工业上,硫化氢常被用来制造硫化物、硫化染料以及作为强还原剂。银器遇上硫化氢,会变成黑色的硫化银(Ag_2S)。大气中常含有微量的硫化氢,这些硫化氢大都来自火山喷发的气体以及一些动植物腐烂后产生的气体。

硫是重要的一种非金属,它广泛地存在于大自然,它在地壳中的含量约为万分之六。除了存在着天然的纯硫外,还有各种含硫矿物,如方铅矿(硫化铅)、黄铁矿(二硫化亚铁)、闪锌矿(硫化锌)等。在蛋白质中,也常含有硫。臭鸡蛋之所以会产生很臭的硫化氢，便是由于在鸡蛋的蛋白质（特别是蛋黄）中含有硫。另外，在煤中平均含硫 1%～1.5%，这些硫一部分是以黄铁矿形式存在的，另一部分则以有机化合物的形式存在。在煤块中常可看到金闪闪的粉末，那便是夹杂着的黄铁矿。含硫量高的煤，不能用来炼铁，因为它会使铁热脆。

"鬼火"——磷

磷，是德国汉堡的炼金家勃兰德在 1669 年发现的。按照希腊文的原意，磷就是"鬼火"的意思。

游离态的纯磷有两种——白磷 P_4（又叫黄磷）和红磷 P（又叫赤磷）。虽然它们都是磷，可是，脾气却相差很远：白磷软绵绵的，用小刀都能切开。它的化学性质非常活泼，放在空气中，即使没点火，也会自燃起来，冒出一股浓烟——和氧气化合变成白色的五氧化二磷 $4P+5O_2 \rightarrow 2P_2O_5$。这样，平常人们总是把白磷浸在煤油或水里，让它跟氧气隔绝；红磷比白磷要老实得多，它不会自燃，要想点燃它，也得加热到 100℃以上。白磷剧毒，红磷对人却并无毒性。

白磷和红磷，可以变来变去：如果隔绝空气，把白磷加热到 250℃，就会全部变成红磷；相反的，如果把红磷加热到很高的温度，它就会变成蒸气，遇冷凝变为白磷。白磷和红磷，也是同素异构体。此外，磷的同素异构体还有紫磷和黑磷。黑磷是把白磷蒸气在高压下冷凝得到的。它的样子很像石墨，能导电。把黑磷加热到 125℃则变成蓝色的紫磷。紫磷具有层状的结构。

人体里有很多磷，据测定，有 1 千克左右。不过，这许多磷既不是白磷，也不是红磷，而是以磷的化合物的形式存在于人体。骨头中含磷最多，因为骨头的主要化学成分便是磷酸钙。在人的脑子里，也有许多磷的

235

化合物——磷脂。在人的肌肉、神经中,也含有一些磷。动物骨头的主要成分,也是磷酸钙。在坟地或荒野,有时在夜里会看见绿幽幽或浅蓝色的"鬼火"。原来人、动物的尸体腐烂时,身体内所含的磷分解,变成一种叫做磷化氢(H_3P)的气体冒出。磷化氢有好多种,其中有一种叫"联膦",它和白磷一样,在空气中能自燃,发出淡绿或浅蓝色的光——这就是所谓的"鬼火"。

磷在工业上,被用来制造火柴。火柴盒的两侧,便涂着红磷。当你擦火柴时,火柴头和火柴盒摩擦生热,并从盒上沾了一些红磷。红磷受热着火,先点燃了火柴头上的药剂——三氧化二锑(Sb_2O_3)和氯酸钾($KClO_3$),然后又点着了火柴梗。

磷还被用来制造磷酸(H_3PO_4)。磷酸可以代替酵母菌,以比它快几倍的速度烤制面包;在优质的光学玻璃、纺织品的生产中,也要用到磷酸。把金属制品浸在磷酸和磷酸锰的溶液里,可以在金属表面形成一层坚硬的保护膜——磷化层,使金属不致生锈。

磷在军事上有个用处:把磷装在炮弹里可制成"烟幕弹",在发射后,白磷燃烧生成大量白色的粉末——五氧化二磷,像浓雾一样,遮断了对方的视线。

磷的最大的用途还是在农业方面,因为磷是庄稼生长的不可缺的元素之一。它是构成细胞核中核蛋白的重要物质。磷对于种子的成熟和根系的发育,起着重要的作用。在庄稼开花期间追施磷肥,往往能收到显著的增产效果。一旦缺乏磷,庄稼根系便不发达,叶呈紫色,结实迟,而且果实小。要长好庄稼,每年需要磷肥的数量是很大的。从哪儿获得这么多的磷肥呢?

在 20 世纪前,人们只能从鸟粪、鸡粪、骨灰中,获得一点儿磷。现在,化学工业帮助我们从石头——磷灰石中,成吨成吨地制取磷肥。这样,磷灰石被誉为"农业矿石"。最常见的磷肥,是过磷酸钙[俗称普钙,是 $Ca(H_2PO_4)_2$ 和 $2CaSO_4$ 的混合物],它是灰色的粉末。每 100 千克过磷酸钙中,含有 15 千克左右的磷。1 千克过磷酸钙所含的磷，相当于 30 千克到 100 千克厩肥，100～150 千克人粪尿或 140～200 千克紫云英绿肥中所含的磷。过磷酸钙常被制成颗粒肥料，同厩肥、堆肥等有机肥料混合，用作基肥。有时也用作追肥。此外，磷酸铵 $[(NH_4)_3PO_4]$ 也是常见的磷肥，它易溶于水，而且不仅含磷，还含氮。一种新磷肥——钙镁磷肥，它是用磷灰石、白云石、石英一起混合煅烧而成的，生产比较简易，便于推广。

顺便提一句，在稍旧一点的化学书上，常把磷写作"燐"。这是因为清末化学家徐寿最初从英文中把磷译为中文时，写作"燐"。后来，我国化学界统一化学名词，凡在常温下是固态的非金属部首一律写成"石"，如碘、砹、硫、硒、碲、砷、硼、碳等，为统一起见，"燐"也就改写为"磷"了。

我国的丰产元素——硼

在我国西藏的一些湖里，含有许多硼砂和硼酸。硼砂是硼最重要的化合物。在焊接金属时，人们便用硼砂净化金属表面。医院里也常用硼酸作消毒剂。硼砂在古代便已为阿拉伯的炼金家们所熟知，他们就是从我国西藏获得硼砂的。硼在国外常被列为稀有元素。然而，在我国却有丰富的硼砂矿，硼在我国不是稀有元素，而是丰产元素！

虽然人们很早就和硼砂打上交道，然而，纯净的、游离态的硼，直到 1808 年才由英国的戴维、法国的盖－吕萨克和泰纳尔制得。纯净的硼是一种深棕色、铁锈般的粉末，和铝一起加热熔融，冷却后能得到大块的晶态硼。这些硼的晶体非常坚硬，和金刚石不相上下，而且又非常耐热，熔点为 2075℃，它在机械工业上被用来代替昂贵的金刚石，制造切削工具和钻头。现在，人们是用铂丝通电加热溴化硼蒸气，在 1500℃时溴化硼分解，得到纯硼。

游离态的硼用途不算太大。在工业上，往铝、铜、镍等金属中加入百万

237

分之一的硼,可以改善这些金属的机械性能。硼砂的用途比游离态的硼要广得多,在工业上用来制造瓷器,特别是搪瓷的易熔釉药。硼砂也被用来制造各种耐热玻璃和作为肥皂的填充剂。

在分析化学上,硼砂有一个特殊的用途:用铂丝做成一个小圆圈,蘸一点硼砂,放在煤气或酒精灯上加热。硼砂一开始冒出一些小气泡——结晶水受热挥发了,然后熔融成无色的液体。冷却后,变成无色透明的固体,就像一颗玻璃珠似的,牢牢地黏在铂丝做成的小圆圈上。如果你用这铂丝蘸一点金属的氧化物放在灯上加热,冷却后,这小珠会披着上各种颜色。例如,蘸金属钴的氧化物,则小珠呈蓝色;蘸金属铬的氧化物,小珠为绿色;蘸铁的氧化物,小珠为黄色(热时为棕色)。在分析化学上,这叫做硼酸珠反应。利用硼酸珠的不同颜色,可以分析各种金属。现在,地质勘探工作者就常用这种硼酸珠反应在野外分析所采集的金属矿物,因为这种化学分析方法极为简便,可以迅速判断样品的化学成分。

同样地,硼砂也常被用作除锈剂。因为硼砂在加热时,能溶解金属表面的氧化物——除锈。此外,在烟火中也用到硼砂,因为它受热后,会射出美丽的绿色光芒。

值得提到的是,硼砂逐渐成了农业上的重要角色——硼肥。人们发现,植物中硼的含量并不多,仅占植物干重的十万分之一到万分之一左右。然而,却是不可缺少的。如果土壤中缺少了硼,亚麻、大麻和苜蓿等植物,便会停止生长,甚至死亡。向日葵要是缺少硼,会瘪粒,含油量下降。甜菜要是缺少硼,会得干腐病——地下茎腐烂掉;缺少硼,豆科植物的根瘤发育也会受到影响。据研究,硼是植物生长不可缺少的微量元素之一,它对植物体内的糖类代谢起着很重要的调节作用。为了满足庄稼对硼的需要,人们就往田里施加适量的"硼肥"——硼砂。但硼肥的施用量必须合适,并不是越多越好;如果太多了,庄稼反而会被烧死,甚至连吃了这种庄稼叶的羊,也会得肠炎,这种肠炎在兽医学上称为"硼肠炎"。

如今,硼更添了一项重要的用途:"高能燃料"。人们用硼的金属化合物——硼化镁和酸类作用,制得了硼和氢的化合物——"硼烷"。硼烷有的是无色气体,有的是无色液体,也有的是白色晶体,通常具有恶臭和剧毒。这种硼氢化合物,在燃烧时能放出比一般物质多得多的热量。如1克硼乙烷燃烧,可产生484千卡的热量。这样,硼烷立刻引起了各国科学家的注意。现在,硼烷已是主要的火箭燃料之一。

我国有丰富的硼矿。硼,正越来越发挥巨大的作用。

雄黄和砒霜里的元素——砷

按照我国民间习俗,人们常在酒中放些雄黄,喷洒在屋角墙角,用来杀菌、驱虫、驱蛇。

我国人民早在4000多年前,便知道雄黄了。在云南、广西、四川一带,盛产雄黄。雄黄,是橘黄色的粉末,不溶于水。按照化学成分来说,是四硫化砷。在古代,雄黄被我国的炼丹家用作炼制"长生丹"的原料,也用作黄色的颜料。除了雄黄外,还有一种人们不常听说的雌黄。雌黄也是鲜黄色的粉末,化学成分为三硫化二砷。雌黄和雄黄都是重要的砷矿,它们在大自然中生活在一起。在地壳中,砷的含量约为百万分之一。

纯净的砷,是德国炼丹家阿尔伯特·马格努斯在1250年制得的。砷,是灰色的晶体。它是非金属,却具有金属般的光泽,并善于传热导电,只是比较脆,易被捣成粉末。砷很容易挥发,加热到610℃,便可不经液态,直接升华,变成蒸气。砷蒸气具有一股难闻的大蒜臭味。

磷有白磷、红磷、黑磷、紫磷等同素异构体。砷也一样,除了灰色的砷以外,还有黑色无定形的砷和黄砷。黑砷加热到285℃时会变成灰砷;黄砷在暗处会发光,受到光线照时,也很易变成灰砷。

砷不溶于水。在常温下,砷在空气中会缓慢地氧化,但是加热时,会迅速地燃烧,生成白色的亚砷酐——三氧化二砷,也有股大蒜的臭味。在高温下,砷还能和硫、氯、氟等元素直接化合。

纯砷的用途很有限。在铅中加入0.5%的砷,可增加铅的硬度,常用来铸造弹丸。

砷最重要的化合物是三氧化二砷,俗称砒霜。谁都知道,砒霜是剧烈的毒药。砷的化合物,都是有毒的。正因为这样,在古代,炼金家们用毒蛇作为代表砷的符号。我国有句成语叫"饮鸩止渴",意即自寻灭亡。这"鸩酒",便是指放了砒霜的酒。后来,砒霜成了著名的无机农药。

在我国农村,特别是华北一带,每年下种以前,总是先往田里撒些"信谷"、"信米",来诱杀田里的蝼蛄、田鼠之类的害虫害兽。这"信谷"、"信米",其实就是用砒霜稀溶液浸过的谷子、小米。当田鼠、蝼蛄之类吃了信谷、信米,很快就中毒死了。砒霜对人畜剧毒,如果人畜因不慎而误中砷毒,可服用氧化镁和硫酸亚铁溶液强烈摇动而生成的新鲜的氢氧化亚铁悬浮液来解毒。

砷的其他化合物,如亚砷酸钠、亚砷酸钙、砷酸铅、砷酸钙、砷酸锰等,过去也都是常用的农药。亚砷酸钠对害虫有剧烈的胃毒作用,常用来配制毒饵,毒杀蝼蛄、地老虎、黏虫、蝗虫、蚂蚁等;亚砷酸钙常用来防治森林毛虫、草地螟、柞卷叶蛾、松叶蜂等咀嚼口器害虫,砷酸铅和砷酸钙,用来防治金龟子、棉卷叶虫、棉铃虫等食叶害虫;砷酸锰用来防治烟草、马铃薯或棉花上的一些害虫。

由于砷的化合物剧毒,在制造这些含砷农药的工厂里,空气中的含砷量必须低于0.3毫克/立方米。

此外,雄黄在制革工业上,用作脱毛剂。砷的有机化合物,被称为"胂";正如磷的有机化合物称为"膦",氨的有机化合物称为"胺"。著名药剂六零六,便是胂中的一种。现在国家明令禁止砷类化合物作为农药使用。

奇臭的液体——溴

溴的发现,曾有一段有趣的历史:1826年,法国的一位青年波拉德,他在很起劲地研究海藻。当时人们已经知道海藻中含有很多碘,波拉德便在研究怎样从海藻中提取碘。他把海藻烧成灰,用热水浸取,再往里通进氯气,这时,就得到紫黑色的固体——碘的晶体。然而,奇怪的是,在提取后的母液底部,总沉着一层深褐色的液体,这液体具有刺鼻的臭味。这个现象引起了波拉德的注意,他立即着手详细地进行研究,最后终于证明,这深褐色的液体,是一种人们还未发现的新元素。波拉德把它命名为"溢",按照希腊文的原意,就是"盐水"的意思。波拉德把自己的发现通知了巴黎科学院。科学院把这新元素改称为"溴",按照希腊文的原意,就是"臭"的意思。

波拉德关于发现溴的论文——《海藻中的新元素》发表后,德国著名的化学家李比希非常仔细、几乎是逐字逐句进行推敲地读完了它。读完后,李比希感到深为后悔,因为他在几年以前,也做过和波拉德相似的实验,看到过这一奇怪的现象,所不同的是,李比希没有深入地钻研下去。当时,他只凭空地断定,这深褐色的液体只不过是氯化碘(ICl)——通氯气时,氯和碘形成的化合物。因此,他只是往瓶子上贴了一张"氯化碘"的标签就完了,从而失之交臂,没有发现这一新的元素。从这件事以后,李比希在科学研究工作中,变得踏实多了,在化学上作出了许多贡献。他把那张"氯化碘"的标签小心地从瓶子上取下来,挂在床头,作为教训,并常把它拿给朋友们看,希望朋友们也能从中吸取教训。后来,李比希在自传中谈到这件事时,这样写道:"从那以后,除非有非常可靠的实验作根据,我再也不凭空地自造理论了。"

溴的发现史上的这一段故事,再一次证明了科学是老老实实的学问,

241

任何一点马虎都是不行的。

在所有非金属元素中,溴是唯一的在常温下处于液态的元素。正因为这样,其他非金属元素的中文名称部首都是"气"(气态)或"石"(固态)旁的,如氧、碘,而只有溴是三点水旁的——液态。溴是深褐色的液体,比水重两倍多。溴的熔点为$-7.3℃$,沸点为$58.78℃$。溴能溶于水,即所谓的"溴水"。溴更易溶解于一些有机溶剂,如三氯甲烷(即氯仿)、四氯化碳等。

溴在大自然中并不多,在地壳中的含量只有十万分之一左右,而且没有形成集中的矿层。海水中大约含有十万分之六的溴,含量并不高,自然,人们并不是从海水中直接提取,而是在晒盐场的盐卤或者制碱工业的废液中提取:往里通进氯气,用氯气把溴化物氧化,产生游离态的溴,再加入苯胺,使溴成三溴苯胺沉淀出来。

溴很易挥发。溴的蒸气是红棕色的,毒性很大,气味非常刺鼻,并且能刺激眼黏膜,不停地流泪。在军事上,溴便被装在催泪弹里,用作催泪剂。在保存溴时,为了防止溴的挥发,通常在盛溴的容器中加进一些硫酸。溴的比重很大,硫酸就像油浮在水面上一样地浮在溴的上面。

溴的最重要的化合物,要算是溴化银了。溴化银具有一个奇妙的特性——对光很敏感,受光照后便会分解。人们把溴化银和阿拉伯树胶制成乳剂涂在胶片上,制成"溴胶干片"。我们平常所用的照相胶卷、照相底片、印相纸,几乎都涂有一层溴化银。现在,照相消耗着大量的溴化银。1962年全世界溴的化合物的产量已近十万吨,其中有将近九万吨被用于摄影。由于人们在溴化银中加入一些增敏剂,胶片的质量也不断得到提高。不久前,人们已经能把曝光时间缩短到十万分之一秒以至百万分之一秒拍下正在飞行中的子弹、火箭;人们也能在菜油灯或者火柴那样微弱的光线下,拍出清晰的照片。

生物学家们发现,人的神经系统对溴的化合物很敏感。在人体中注射或吸收少量溴的化合物后,神经便会逐渐被麻痹。这样,溴的化合物——溴化钾、溴化钠和溴化铵,在医学上便被用作镇静剂。通常,都是把这三种化合物混合在一起使用,配成的水溶液就是我们常听到的"三溴合剂",压成片剂便是常见的"三溴片",是现在最重要的镇静剂之一。不过,溴化物主要从肾脏排泄出去,排泄比较慢,不太合适长期服用,容易造成中毒。

用溴和钨的化合物——溴化钨制造种种新光源。溴钨灯非常明亮而体积小,是电影摄影、舞台照明等常用光源。在高温时,碘钨灯中碘的蒸气是红色的,会吸收一部分光,影响发光效率,而溴蒸气在高温时是无色的,因此,溴已逐渐代替碘来制造卤化钨新光源。

在有机化学上,溴也很重要,像溴苯、溴仿、溴萘、溴乙烷都是常用的试剂。另外,在制造著名的汽油防震剂——四乙基铅时,也离不了溴,因为要合成四乙基铅,首先要制得中间产品——二溴乙烯。

紫色的元素——碘

碘,是法国巴黎的一位药剂师库图瓦在 1811 年从海藻中发现的。纯净的碘,是紫黑色有光泽的片状晶体,它的希腊文的原意,便是"紫色的"意思。

碘是一个很有意思的元素:碘虽然是非金属,但却闪耀着金属般的光泽;碘虽然是固体,却又很易升华,可以不经过液态而直接变为气态。人们常以为碘蒸气是紫红色的,其实不然,这是因为夹杂着空气的缘故,纯净的碘蒸气是深蓝色的。然而,碘的盐类的颜色,大部分和食盐一样——都是白色晶体,只有极少数例外,如碘化银是浅黄色,碘化铜闪耀着黄金般的色彩。碘,真是变化多端。

碘在大自然中很少,仅占地壳总重量的一千万分之一。可是,由于碘很易升华,因此到处都有它的足迹:海水中有碘,岩石中有碘,甚至连最纯净的冰洲石、从宇宙空间掉下来的陨石、我们吃的葱、海里的鱼,都有微量的碘。海水中碘含量约为十万分之一,不过,海里倒有许多天然的"碘工厂"——海藻。它们从海水中吸收碘。据测定，在海藻灰中约含有1%的碘。世界上也有一些比较集中的碘矿，含有较多的碘酸钠和过碘酸钠。

碘能微溶于水，但更易溶解于一些有机溶剂。碘溶液的颜色有紫色、红色、褐色、深褐色，颜色越深，表明碘溶解得越多。碘酒，便是碘的酒精溶液，它的颜色很深，是因为碘很易溶解于酒精。碘酒能杀菌，常作皮肤消毒剂。涂了碘酒后，黄斑会逐渐消失，那是因为碘升华了，变成了蒸气，散失在空气中。

大量的碘对人来说，是有毒的，碘蒸气会剧烈地刺激眼、鼻黏膜，会使人中毒致死。然而，人体又不能缺碘。在成年人体内，大约含有20毫克的碘，而其中约有一半是含在靠近喉头的甲状腺里。甲状腺是人体中很重要的器官，它分泌甲状腺素。一个人每年约分泌3.5克甲状腺素。碘是制造甲状腺素必不可缺的原料。缺少了碘，甲状腺素便不能正常分泌，人的脖子便会肿胀起来，发育不正常，得克山病或厚皮病。平常，人们大都是从海盐中吸取少量碘，因为海盐中总夹杂着少量的碘化钠或碘化钾。在我国西南山区，新中国成立前由于缺少海盐，缺乏碘，有些人患肿脖子病——甲状腺肿大。现在，在这些地方卫生部门在岩盐中掺入少量碘化物，来消除这些缺碘症。

人们发现，在牛或猪的饲料中，加入少量的碘化物，能促进它们的发育。母鸡经常加喂少量碘化物，可使受精率提高95%～99%。

另外，碘还有一个特殊的脾气——它和淀粉会形成一种复杂的蓝色化合物。可不是吗，当你用涂了碘酒的手去拿馒头时，手上立即会出现蓝斑。碘的这一脾气，在分析化学上得到了应用：著名的"碘定量法"，便是利用淀粉溶液来做指示剂。

利用碘和钨的化合物——碘化钨，可以制成碘钨灯。大家知道，普通的白炽灯泡中的灯丝是用钨做的。通电时，灯丝温度越高，发光效率也越高。但是，温度高了，钨丝就更易挥发，寿命也就缩短。在碘钨灯中，在钨丝上附着一层碘化钨。通电后，当灯丝温度高于1400℃，碘化钨就受热分解,变成碘与钨。钨留在灯丝上,而碘是极易升华的元素,便立即充满整个灯管。当钨丝上的钨受热挥发,扩散到管壁上,若管壁温度高于200℃,碘即与钨作用生成碘化钨。碘化钨扩散到灯丝,又受热分解,钨黏附于钨丝,而碘又升华到灯管各部分。如此循环不已,使钨丝保持原状,使用寿命很长。碘钨灯具有体积小、光色好、寿命长等优点。一支普通的碘钨灯管,比一支自来水笔还小,很轻便。通电后,射出白炽耀目的光芒。普通照明用的碘钨灯的使用寿命,可达5000小时左右。现在已经普遍应用碘钨灯,作为电影摄影、舞台、工厂、建筑物、广场照明光源。红外线碘钨灯,则用于工厂的加热、烘干操作。另外,高色温碘钨灯则用于电子照相。

对光敏感的元素——硒

在北京西城,夜间,远远地便可以看见中国革命军事博物馆的顶上,闪耀着一颗醒目的红星。这红星上的红色玻璃,便是"硒玻璃"——在普通的无色玻璃中加入硒制作而成的。北京展览馆顶上的红星,也是硒玻璃做的。

这么说来,你一定会以为,硒是红色的。不错,硒是红色的单斜晶体。不过,并不是所有的硒,都是红色的,还有一种更常见、更稳定的硒,却是灰色的六方菱形晶体,闪耀着金属般的光泽,人们称之为金属硒或灰硒。红硒在受热后,会迅速变成灰硒。红硒(有两种:一种为红色单斜晶体,一种为无定形)和灰硒,是硒的同素异构体,正如石墨、金刚石和无定形碳是碳的同素异构体一样。红硒比灰硒轻。硒是非金属,很脆,导电能力差。灰硒的熔点为217℃。

灰硒最重要的特性是它具有典型的半导体性能,可用于无线电的检波和整流。在过去,人们大都是用氧化亚铜来制造整流器,但从第二次世界大战以后,硒整流器几乎完全代替了氧化亚铜整流器,这是因为硒能很好地经受超负荷,而且耐高温,电稳定性好,轻盈。

更奇妙的是,硒对光非常敏感。据测定,在充足的阳光的照射下,硒的导电率比在黑暗时要增大1000倍!这样,硒被用来制造光敏电阻和光电管,在自动控制、电视等方面,有着广泛的用途。硒还被制成光电池。

硒的另一"主题"是玻璃工业。在常见的绿色玻璃(含氧化亚铁)中,加入适量的硒,可以消除绿色,变成色;加入过量的硒,便制成本节开头时提到的著名的红宝石玻璃——硒玻璃。十字路口的红灯,那红玻璃也是用硒玻璃做的。

在化学工业上,硒用作石油热裂的催化剂。在橡胶中加入少量的硒,可使橡胶的抗磨性提高50%。染料工业也消耗不少的硒,如在硫化镉中加入硒,可制得橙、黄、褐等色染料,这种染料耐晒、耐热,十分稳定。含铬、锌等金属的硒染料,十分耐腐蚀。

在铸铁、不锈钢、铜合金中加入千分之三到千分之五的硒,可以提高它们的机械加工性能,结构更加致密。

硒的化学性质和硫相似。硒在250℃时,能和氢气化合,生成硒化氢。硒化氢具有近似硫化氢的剧臭。硒在空气中能燃烧,生成白色的二氧化硒细小晶体。二氧化硒溶于水,生成亚硒酸。亚硒酸经氧化剂氧化后,变成硒酸。硒酸并不很出名,但它比号称三大强酸之一的硫酸还厉害,甚至可以溶解黄金!

硒有毒,它的所有化合物均有剧毒。硒的化合物掉在皮肤上,会产生斑疹。硒中毒后,人会感到特别痛,长期丧失嗅觉,不辨香臭。牛羊吃了含硒较多的牧草会掉毛、软蹄。

硒在地壳中含量并不太少,占一亿分之一,比锑、银、汞等高好几倍甚至几十倍,它分布很散,很少有集中的矿物。硒一般以极少量存在于若干硫化矿内。平常,人们大都是从电解铜厂的阳极泥、硫酸厂的磺黄燃烧炉的烟道灰中提取硒。目前,全世界的硒的年产量约为600~700吨。

硒是瑞典化学家相济力阿斯在1817年从硫酸厂的铅室泥中发现的。

硒的希腊文原意是"月亮"意思,因为硒是继碲之后被发现的,而它的性能又近似于碲,碲的希腊文原意是"地球"的意思。

最重要的金属——铁

我国是世界上最早发明冶炼铸铁的国家。我国考古工作者曾发现公元前 5 世纪的铁器,但数量不很多;另外,还发现公元前 3、4 世纪的铁器,数量较多,而且冶铸水平较高。如 1950 年,我国考古工作者曾在河南辉县固围村发掘战国时代的魏墓,发现铁制生产工具 90 多件,其中有铁犁、铁锄、铁镰刀、铁斧、铁链等。从这些实物可以推断,我国劳动人民早在近 3000 年前的周代,已会冶炼铸铁了。到了公元前 3、4 世纪,我国铁器的使用便普遍起来。这说明我国使用铸铁的时间要比欧洲早出 1600 年,是我国古代对世界冶金技术的伟大贡献。

自春秋以来,我国设有专门管理炼铁的"铁官",也有专门经营炼铁的"铁商"。到了汉代,我国已普遍用熟铁制造工具代替铸铁工具。到了唐代,铁的年产量达 1000 多万斤。宋朝,铁的年产量达 3000 万斤以上。明代,铁的年产量则高达 9000 万斤以上。明末宋应星著的《天工开物》一书,不仅对古代的炼铁技术作了详细的介绍,而且还画成了插图,作了形象的描绘。

铁在地壳中的藏量为 4.2%,就金属而论,仅次于铝,占第二位。据不完全统计,世界各国已查明的铁矿储量为 2500 亿吨以上。另外,还有 5000 亿吨属可利用的铁矿资源。在大自然中,纯净的金属铁很少——只有从天上掉下来的"陨铁"才几乎是纯铁(仅含一点点杂质镍),绝大部分铁都是以化合物的状态存在:乌黑发亮、具有磁性的磁铁矿(Fe_3O_4),紫红色的赤铁矿(Fe_2O_3),棕黄色的褐铁矿($2Fe_2O_3 \cdot 3H_2O$),黑灰色的菱铁矿($FeCO_3$),金光闪闪的黄铁矿(FeS_2)。除了黄铁矿含硫太高,不适用于炼铁,一般只用作制造硫酸的原料外,磁铁矿等都是炼铁的原料。

247

纯净的铁是银白色的金属,富有延展性。不过,纯铁的机械强度不高,在工业上不很常用。通常所说的"钢铁",这"钢"与"铁"是两回事。在工业上,铁分生铁、熟铁两种——生铁含碳1.7%~4.5%,熟铁含碳0.1%以下,而钢呢? 含碳量在0.1%~1.7%之间。因此,生铁、钢、熟铁的不同,主要在于含碳量的不同。

随着含碳量的高低不同,生铁、钢、熟铁的性能大不相同,用途也不同:生铁很脆,一般是浇铸成型,所以又称"铸铁",如铁锅、火炉等,在工业上用来制造机床的床身、蒸汽机和内燃机的汽缸等,它的成本比较低廉、耐磨,但没有延性和展性,不能锻打。熟铁所含杂质少,接近于纯铁,韧性强,可以锻打成型,所以又叫"锻铁",如铁勺、锅铲等。钢的韧性好,机械强度又高,在工业上的用途最广。按含碳量的高低,分为三种碳素钢,即低碳钢(含碳低于0.25%),中碳钢(含碳在0.25%~0.6%之间),高碳钢(含碳0.6%以上)。含碳越多,钢的强度越大,硬度越高,但韧性、塑性却越差。由于低碳钢的性能与熟铁近似,而成本比熟铁低得多,现在工业上大都用低碳钢代替熟铁,如制造铁丝、铆钉、白铁皮(镀锌)、马口铁(镀锡)等。碳素钢广泛地被用来制造各种机器零件,如齿轮、凸轮、螺帽、铁轨、钢筋等。日常生活中用的刀、手表壳、钢笔尖、针、剪刀等。另外,在钢中加入各种不同的金属或非金属,可以制成许多性能不同的合金钢。如含镍36%的镍钢几乎不因冷热而热胀冷缩,用来制造精密仪表零件;含钨18%的钨钢,即使已炽热,仍非常坚硬,用来制造高速切割的车刀;含少量钒的钒钢,可使钢的弹性增加一倍,用来制造各种弹簧;含硅2.5%的硅钢做成硅钢片,用作变压器的铁心,不仅可减少变压器发热现象,而且大量节约了电能。

在工业上,人们是在高炉中把铁矿同焦炭、石灰石等混合在一起,在高温下炼制铁。焦炭是作为燃料与还原剂,石灰石则用来除去铁矿中的杂质,如氧化硅、硫、磷等。从高炉中炼出来的是生铁。生铁还需放入转炉或平炉、电炉中,除去部分碳,炼制成钢。

比之铝、铜等金属,铁有一个很大的缺点,就是容易被锈蚀。纯铁虽是银白色的,但是日常所见的铁,表面总是布满褐色的铁锈。不过,铁在干燥的空气里,放几年也不会生锈;把铁放在煮沸的、干净的水里,也很久不会生锈。只有在潮湿的空气或溶有空气(使铁生锈主要是空气中的氧气)的水中,才易使铁生锈。铁锈,是钢铁的心腹大患。据统计,在1890—1923年这33年之中,全世界生产的钢铁有40%因生锈而损失掉了! 为了防锈,人们常在钢铁制品表面涂上油漆、陶瓷或镀上防锈金属。

最重要的铁的化合物是氧化铁(Fe_2O_3)和硫酸亚铁($FeSO_4$)。氧化铁是咖啡色的,常用的棕色颜料便是它(颜色深浅与粉末粗细有关)。氧与铁的化合物还有两种——氧化亚铁(FeO)是黑色的,而四氧化三铁(Fe_3O_4)也是黑色的,但表面闪着蓝光。时钟的针、发条表面常是黑中透蓝,便是表面经过"发蓝处理"——用化学方法使表面生成一层致密的四氧化三铁,可以防锈。至于硫酸亚铁,本是白色的粉末,但常见的硫酸亚铁晶体通常是浅绿色的,那时因为含有结晶水的缘故。所以,硫酸亚铁的俗名便叫"绿矾"。绿矾是十分重要的无机农药,也是制造蓝黑墨水的主要原料。

还有两种常见的铁盐:一种叫"黄血盐",是黄色的晶体,化学成分为亚铁氰化钾 $K_4[Fe(CN)_6]$。黄血盐与铁离子 Fe^{3+} 作用生成蓝色的亚铁氰化铁 $Fe_4[Fe(CN)_6]_3$ 的蓝色沉淀,俗称普鲁士蓝,用作蓝色颜料。这个生成普鲁士蓝沉淀的反应,在分析化学上常用来鉴定铁离子。另一种叫"赤血盐",是红色晶体,化学成分为铁氰化钾 $K_3[Fe(CN)_6]$。赤血盐与亚铁离子 Fe^{2+} 作用生成铁氰化亚铁 $Fe_3[Fe(CN)_6]_2$ 的蓝色沉淀。这一反应,在分析化学上常用来鉴定亚铁离子。

一个成年人的血液中,大约含有3克铁,相当于一根小铁钉的重量。这些铁,有75%是存在于血红素中,因为铁原子是血红素的核心原子——这正如镁是叶绿素的核心原子一样。在器官中,含铁最多的是肝和脾。

植物,也离不了铁,因为铁是植物制造叶绿素时不可缺少的催化剂。如果一盆花得不到铁,那么,花很快就失去那艳丽的颜色,失去那沁人肺腑的芳香,叶子也发黄枯萎。

249

在铁矿附近的水、泥沼、池塘以及自来水管中,常繁殖着一种"铁菌"。它们把两价铁的化合物变成三价铁的化合物,形成厚厚的红棕色的氢氧化铁沉淀。

在一般土壤中,含有不少铁的化合物。如红土壤中,便含有很多氧化铁。也有的土壤缺乏铁,就得施加"铁肥"——硫酸亚铁了。

地球上最多的金属——铝

许多人常常以为铁是地壳中最多的金属。其实,地壳中最多的金属是铝,其次才是铁,铝占整个地壳总重量的7.45%,差不多比铁多一倍!地球上到处都有铝的化合物,像普通的泥土中,便含有许多氧化铝(Al_2O_3)。最重要的铝矿是明矾矿和铝土矿。我国有极为丰富的铝矿。

铝虽然储藏量比铁多,但是,人们炼铝比炼铁晚得多。这是因为铝的化学性质比铁活泼,不易还原,因此从矿石中冶炼铝也就比较困难。这样,铝一向被称为"年轻的金属"。据世界化学史记载,金属铝是在1825年才被英国化学家戴维制得的。

现在,铝很普遍。我们平常使用的硬币,便是铝做的。在厨房里,铝锅、铝饭盒、铝匙、铝盆、铝勺等。然而,在100多年前,铝却被认为是一种稀罕的贵金属,价格比黄金还贵,以至被列为"稀有金属"之一。

其实,这是不足为奇的。因为铝的价值贵贱,完全取决于炼铝工业的水平。在100多年前,人们使用金属钠来制取铝。钠很贵,当然铝就更贵了。直到19世纪末,人们发明了大量生产铝的新方法——在冰晶石和矾土(氧化铝)的熔融混合物中通入电流进行电解。这时,铝才开始走向大工业,走向生活的每一个角落。

铝,是银白色的轻金属(比重只有2.7)。人们常把铝叫做"钢精"。纯净的铝很软,可以压成很薄的箔,现在包糖果、香烟的"银纸",其实大都是铝箔。纯铝的导电性很好，又轻盈，人们常用它来代替铜，制造电线，特别在远距离送电时，多用铝线来代替铜线，可以减少电线杆等设备。我国大力发展"以铝代铜"，攻克了"以铝代铜"的技术关键——铝的焊接技术，制成了各种马力的铝线电机，节约了大量的铜。纯铝也大量用于化学、半导体与电子学的研究及光学仪器的生产上。纯铝能很好地反射光线，所以探照灯的灯罩常常用纯铝做。

不过，纯铝太软了，平常人们总是往里加入少量的铜、镁、锰等，制成坚硬的铝合金——"硬铝"。铝和铝合金美观、轻盈而又不易锈蚀，用途很广。例如前些年有人统计，一架飞机中约有50万个用铝做的铆钉！机身、机翼、机尾、螺旋桨、引擎也离不了铝和铝合金，据统计，铝和铝合金占飞机总重的70%左右。如果火车的车皮都用铝做，重量将大大减轻，机车牵引效率也可提高。铝制的舰艇，不仅速度快、不被海水侵蚀，而且没有磁性，不为磁性水雷所发现，军事上十分重要。最近几年铝合金又成为制造人造卫星、火箭的重要材料。此外，在运输部门，铝也被用来制造高速度的机车、桥梁、输油车的油罐以及船只和汽车中的某些零件；在建筑工业上，用铝做骨架、铝梁、空心铝壁板以及各种铝制构件。

铝是银白色的，可是铝制品用没多久，表面常变得白蒙蒙的，这是什么缘故呢？这便是铝生锈了。铝的表面与空气中的氧化合，生成一层薄薄的氧化膜——氧化铝。这层氧化铝非常致密，它紧紧地贴在铝的表面，防止里面的铝继续和氧化合。这层氧化铝不怕水浸，不怕火烧，熔点高达2050℃，怪不得铝制品很难锈蚀，经久耐用。这层氧化铝甚至不怕硝酸的侵蚀，所以硝酸厂里常用铝罐来装浓硝酸。不过，这层氧化膜却怕碱，碱能溶解它，盐酸和硫酸也能溶解它。因此，铝制品不能用来盛碱性物质，脏了也不要用草木灰来擦，草木灰是碱性物质，用它擦铝制品，会缩短使用寿命的。另外，也不要把酸性的蔬菜等放在铝锅里过夜。

别看氧化铝薄膜那么白蒙蒙的，自然界里坚硬而美丽的宝石——刚玉，也是氧化铝呢！它是一种晶态无水氧化铝。刚玉的硬度仅次于金刚石,常被用来制造金属制品的磨轮,手表里的轴承就装在这耐磨的刚玉上。常听人们谈起手表里的"钻数",这钻数就是指表里刚玉的颗数。除手表外,天平、时钟、电流计、电压表里也要用到刚玉。现在,人们从铝土矿里提取纯净的白色氧化铝粉末,放在炽热的电炉里加热熔化,制取人造刚玉,它甚至比天然的刚玉还要坚硬。

电气工业的"主角"——铜

人类最早是用石器制造工具,在历史上称为"石器时代"。接着,人们发明了炼铜并用铜制造工具,在历史上称为"铜器时代"或"红铜时代"。紧接着,人们又发明了炼制铜与锡的合金——青铜,大量用青铜制造工具,在历史上称为"青铜时代"。铜,是人类在古代便发现了的重要的化学元素。

据章鸿钊著《中国铜器铁器时代沿革考》考证,我国在炎黄之世,即公元前 27 世纪(距今近 5000 年)已开始使用铜器。我国早在黄帝的时候,便会铸青铜鼎了。夏禹时,用青铜铸造了九个很大的鼎。到了殷代,冶铸青铜的技术已很发达了。著名的青铜祭器——"司母戊大鼎",是我国考古工作者 1939 年在河南安阳武官村发掘出来的殷代巨鼎,高达 133 厘米,横 110 厘米,宽 78 厘米,重 875 千克,内壁的一方有铭文"司母戊"三字。这样巨大的鼎,是世界少见的古代青铜器,也是我国 3000 多年前高度的炼铜技术水平的一个有力见证。

青铜的熔点比纯铜低,冶铸所需温度不太高,而且铸造性能比纯铜好,硬度大,所以它在古代比纯铜得到更普遍的应用。不过,由于铜矿、锡矿终究比较少,不能满足生产的大量需要。正如南朝江淹《铜剑赞序》中所说:"古者以铜为兵。春秋迄于战国,战国迄于秦时,攻争纷乱,兵革互兴,铜既不给,故以铁足之。铸铜既难,求铁甚易,故铜兵转少,铁兵转多。二汉之世,既见甚微。"随着生产的发展,铜与青铜逐渐被铁所代替,从而进入"铁器时代"。

　　纯净的铜是紫红色的金属，俗称"紫铜"、"红铜"或"赤铜"。纯铜富有延展性。像一滴水那么大小的纯铜，可拉成长达2000米的细丝，或压延成比床还大的几乎透明的箔。纯铜最可贵的性质是导电性能非常好，在所有的金属中仅次于银。但铜比银便宜得多，因此成了电气工业的"主角"。纯铜的用途比纯铁广泛得多，每年有50%的铜被电解提纯为纯铜，用于电气工业。这里所说的纯铜，确实要非常纯，含铜达99.95%以上才行。极少量的杂质，特别是磷、砷、铝等，会大大降低铜的导电率。铜中含氧（炼铜时容易混入少量氧）对导电率影响很大，用于电气工业的铜一般都必须是无氧铜。另外，铅、锑、铋等杂质会使铜的结晶不能结合在一起，造成热脆，也会影响纯铜的加工。这种纯度很高的纯铜，一般用电解法精制：把不纯铜（即粗铜）作阳极，纯铜作阴极，以硫酸铜溶液为电解液。当电流通过后，阳极上不纯的铜逐渐熔解，纯铜便逐渐沉淀在阴极上。这样精制而得的铜，纯度可达99.99%。

　　铜有许多种合金，最常见的是黄铜、青铜与白铜。

　　黄铜是铜与锌的合金，因色黄而得名。不过，这"黄色"只是"一般来说"罢了。严格地讲，随着含锌量的不同，黄铜的颜色也不同。如含锌量为18%～20%时，呈红黄色；含锌20%～30%，呈棕黄色；含锌30%～42%，呈淡黄色；含锌42%，呈红色；含锌50%，呈金黄色，含锌60%，呈银白色。现在工业上所用的黄铜，一般含锌量在45%以下，所以常见的黄铜大都是黄色。黄铜中加入锌，可以提高机械强度和耐腐蚀性。我国很早就会制造黄铜，早在2000多年前的汉代，便有不准使用"伪黄金"的法律，其实这"伪黄金"便是指黄铜，因为它外表很像黄金。至今，一些"金"字、"金"箔，便常是用黄铜做的。黄铜敲起来声音很好，因此锣、钹、铃、号都是用黄铜做的，甚至连风琴、口琴的簧片也用黄铜做。黄铜耐腐蚀性好，特别是锡黄铜，用来制造船舶零件。此外，在国防工业上，黄铜大量用于制造子弹壳与炮弹壳。

　　青铜是铜与锡的合金，因色青而得名。我国古代使用青铜制镜。据文

253

献记载,唐太宗曾说过:"人以铜为镜,可以正衣冠;以古为镜,可以见兴替;以人为镜,可以知得失。"这"以铜为镜"便是指青铜镜。青铜很耐磨,青铜轴承是工业上著名的"耐磨轴承",纺纱机里便有许多青铜轴承。青铜还有个反常的特性——"热缩冷胀",因此用来铸造塑像,受冷膨胀,可以眉目清楚、轮廓正确。

至于白铜,则是铜与镍的合金,因色白而得名。它银光闪闪,不易锈蚀,常用于制造精密仪器。

铜受潮,易生成绿色的"铜绿"——碱式碳酸铜,是有毒的,因此铜锅内壁常镀锡,以防生铜绿。

对于成年人来说,每天约需吸收 5 毫克的铜。如果进入人体的铜量不足,将会引起血红素减少与患贫血症。在人体中,铜主要聚集在肝脏以及其他组织的细胞中。瘤细胞中含铜量极少。孕妇的血液中,含铜量比一般人高一倍。植物同样需要少量的铜。铜化合物(如硫酸铜),是微量元素肥料——铜肥。铜肥施在沼泽地区,能显著提高作物产量。

据测定,在 1 千克干燥的谷物中,约含有 5~14 毫克铜;1 千克豆类,含铜 18~20 毫克;瓜类为 30 毫克,面包为 3~5 毫克。在食物中,含铜量最多的是牛奶、章鱼、牡蛎等。

在大自然中,常见的铜矿是孔雀石。此外,黄铜矿和辉铜矿也是很重要的铜矿。在世界上,产铜较多的国家是赞比亚与智利。天然的纯铜,在大自然中并不多。到目前为止,发现最重的一块纯铜为 420 吨。铜在地壳中含量为十万分之三。

虽然铜在某些方面,逐渐被铝代替,但铜仍不失为一种重要的金属。据统计,现在工业上生产 100 万吨钢铁,大约需要生产 1 吨铜来配合。

重要的铜的化合物是硫酸铜与氧化铜,硫酸铜俗称"蓝矾"。不过,纯净的无水硫酸铜,并不是蓝色的,而是白色的粉末。含结晶水硫酸铜,才是天蓝色的晶体。在化学上,常用无水硫酸铜来鉴别有机溶液中是否含水。例如,判断酒精是否是无水酒精,只需放进一点无水硫酸铜。如果硫酸铜变蓝了，就说明这酒精中含水。在农业上，硫酸铜是著名的无机农药。常将硫酸铜与石灰混合配制成波尔多液使用。硫酸铜主要用来杀菌，而不是杀虫。

氧化铜是黑色的粉末。所谓"氧化铜无机黏结剂"，就是把磷酸与氢氧化铝混合，加热制成甘油般的黏稠液体，然后倒到氧化铜粉末中，不断搅拌，调成黑色的"糨糊"。把这种黑"糨糊"涂在需黏结的金属表面，然后压紧，过两、三天后，两块金属就紧紧地粘在一起了。氧化铜无机黏结剂能把金属与金属、陶瓷与陶瓷、金属与陶瓷牢牢地黏合。过去，刀具上的刀刃——硬质合金，是用焊接的方法焊上去，焊接时温度很高，往往会降低刀具的硬度，缩短使用寿命。改用氧化铜无机黏结剂黏合，不用加热，黏合很牢，使用寿命可延长一倍左右。用它黏结红宝石挤压器、弹簧夹片、玻璃仪器等效果也很好。氧化铜无机黏结剂成本低廉，只及铜焊成本的十分之一。

马口铁的"外衣"——锡

锡是大名鼎鼎的"五金"——金、银、铜、铁、锡之一。早在远古时代，人们便发现并使用锡了。在我国的一些古墓中，便常发掘到一些锡壶、锡烛台之类锡器。据考证，我国周代时，锡器的使用已十分普遍了。在埃及的古墓中，也发现有锡制的日常用品。

在自然界中，锡很少成游离状态存在，因此就很少有纯净的金属锡。最重要的锡矿是锡石，化学成分为二氧化锡。炼锡比炼铜、炼铁、炼铝都容易，只要把锡石与木炭放在一起烧，木炭便会把锡从锡石中还原出来。很显然，古代的人们如果在有锡矿的地方烧篝火烤野物时，地上的锡石便会被木炭还原，银光闪闪的、熔化了的锡液便流了出来。正因为这样，锡很早就被人们发现了。

我国有丰富的锡矿，特别是云南个旧，是世界闻名的"锡都"。此外，广

255

西、广东、江西等地也都产锡。1800 年,全世界锡的年产量仅 4000 吨,1900 年为 8.5 万吨,1940 年为 25 万吨,现在已超过 60 万吨。

锡是银白色的软金属,比重为 7.3,熔点低,只有 232℃,你把它放进煤球炉中,它便会熔成水银般的液体。锡很柔软,用小刀能切开它。锡的化学性质很稳定,在常温下不易被氧气氧化,所以它经常保持银闪闪的光泽。锡无毒,人们常把它镀在铜锅内壁,以防铜温水生成有毒的铜绿。牙膏壳也常用锡做(牙膏壳是两层锡中央着一层铅做成的。现在我国已用铝代替锡制造牙膏壳)。焊锡,也含有锡,一般含锡 61%,有的是铅锡各半,也有的是由 90%铅、6%锡和 4%锑组成。

锡在常温下富有展性。特别是在 100℃时,它的展性非常好,可以展成极薄的锡箔。平常,人们便用锡箔包装香烟、糖果,以防受潮(现在我国已逐渐用铝箔代替锡箔。铝箔与锡箔很易分辨——锡箔比铝箔光亮得多)。不过,锡的延性却很差,一拉就断,不能拉成细丝。

其实,锡也只有在常温下富有展性,如果温度下降到 13.2℃以下,它竟会逐渐变成煤灰般松散的粉末。特别是在 $-33℃$ 或有红盐($SnCl_4 \cdot 2NH_4Cl$)的酒精溶液存在时,这种变化的速度大大加快。一把好端端的锡壶,会"自动"变成一堆粉末。这种锡的"疾病"还会传染给其他"健康"的锡器,被称为"锡疫"。造成锡疫的原因,是由于锡的晶格发生了变化:在常温下,锡是正方晶系的晶体结构,叫做白锡。当你把一根锡条弯曲时,常可以听到一阵嚓嚓声,这便是因为正方晶系的白锡晶体间在弯曲时相互摩擦,发出了声音。在 13.2℃以下,白锡转变成一种无定形的灰锡。于是,成块的锡便变成了一团粉末。

锡不仅怕冷,而且怕热。在 161℃以上,白锡又转变成具有斜方晶系的晶体结构的斜方锡。斜方锡很脆,一敲就碎,展性很差,叫做"脆锡"。白锡、灰锡、脆锡,是锡的三种同素异构体。

由于锡怕冷,因此,在冬天要特别注意别使锡器受冻。有许多铁器常用锡焊接的,也不能受冻。1912 年,国外的一支南极探险队去南极探险,所用的汽油桶都是用锡焊的，在南极的冰天雪地之中，焊锡变成粉末般的灰锡，汽油就都漏光了。

锡的化学性质稳定，不易被锈蚀。人们常把锡镀在铁皮外边，用来防止铁皮的锈蚀。这种穿了锡"衣服"的铁皮，就是大家熟知的"马口铁"。1吨锡可以覆盖7000多平方米的铁皮，因此，马口铁很普遍、也很便宜。马口铁最大的"主顾"是罐头工业。如果注意保护，马口铁可使用10多年而保持不锈。但是，一旦不小心碰破了锡"衣服"，铁皮便很快被锈蚀，没多久，整张马口铁便布满红棕色的铁锈斑。所以，在使用马口铁时，应注意切勿使锡层破损，也不要让它受潮、受热。"马口铁"这名字，是由于它是从西藏阿里马口地方输入（英国经印度从马口输入）而得名的。

锡，也被大量用来制造锡铜合金——青铜。

锡与硫的化合物——硫化锡，它的颜色与金子相似，常用作金色颜料。

锡与氧的化合物——二氧化锡。锡于常温下，在空气中不受氧化，强热之，则变为二氧化锡。二氧化锡是不溶于水的白色粉末，可用于制造搪瓷、白釉与乳白玻璃。1970年以来，人们把它用于防止空气污染——汽车废气中常含有有毒的一氧化碳气体，但在二氧化锡的催化下，在300℃时，可大部转化为二氧化碳。

锡和氯可形成两种化合物：

1. 二氯化锡（又称氯化亚锡），具有很强的还原能力，工业上常利用氯化亚锡使其他金属还原，是化学上常用的还原剂之一；在染料工业上，也可用作媒染剂。

2. 四氯化锡：在二氯化锡溶液里通入足量的氯气，便可得到四氯化锡，四氯化锡是沸点为114℃的无色液体。——遇水蒸气就水解，冒出强烈的白烟，形成白色的浓雾，军事上用它装在炮弹里，制成烟幕弹。四氯化锡能与氯化铵化合，生成一种复盐（$SnCl_4 \cdot 2NH_4Cl$），是重要的媒染剂。

257

蓄电池的"主角"——铅

铅的"资格"够老的了，人们早在几千年前便已认识铅了。我国在殷代末年纣王时便已会炼铅。古代的罗马人喜欢用铅作水管，而古代的荷兰人，则爱用它作屋顶。

铅是银白色的金属（与锡比较，铅略带一点浅蓝色），十分柔软，用指甲便能在它的表面划出痕迹。用铅在纸上一划，会留下一条黑道道。在古代，人们曾用铅作笔。"铅笔"这名字，便是从这儿来的。铅很重，一立方米的铅重达 11.3 吨，古代欧洲的炼金家们便用旋转迟缓的土星来表示它，写作"Ph"。铅球那么沉，便是用铅做的。子弹的弹头也常灌有铅，因为如果太轻，在前进时受风力影响会改变方向。铅的熔点也很低，为 327℃，放在煤球炉里，也会熔化成铅水。

铅很容易生锈——氧化。铅经常是呈灰色的，就是由于它在空气中，很易被空气中的氧气氧化成灰黑色的氧化铅，使它的银白色的光泽渐渐变得暗淡无光。不过，这层氧化铅形成一层致密的薄膜，防止内部的铅进一步被氧化。也正因为这样，再加上铅的化学性质又比较稳定，因此铅不易被腐蚀。在化工厂里，常用铅来制造管道和反应罐。著名的制造硫酸的铅室法，便是因为在铅制的反应器中进行化学反应而得名的。

金属铅的重要用途是制造蓄电池。在蓄电池里，一块块灰黑色的负极都是用金属铅做的。正极上红棕色的粉末，也是铅的化合物———氧化铅。一个蓄电池，需用几十千克铅。飞机、汽车、拖拉机、坦克，都是用蓄电池作为照明光源。工厂、码头、车站所用的"电瓶车"，这"电瓶"便是蓄电池。广播站也要用许多蓄电池。

金属铅还有一个奇妙的本领——它能很好地阻挡 X 射线和放射性射线。在医院里，大夫作 X 射线透视诊断时，胸前常有一块铅板保护着；在原子能反应堆工作的人员，也常穿着含有铅的大围裙。铅具有较好的导电性，被制成粗大的电缆，输送强大的电流。铅字是人们熟知的，书便是用铅字排版印成的，然而，"铅字"并不完全是铅做的，而使用铅字合金浇铸成的。铅字合金一般含有5%～30%的锡和10%～20%的锑，其余则是铅。加了锡，可降低熔点，便于浇铸。加了锑，可使铅字坚硬耐磨，特别是受冷会膨胀，使字迹清晰。

保险丝也是用铅合金做的，在焊锡中也含有铅。

铅的许多化合物，色彩缤纷，常用作颜料，如铬酸铅是黄色颜料，碘化铅是金色颜料（与硫化锡齐名）。至于碳酸铅，早在古代就被用作白色颜料。考古工作者发掘到的古代壁画或泥俑，其中人脸常是黑色的。经过化学分析和考证，证明这黑色的颜料是铅的化合物——硫化铅。其实，古代涂上去的并不是黑色的硫化铅，而是白色的碳酸铅。只不过由于长期受空气中微量硫化氢或墓中尸体腐烂产生的硫化氢的作用，才逐渐变成了黑色的硫化铅。这件事一方面说明碳酸铅作为白色颜料的历史很悠久，另一方面也说明碳酸铅作白色颜料有很大的缺点——变黑。现在，我国已不用碳酸铅作白色颜料，而是用白色的二氧化钛——俗称"钛白"。铅的最重要的有机化合物是四乙基铅，常用作汽油的防爆剂。

铅和铅的化合物有毒。考古工作者们在发掘古罗马的墓时，曾发现尸骨上常有一些黑斑。经化学分析，确定是硫化铅。骨头里怎么会有硫化铅呢？经考证，原来古罗马人是用铅管做自来水管。水中总溶有少量的氧气，它能与铅作用，生成微溶于水的氢氧化铅。这种自来水被喝进人体后，铅就把骨骼中的钙取代出来，积存于骨骼。久而久之，铅越积越多。人死后，尸体腐烂时产生硫化氢气体，与骨骼中的铅生成黑色的硫化铅。这件事说明铅不仅有毒，而且是积累性的。铅最易积累于人的牙床。这样，中了铅毒的人，牙床边缘便变成灰色。铅中毒使人腹痛，严重的会发展到神经错乱。正因为这样，用铅做茶壶、酒壶，是不适宜的。在炼铅工厂中，要特别注意做好预防铅中毒的工作。

我国是世界上最早会炼铅的国家之一。我国著名的炼丹著作《周易参同契》中，便说："胡粉投火中，色坏还为铅"。据考证，胡粉即氧化铅。"投火中"后，氧化铅被木炭还原成金属铅，于是"色坏"，从黄色"还为铅"。《周易参同契》是我国公元2世纪时魏伯阳的著作，可见我国很早便会炼铅了。不过，在我国古籍中，常把铅与锡并称而又互相混用。《管子》中说："上有陵石者下有铅锡。"《博物志》中说："烧铅锡成胡粉。"《太平寰宇记》中引《尔雅》说："锡之善者曰铅。"都是如此，这是由于铅与锡不仅都是易被木炭还原的金属，几乎同时被人们发现，而且它们的外貌、性质十分类似，容易被混为一谈。

铅占地壳总原子数的十万分之一。在大自然中，最重要的铅矿是方铅矿。我国有丰富的铅矿。

热缩冷胀的金属——锑

我国是世界上锑矿最多的国家，也是世界上产锑最多的国家。我国的锑矿，分布在湖南、广东、广西、云南、贵州、四川等地，其中以湖南省新化县锡矿山的锑矿储量最大。早在明代，新化当地的居民就发现山上有锑矿，不过，当时以为它是锡矿，因此便叫它为"锡矿山"，这名字一直沿用到今天。

最重要的锑矿是辉锑矿，有着锡一般的金属光泽，它的化学成分是三硫化二锑，含锑20%以上。在工业上，人们用碳还原辉锑矿，制得金属锑。

锑，是银灰色的金属，很脆、易熔。除了常见的灰色的锑以外，还有黄色的黄锑、黑色的黑锑和很易爆炸的爆炸锑。不过，这三种锑的同素异构体都不很稳定：黄锑在-80℃以上，就很快变成黑锑，而黑锑加热就变成普通的灰锑；爆炸锑甚至用较硬的东西撞击，也会放出大量的热和火花，很快变成灰锑。

锑，大都用来与铅熔在一起，制成合金使用。加了锑的合金，叫做"硬铅"。我们平常遇到的许多"铅"做的东西，其实大都是用硬铅做的。例如铅锑电池里的铅板，便是用硬铅做的。如果用纯铅做就太软了，放在汽车上，一受颤动，很容易变形。据试验，用硬铅制成铅板，比纯铅的使用寿命至少延长15倍！在化学工业上，一些耐强酸的材料，如铅管、反应罐，常用硬铅来铸造或作衬垫。制硫酸的"铅室法"，那铅室也是用硬铅做的。在第一次世界大战时，人们还曾用硬铅来制造在空中爆炸的榴霰弹。

锑有一个反常的特性——热缩冷胀。一般的物体都是热胀冷缩，然而，液态的锑在受冷凝固时，体积反而稍为膨胀。这样，人们在制造铅字时，便往铅字合金里加入一些锑。当熔化了的铅字合金浇入铜模里冷却凝固时，合金也就稍为膨胀，使每一个细小的笔画都十分清晰地凸出来。不仅如此，加入锑后，还能使铅字合金更为坚硬、耐磨，弥补了铅的一些不足之处。锑除了与铅制成合金外，还用来与其他金属制成合金。例如，含有90%锡、7%锑、3%铜的巴必妥合金，含90%锡和10%锑的不列颠合金等，常用来制造轴承。

锑的化合物也有许多用途。在火柴工业上，用三硫化锑或五硫化锑作火柴盒的摩擦剂。在橡胶工业上，用五硫化二锑作着色剂。用五硫化二锑处理过的橡胶，具有特殊的红色。在医药上，锑用来制造许多药物，例如，治肺病、血吸虫病、黑热病等的一些特效药，都是锑的有机化合物。我国医药工作者研究制成了治疗血吸虫病的"锑剂"，为彻底消灭血吸虫病作出了贡献。另外，锑的一些化合物常用作颜料。在我国古代，锑的化合物早就用作化妆品和颜料。现在，锑的一些氧化物和硫化物，仍被大量用作颜料。硫化锑还是很好的半导体材料。

261

白铁皮的"外衣"——锌

我国是世界上最早发现并使用锌的国家。据王琎在1922年对我国古钱的化学成分进行化学分析，证明其中含有锌。接着，章鸿钊于1923年对我国古代用锌问题进行专门研究,连续发表了《中国用锌的起源》及《再论中国用锌之起源》。他根据对我国古代文献的考证及对汉钱的分析,认为我国在汉初(公元前1世纪)已知道用锌。

我国用锌是从炼制黄铜开始的。黄铜即铜锌合金。我国在汉代时,便有过这样的法律——不准使用"伪黄金"。据考证,这"伪黄金"就是黄铜。在我国南北朝(公元4世纪)时的一些著作中,有"鍮石"一词。据考证,我国古代称黄铜为"鍮石"。在唐代的一些文献中,则记载着用"炉甘石"(碳酸锌)炼制黄铜。《唐书·食货志》中说:"玄宗时(712—755年)天下炉九十九,每炉岁铸三千三百缗(即丝),黄铜二万一千二百斤。"明代宋应星著的《天工开物》一书,便更具体、详细地记载了炼制黄铜的方法:"每红铜六斤,入倭铅四斤,先后入罐熔化,冷定取出,即成黄铜。"这里所说的"红铜"即铜,"倭铅"即锌。

我国炼制黄铜始于汉初,那么,炼制金属锌从什么时候开始的呢?据考证,至迟当在明代。明《天工开物》一书《五金》一章,十分详细地讲述了如何用"炉甘石"升炼"倭铅",亦即用碳酸锌炼制金属锌。炼锌要比炼铁、炼铜容易,因为锌的熔点只有419℃,沸点也不过907℃,况且锌又较易被还原。如果把锌矿石和焦炭放在一起,加热到1000℃以上,金属锌被焦炭从矿石中还原出来,并像开水一样沸腾起来,变成锌蒸气。再把这种蒸气冷凝,便可制得非常纯净而又漂亮的金属锌结晶。在过去,世界上都以为最早会炼制金属锌的是英国,因为英国在1739年公布了蒸馏法制金属锌的专利文献。其实,经过我国化学史工作者的考证,证明这个方法是英国人在1730年左右从中国学去的。据考证,在16—17世纪,我国制造纯度高达98%的金属锌,被以东印度公司为代表的西方殖民者从我国大量运至欧洲,后来,连我国炼锌的方法也被他们传至欧洲。至今,欧洲仍有人称锌为"荷兰锡",这是因为东印度公司是由荷兰、英、法、葡萄牙等国开设的,锌的外表又酷似锡,那锌被称为"荷兰锡"便不言而喻了。实际上,这"荷兰锡"的真名应该是"中国锌"。

锌是银白色的金属。提水的小铁桶，是用白铁皮做的，在它的表面有着冰花状的结晶，这就是锌的结晶体。在白铁皮上镀了锌，主要是为了防止铁被锈蚀。然而，奇怪的是，锌比铁却更易生锈：一块纯金属锌，放在空气里，表面很快就变成蓝灰色——生锈了。这是因为锌与氧气化合生成氧化锌的缘故。可是这层氧化锌却非常致密，它能严严实实地覆盖在锌的表面，保护里面的锌不再生锈。这样，锌就很难被腐蚀。正因为这样，人们便在白铁皮表面镀了一层锌防止铁生锈。每年，世界上所生产的锌，有 40% 被用于制造白铁皮，制成各种管子、桶等。

白铁皮要比马口铁耐用：马口铁碰破一点，很快会烂掉；可是白铁皮即使碰破一大块，也不容易被锈蚀。这是因为锌的化学性质比铁活泼，当外界的空气和水分向白铁皮"进攻"时，锌首先与氧气化合，而保护了铁的安全。不过，白铁皮要比马口铁贵。

金属锌除了用来制造白铁皮外，也用来制造干电池的外壳。不过干电池外壳的锌是较纯的。此外，锌也与铜制成铜锌合金——黄铜。

最重要的锌的化合物是氧化锌，俗名叫"锌白"，是著名的白色颜料，用来制造白色油漆等。在室温下氧化锌是白色的，受热后却会变成黄色，而再冷却时，又重新变成白色。现在，人们利用它的这个特点，制成"变色温度计"——用它颜色的变化来测量温度。

锌，还是植物生长所不可缺少的元素。硫酸锌是一种微量元素肥料。据测定，一般的植物里，大约含有百万分之一的锌，有些个别的植物含锌量却很高，如车前草含万分之一的锌，芹菜含万分之五的锌，而在某些谷类的灰中，竟有 12% 的锌。

在人体中，也含锌在十万分之一以上。含锌最多的是牙齿（0.02%）和神经系统。有趣的是，鱼类在产卵期以前，几乎把身体中的锌，全部转移到鱼卵中去。

锌在地壳中的含量约为十万分之一。最常见的锌矿是闪耀着银灰色金属光泽的闪锌矿，它的化学成分是硫化锌。现在，工业上常用闪锌矿来

263

炼锌。

顺便提一句，锌常被人误为铅，如镀锌铁丝被误称为"铅丝"，镀锌的白铁皮被误称为"铅皮"，用白铁皮做成的桶被误称为"铅桶"，这是应该纠正过来的。

闪光灯中的金属——镁

夜晚，当摄影记者给盛大的集会拍照时，常伴随着"咔嚓、咔嚓"的响声和一道道夺目的闪光。这闪光，便是镁粉在燃烧。

镁，是英国化学家戴维在 1808 年用电解法首先发现的。它的希腊文名称的原意为"美格尼西亚"，因为在希腊的美格尼西亚当时盛产一种名叫苦土的镁矿。镁，与铝很相似，是银白色的轻金属，不过，它比铝更轻些，一立方米的镁仅重 1.74 吨，只有同体积铝重量的三分之二。镁十分坚硬，机械性能也不错。

与铝一样，镁在空气中，它的表面也会迅速地氧化而失去光泽，同时生成一层薄薄的氧化膜，这层氧化膜很稳定，能保护里面的金属不再氧化。当镁在空气中燃烧时，还会射出耀眼的亮光来，要是在纯氧中燃烧，那白光更是亮得炫目。因此，人们便用镁粉来制成闪光粉（镁粉与氯酸钾的混合物），供夜间摄影用。另外，人们也用镁粉来制成照明弹、焰火等。

不过，镁的最重要的用途是用来制造合金。

最常见的镁合金，是镁铝合金，它含有 5% ~ 30%的镁。镁铝合金，要比纯铝更坚硬，强度更大，而且比铝更容易加工与磨光，镁铝合金也格外轻盈，被大量用于飞机制造工业，成了重要的"国防金属"。在制造汽车及其他运输工具时，也常用到镁铝合金。人们新制成含 9%钇、1%锌的镁合金，又轻盈又结实，用于制造直升机零件。此外，在铸铁中加入 0.05%的镁，还能大大增加铸铁的延展性和抗裂性。

镁最重要的化合物是氧化镁和硫酸镁。

氧化镁熔点非常高，达 2800℃，是很好的耐火材料。砌高炉用的"镁砖"，就含有许多氧化镁，它能耐得住 2000℃以上的高温。氧化镁也被用来制造水泥，氧化镁水泥不仅是很好的建筑材料，而且还常用来制造磨石和砂轮。如果把木屑刨花之类浸在氧化镁水泥浆里，加以压力，硬化后便成了坚固耐用的纤维板。这种纤维板很轻，隔音、绝热的本领很好，又能耐火。

硫酸镁是著名的泻药，它是一种无色结晶物质，很容易溶于水，味道很苦。当病人口服后，在肠道内它很难被吸收，但由于渗透压的关系，在肠内留有大量的水分，使肠容积增加，于是机械地刺激肌壁，引起排便。服用硫酸镁是较安全的，但剂量也要有一定限制，成年人每次 15～30 克。硫酸镁也被用在纺织工业和造纸工业中。

在生物学上，镁极为重要。因为它是叶绿素分子中的核心原子——在镁原子的周围，围着许许多多氢原子、氧原子等，组成叶绿素分子。在叶绿素中，镁的含量达 2%。要是没有镁，就没有叶绿素，也没有绿色植物，没有粮食和青菜了。据估计，在全世界的植物体中，镁的含量高达 100 亿吨。在土壤中施镁肥，可以显著地提高产量，尤其是甜菜。

在大自然中，镁是分布很广的元素之一。在地壳中，镁的含量约为千分之十四。主要的镁矿有白云石、菱镁矿等。在石棉、滑石、海泡石中也都含有镁。特别在海水中，镁的含量仅次于钠。据计算，在全世界海水中，镁的含量高达 6×10^{16} 吨。现在，人们便是从海水中提取镁。

265

白铜里的金属——镍

镍，一直被认为是瑞典矿物学家克龙斯泰特在 1751 年首先发现的。然而，实际上我国是最早知道镍的国家。据考证，我国早在克龙斯泰特前 1800 多年的西汉（公元前 1 世纪），便已懂得用镍与铜来制造合金——白铜。我国古代把白铜称为"鋈"。我国古代还用白铜制造墨盒、烛台、盘子等。在明代李时珍著的《本草纲目》和宋应星著的《天工开物》中,则更有详细的关于用砒矿炼白铜的记载。这种云南出产的砒矿,即现在矿物学上所说的"砒镍矿"。1929年,王琎曾分析过我国一古代白铜文具的化学成分;证明其中含有6.14%镍,62.5%铜以及少量锡、锌、铁、铅等。

我国古代制造的白铜器件,不仅销于国内各地,还远销国外。据踞考证,在秦汉时,在新疆西边的大夏国,便有白铜铸造的货币,含镍达20%,而从其形状、成分及当时历史条件等分析,很可能是从我国运去的。至今,波斯语(伊朗一带)、阿拉伯语中,还把白铜称为"中国石",可见我国古代白铜曾远销亚洲西部一带地区。到了17—18世纪,东印度公司则更是从我国广州购买各种白铜器件,运销至德国、瑞典等欧洲国家。过去有人把白铜称为"德银",其实那完全是弄颠倒了——那是德国人在17—18世纪从中国学会了炼白铜的技术,大量进行仿造,致使一些人误以为白铜是德国发明的。同样的,据考证,中国炼制白铜的技术在当时也传入瑞典,这样也致使一些人以为镍是瑞典克龙斯泰特首先发现的。

镍是银白色的金属,很硬,难熔,熔点高达1455℃,比黄金还高。镍在空气中不易被氧化,化学性质很稳定,仅易溶于硝酸。镍的性能,在很多方面都超过了铜,然而奇怪的是,镍的希腊文原意竟是"不中用的铜",这大抵是由于最初炼得的镍不纯,含有许多杂质的缘故。

在大自然中,最主要的镍矿是红镍矿(砷化镍)与辉砷镍矿(硫砷化镍)。此外还有镍黄铁矿(硫铁化镍)和针硫镍矿(硫化镍)。古巴,是世界上最著名的蕴藏镍矿的国家。在多米尼加也有大量的镍矿。有趣的是,"天外来客"——陨石,常含一些镍(主要是铁)。据推测,在地心也存在较多的镍。

纯镍银光闪闪,不易锈蚀,主要用于电镀工业。自来水笔笔插、外科手术器械等银光闪闪,便是因为表面镀了一层镍(也有的是镀铬),既美观、干净,又不易锈蚀。极细的镍粉,在化学工业上常用作催化剂,如油类的氢化。

镍大量用于制造各种合金:在钢中加入镍,可提高机械强度。如钢中含镍量从 2.94% 增加到 7.04% 时, 抗拉强度便由 52.2 千克/平方毫米增加到 73.8 千克/平方毫米。镍钢用来制造机器承受较大压力、承受冲击和往复负荷部分的零件, 如涡轮叶片、曲轴、连杆等。含镍 36%、含碳 0.3%~0.5% 的镍钢, 叫"不变钢"(又叫"因瓦"钢)。它的膨胀系数非常小, 几乎不热胀冷缩, 用来制造各种精密机械、精确量规, 如钟表零件、各种测量仪器的刻度标等。含镍 46%、含碳 0.15% 的高镍钢, 叫"类铂", 因为它的膨胀系数与铂、玻璃类似。这种高镍钢可熔焊到玻璃中, 在灯泡的生产上很重要, 用作白热电灯泡中铂丝的代用品。一些精密的透镜框, 也用这种类铂钢做, 因为它的膨胀系数与玻璃差不多, 透镜不会因热胀冷缩而从框中掉出来。由 68% 镍、28% 铜、2.5% 铁、1.5% 锰组成的合金, 化学性质很稳定, 用来制造化工仪表。由 67.5% 镍、16% 铁、15% 铬、1.5% 锰组成的合金, 具有很大的电阻, 用来制造各种变阻器与电热器。镍具有磁性, 能像铁一样被吸铁石吸引, 而用铝、钴与镍制成合金, 磁性更强了。这种合金受到电磁铁吸引时, 不仅自己会被吸过去, 而且在它下面吊上比它重 60 倍的东西, 也不会掉下来。这样, 可用它来制造电磁起重机。此外, 镍还经常与铬一起, 用来制造耐腐蚀的铬镍钢。

镍的盐类大都是绿色的。氢氧化镍是棕黑色的, 氧化镍则是灰黑色的。氧化镍常用来制造铁镍碱性蓄电池。

金属的"贵族"——金

金, 是人类最早发现的金属之一, 比铜、锡、铅、铁、锌都早。1964 年, 我国考古工作者在陕西省临潼县秦代栋阳宫遗址里发现 8 块战国时代的金饼, 含金达 99% 以上, 距今也已有 2100 年的历史了。在古埃及, 也很早就发现金。

金之所以那么早就被人们发现, 主要是由于在大自然中金矿就是纯金

（也有极少数是碲化金），再加上金子金光灿烂，很容易被人们找到。在古代，欧洲的炼丹家们用太阳来表示金，因为金子像太阳一样，闪耀着金色的光辉。在我国古代，则用黄金、白银、赤铜、青铅、黑铁这样的名字，鲜明地区别各种金属在外观上的不同。

不过，虽然说金的自然状态大都是游离状的纯金，但自然界中的纯金却很少是真正纯净的，它们大都含金量达99%以上，并含有少量银，另外还含有微量的钯、铂、汞、铜、铅等。

金在地壳中的含量大约是一百亿分之五。这数字，比之于铝、铁之类金属，当然是少，但比许多稀有金属的含量却多得多了。在海水中，约含有十亿分之五的黄金。也就是说，在1立方千米的海水中，含有5吨金！另外，据光谱分析，在太阳周围灼热的蒸气里也有金，来自宇宙的"使者"——陨石，也含有微量的金，这表明其他天体上同样有金。

金在地壳中的含量虽然不算太少，但是非常分散。至今，人们找到的最大的天然金块，只有112千克重，而人们找到的最大的天然银块却重达13.5吨（银在地壳中的含量只不过比金多一倍），最大的天然铜块竟达420吨重。在自然界中，金常以颗粒状存在于砂砾中或以微粒状分散于岩石中。

金很重。1立方米的水只重1吨，而同体积的金却达19.3吨重！人们利用金与砂比重的悬殊，用水冲洗含金的砂，这就是所谓的"砂中淘金"。人们发现含有氰化物的水能溶解金，生成溶于水的$NaAu(CN)_2$，于是采用0.03%～0.08%的氰化钠溶液冲洗金砂，使金溶解，然后把所得的溶液用锌处理，锌就把金置换出来，于是制得金。这种化学的"砂里淘金"法，大大提高了淘金的效率。不过，氰化物有剧毒，在生产时必须严格采取安全措施。现在，只要砂中含有千万分之三或岩石中含有十万分之一的金，都已成了值得开采的金矿了。

金是金属中最富有延展性的一种。1克金可以拉成长达4000米的金丝。金也可以捶成比纸还薄很多的金箔，厚度只有一厘米的五十万分之一,看上去几乎透明。带点绿色或蓝色,而不是金黄色。金很柔软,容易加工,用指甲都可以在它的表面划出痕迹。

俗话说:"真金不怕火"、"烈火见真金"。这一方面是说明金的熔点较高,达 1063℃,火不易烧熔它;另一方面也是说明金的化学性质非常稳定,任凭火烧,也不会锈蚀。古代的金器到现在已几千年了,仍是金光闪闪。把金放在盐酸、硫酸或硝酸(单独的酸)中,安然无恙,不会被侵蚀。不过,由三份盐酸、一份硝酸(按体积计算)混合组成的"王水",能溶解金。溶解后,蒸干溶液,可得到美丽的黄色针状晶体——"氯金酸"。另外,上面已提到,氰化物的溶液能溶解金。硒酸(或碲酸)与硫酸(或磷酸)的混合物,也能溶解金。在高温下,氟、氯、溴等元素能与金化合生成卤化物,但温度再高些,卤化物又重新分解。熔融的硝酸钠、氢氧化钠能与金化合。

过去,黄金成了金属中的"贵族"——主要被用作货币、装饰品。由于黄金硬度不高,容易被磨损,一般不作为流通货币。现在,随着生产的发展,黄金已成了工业原料。例如,自来水笔的金笔尖上常写着"14K"或"14开"的字样,便是说在制造金笔尖的 24 份(重量)的合金中,有 14 份是金。在我国生产的一些电子计算机的集成电路中,也有用金丝作导线。此外,一些重要书籍的精装本封面上的金字,便是用金粉印上去的(一般书的金字常用电化铝或黄铜粉代替)。如果把极细的金粉掺到玻璃中,可以制得著名的红色玻璃——"金红玻璃"(含金量为十万分之一到万分之三)。

月亮般的金属——银

银,永远闪耀着月亮般的光辉,银的拉丁文原意,也就是"明亮"的意思。我国也常用银字来形容白而有光泽的东西,如银河、银杏、银鱼、银耳、银幕等。

我国古代常把银与金铜并列,称为"唯金三品"。《禹贡》一书便记载着

"唯金三品"，可见我国早在公元前 23 世纪，即距今 4000 多年前便发现了银。在大自然中，银常以纯银的形式存在，人们便曾找到一块重达 13.5 吨的纯银！另外，也有以氯化物与硫化物的形式存在，常同铅、铜、锑、砷等矿石共生在一起。

银的导电本领，在金属中数第一。一些袖珍无线电中用银作导线。银也很富有延展性。

我国内蒙古一带的牧民，常用银碗盛马奶，可以长期保存而不变酸。据研究，这是由于有极少量的银以银离子的形式溶于水。银离子能杀菌，每升水中只消含有一千亿分之二克的银离子，便足以使大多数细菌死亡。古埃及人在 2000 多年前，就已知道把银片覆盖在伤口上，进行杀菌。现在，人们用银丝织成银"纱布"，包扎伤口，用来医治某些皮肤创伤或难治的溃疡。

银不会与氧气直接化合，化学性质十分稳定。奇怪的是，1902 年 2 月，在古巴附近的马提尼岛上，银器在几天之内就发黑了。后来查明，原来是火山爆发了，火山气中含有少量硫化氢，它与银作用生成黑色的硫化银。平常，空气中也含有微量的硫化氢，因此，银器在空气中放久了，表面也会渐渐变暗、发黑。另外，空气中夹杂着微量的臭氧，它也能和银直接作用，生成黑色的氧化银。正因为这样，古代的银器到了现在，表面不像古银器那么明亮。不过，含有 30%钯的银钯合金，遇硫化氢不发黑，常被用来制作假牙及装饰品。

银在稀盐酸或稀硫酸中，不会被腐蚀。但是，热的浓硫酸、浓盐酸能溶解银。至于硝酸，更能溶解银。不过，银能耐碱，所以在化学实验室中，熔融氢氧化钾或氢氧化钠时，常用银坩埚。

银与金一样，也是金属中的"贵族"，被称为"贵金属"，过去只被用作货币与制作装饰品。现在，银在工业上有了三项重要的用途：电镀、制镜与摄影。

在一些容易锈蚀的金属表面镀上一层银，可以延长使用寿命，而且美观。镀银时，以银为正极，工件为负极，不过，不能直接用硝酸银溶液作为电解液，因为这样银离子的浓度太高，电镀速度快，银沉积快，镀上去的银很松，容易成片脱落。一般在电解液中加入氰化物，由于氰离子能与银离子形成络合物，降低了溶液中银离子的浓度，降低了负极银的沉积速度，提高了电镀质量。随着银的析出，电解液中银离子浓度下降，这时银氰络离子不断解离，源源不断地把银离子输送到溶液中，使溶液中的银离子始终保持一定的浓度。不过，氰化物剧毒，是个很大缺点。

玻璃镜银光闪闪，那背面也均匀地镀着一层银。不过，这银可不是用电镀法镀上去的，而是用"银镜反应"镀上去的：把硝酸银的氨溶液与葡萄糖溶液倒在一起，葡萄糖是一种还原剂（现在制镜厂也有用甲醛、氯化亚铁作还原剂），它能把硝酸银中的银还原成金属银，沉淀在玻璃上，于是便制成了镜子。热水瓶胆也银光闪闪，同样是镀了银。

银在制造摄影用感光材料方面，具有特别重要的意义。因为照相纸、胶卷上涂着的感光剂，都是银的化合物——氯化银或溴化银。这些银化合物对光很敏感。一受光照，它们就马上分解了。光线强的地方分解得多，光线弱的地方分解很少。不过，这时的"像"还只是隐约可见，必须经过显影，才使它明朗化并稳定下来。显影后，再经过定影，去掉底片上未感光的多余的氯化银或溴化银。底片上的像，与实景相反，叫做负片——光线强的地方，氯化银或溴化银分解得多，黑色深（底片上黑色的东西就是极细的金属银），而光线弱的地方反而显得白一些。在印照片时，相片的黑白与负片相反，于是便与实景的色调一致了。现代摄影技术已能在微弱的火柴的光下、在几十分之一到几百分之一秒中拍出非常清晰的照片。如今，全世界每年用于电影与摄影事业的银，已达150吨。

银的最重要的化合物是硝酸银。在医疗上，常用硝酸银的水溶液作眼药水，因为银离子能强烈地杀死病菌。

271

奇妙的催化剂——铂

铂的俗名叫"白金"，在化学上把两个字并成了一个字——铂。

铂是银白色的金属，它的西班牙文原意便是指银。铂在大自然中和金子一样，常以纯金属的形式存在于砂粒中，但由于很少，直到 1935 年才被西班牙科学家安东尼奥·乌罗阿在平托河金矿中发现。现在，全世界铂的年产量，也只有 20 吨。至今，人们在大自然中找到的最大的铂块，重达 9.6 千克。铂很重，一立方米的铂重达 21.4 吨，如果按体积来计算，全世界每年生产的铂还不到一立方米呢！

铂具有很高的化学稳定性，在空气中，加热到发红，也不会生锈。除了王水外，盐酸、硫酸、硝酸都不能单独腐蚀它（王水是盐酸和硝酸的混合物）。铂具有很好的延展性，可以轧成只有 0.0025 毫米厚的铂箔。20 张这样薄的铂箔叠在一起，也只有一页纸那么厚。铂又很耐高温，熔点高达 1773.5℃。这样，在化学上常用它制造各种反应器皿：蒸发皿、坩埚以及电极、铂板、铂网等。不过，在高温下，铂也能和一些物质化合，因此，在使用铂器皿时要注意勿和王水、氯水、氯化铁、一氧化碳等接触。

铂最可贵的性质，在于它能加速许多化学反应的速度。这样，粉末状的铂，常被用作催化剂。例如，在一空瓶中装了氢气和氧气，在平常的情况下，即使放上多少年，它们也是不会相互化合的。然而，只要放一点铂粉，立即会爆发一声巨响，瓶子里闪耀着火花——氢气和氧气猛烈化合成水。而铂在反应后，还是原样的，没发生什么化学变化。

铂竟然还有火柴的作用：本来，煤气灯都是用火柴来点燃的，然而，如果在煤气灯口放一块铂，虽然铂是冷的，煤气也是冷的，可是，过了一、两分钟，铂块居然发红了，煤气灯也点着了。这道理也和上面的实验一样：煤气和空气中的氧气在常温下很难直接化合，但有了铂作催化剂以后，它们便能直接化合,放出大量的热,使铂块发红,最后以致把煤气灯点着。

铂不仅能催化许多化合反应,还能加速许多分解反应。例如,双氧水是大夫常给病人消毒用的药水,平常像水一样,仅撒进一点点铂粉,立即白浪翻滚,分解出大量的氧气。因此,铂现在成了化学工业上重要的催化剂。

在高温下,1体积的铂可溶解1000体积的氢气。这样,铂常被用作气体的载体。

水一样的银子——汞

在80多种金属中,在常温下绝大部分都是固态,唯有汞是液态。因此,在中文中绝大部分金属的部首都是写成"金"旁,如锌、钙、镍、铁等;而只有汞字的部首是"水"。

汞,我国俗名叫水银,如李时珍著《本草纲目》中便说:"其状如水、似银,故名水银。"汞的希腊文的原意也是"液态的银"的意思。汞的熔点为 $-39.3℃$,直到 $357℃$ 才沸腾,因此在常温下总是呈液态。人们很早就知道汞了。我国在3000多年前,便已利用汞的化合物来做药剂医治痢疾。希腊著名哲学家亚里士多德,在公元前350年也在自己的作品中描写过汞。古代的炼金家们常常想用普通金属制造金子、银子,汞便是最常被用来炼金的一种。

汞是非常重的液体,1立方米的汞重达13.6吨。汞的内聚力很大,在平整的表面上,会散成一粒粒银珠,犹如荷叶上滚动着的水珠。古希腊的炼金家们曾用土星的符号来表示汞,因为土星又重又圆,有点像汞珠。

汞被称为"金属的溶剂",因为它能溶解许多金属,形成柔软的合金——"汞齐"(希腊文的原意便是"柔软的物体")。不光是锌、铅等很易被汞溶解,金、银也都能被汞溶解!正因为这样,在19世纪,人们便曾用汞从砂中溶解金,以提取金。钠溶解于汞,得钠汞合金,它是有机化学上常用的还原

273

剂。锌汞合金则是在稀硫酸中常用的还原剂。用汞溶解银锡合金,得银锡汞合金,它能在很短的时间内变硬,常用来补牙。铁不溶于汞,不生成汞齐,所以汞通常是装在铁罐中。汞能溶于熔化了的白磷中,而冷却后又从中析出。

汞有着广泛的用途:气压表、压力计、温度计、真空泵、日光灯、汞整流器等,都用到汞。如果在汞中加入8.5%的铊,形成铊汞合金,凝固点可低至-60℃,比纯汞更低,被用来制造低温温度计。在日光灯管中,装着汞蒸气,这是因为汞蒸气在电场的激发下会射出紫外线来,照射到玻璃壁上那白色的涂料——硫化锌上,使它产生白色的冷光——也就是日光灯的"日光"。

汞是有毒的。在工厂中,总是在汞的表面上倒一层水,防止汞蒸发。如果不惧将盛汞的罐打翻了,应立即把地上的汞滴收拾起来,或者撒上硫黄粉,使汞变成硫化汞,这样可以不致使汞蒸发到空气中去。在制汞或使用汞的工厂中,常常定期用碘熏蒸,碘能与汞化合,生成碘化汞,消除汞患。

汞的化合物也大多是有毒的。如氯化汞,又称升汞,便有剧毒。但是,适量使用氯化汞可作为消毒剂。在医院里,便常用千分之一的氯化汞水溶液作消毒剂,消毒外科手术所用的刀剪。雷酸汞,俗称"雷汞",则是常用的炸药起爆剂。

在大自然中,汞有时以游离态存在,形成巨大的银光闪闪的水银湖。汞更多是以红色的硫化汞的形式存在。硫化汞俗称辰砂、朱砂,是著名的红色颜料。红色印泥中,便含有它。我国是世界上最早利用和研究辰砂的。据《广黄帝本行记》记载:"带遂炼九鼎之丹服之,以丹法传于玄子,重盟而付之。"这里所说的"丹",便是硫化汞。可见我国早在公元前2500年便知道硫化汞了。而古希腊在公元前700年才开始采掘硫化汞。人们把硫化汞加热,硫被氧化成二氧化硫跑掉,而汞被还原成金属汞。我国古代的炼丹家们,便常把硫化汞加热进行炼丹。我国汉代(公元2世纪)魏伯阳著的炼丹书籍《周易参同契》,便详细地谈到了如何用硫化汞炼丹。1972年1—4月,我国考古工作者在湖南长沙市郊马王堆发掘出一座汉代古墓,这座汉墓离现在已有 2100 百多年了，而墓中尸体仍保存完好。尸体的半身是泡在带红色的水里。据分析，这水中便含有硫化汞。

未来的钢铁———钛

在人类历史上，第一种得到普遍使用的金属是铜。在发明了炼铁之后，铁很快又代替了铜，成为使用最广泛的金属。20世纪初，炼铝工业又迅速发展，现在世界铝产量已超过了铜，仅次于钢铁。然而，在最近20多年来，钛又引起了人们的普遍重视。1789年，英国化学家马克·格列戈尔就从矿石中发现了它，但在1910年才第一次制得纯净的金属钛。1910年，全世界钛的年产量仅0.2克！到1947年，增至2吨……2007年，中国的钛产量居世界第一，达4.52万吨。

在几十年前，钛被称为是"稀有金属"。然而，经过地球化学家们的仔细勘探，发现钛在地壳中的储藏量比常见的铜、锡、锰、锌等金属还多，在地球上居于第七位，仅次于铝、铁、钙、钠、钾和镁。

纯净的钛，是银白色的金属，它具有比重小、强度高、耐高温、抗蚀性强的优点。钛的硬度和钢铁差不多，重量却只有同体积的钢铁的一半。据试验，如果采用钛和钛合金作为火车头的蒸汽机零件，可以比钢制的蒸汽机轻30%，而且更为坚固耐用。钛耐高热，在1668℃的高温下才熔化，比号称"不怕火"的黄金熔点还高出600度左右。钛在常温下很稳定，就是在强酸、强碱的溶液里，甚至在"凶猛"的王水（三体积盐酸和一体积硝酸的混合物）中，也不会被腐蚀。有人曾把一块钛片沉到海底，经过5年后取出来，还是亮闪闪的，没生一点锈！

正因为这样，钛在现代科学技术上有着广泛的用途。轻盈而结实的钛已被用来制造飞机的发动机。钛制的轮船，银光闪闪，用不着涂漆，在海中航行几年也不生锈。钛制的坦克、潜水艇、军舰也已出现，它们没有磁性，不会被雷达所发现,这在军事上十分重要。在化学工业上,钛可以代替不锈钢。不锈钢虽号称"不锈",在遇上具有强烈腐蚀性的酸碱,例如热硝酸,还会生锈、腐烂,因此在化工厂中常要更换用不锈钢制成的反应罐、输液管等。如果改用钛制造,就可以使用好几年。近年来,钛的应用越来越广。据统计,在化学工业上,约有 50%的钛用于使用氯化物的工厂,25%钛用于使用硫酸的工厂,10%钛用于使用硝酸的工厂,15%钛用于其他的工厂。

钛在医学上有着独特的用途。在骨头损坏了的地方,用钛片和钛螺丝钉钉好,过几个月,骨头就会重新生长在钛片的小孔和钛螺丝钉的螺纹里,新的肌肉纤维就包在钛的薄片上,这钛的"骨头"犹如真的骨头一样,因此,钛被称为"亲生物金属"。

如果用钛做罐头盒,能长久保存食品的色、香、味。

钛的最大的缺点,是难于提炼。因为钛的熔点极高,要在高温下进行熔炼,而在那样高的温度下钛的化学性质变得比较活泼,能和氧、碳、氮及其他许多元素化合,因此,钛必须在隔绝了空气、水分的环境中进行冶炼。现在,人们都在努力研究这个关键性的问题,最近每年发表的关于钛的科学文献已在 300 篇以上,其中大部分是谈关于钛的冶炼,近年来已获得很大进展,因而钛的年产量在逐年激增。钛在化学工业中的用量也以 20%的速度逐年增加。钛的价格在逐年下降。在不久的将来,钛的冶炼问题终将会得到彻底解决,那时,炼钛厂将会和钢铁厂一样普遍,钛成为继钢、铁、铝之后的第四种被广泛使用的金属。钛,被誉为"未来的钢铁"。

主要的钛矿是金红石(二氧化钛)、铁钛矿(钛酸铁)、钙钛矿(钛酸钙)等。许多铁矿中也常含钛。

重要的钛的化合物有三种:二氧化钛、四氯化钛和钛酸钡。纯净的二氧化钛是雪白的粉末,是目前最好的白色颜料,商业上称为"钛白"。钛白的遮盖性优于锌白(氧化锌),而且不会变黑,持久性优于铅白(碳酸铅)。人们常把钛白加在油漆、纸浆中,制成白漆、白纸。在制造白色或浅色的塑料、合成纤维时,也往往加入钛白。在 1947 年前,人们开采钛矿的主要目的,还不是炼制金属钛,而是制取二氧化钛作颜料。现在,世界上每年用作颜料的二氧化钛,达几十万吨。

四氯化钛是一种无色的液体。它有个怪脾气——极易水解。在湿空气中,它会大冒白烟,即水解成氯化氢与氢氧化钛。在军事上,人们便利用四氯化钛的这个怪脾气,作为人造烟雾剂。特别是在海洋上,水蒸气多,一放四氯化钛,顿时白烟四起,浓雾重重,像一道白色的长城,挡住了敌人的视线。在农业上,人们用四氯化钛形成的浓雾,减少夜间地面热量的散射,可以防霜。

至于钛酸钡晶体,它又另有一种怪脾气——受压会产生电;一通电,又会改变形状。这样,人们把钛酸钡放在超声波中,它受压便产生电流,通过测量电流的强弱可测出超声波的强弱。同样,用高频电流通过它,则可产生超声波。现在,几乎所有的超声波仪器中,都要用到钛酸钡。

最难熔的金属——钨

电灯泡里的灯丝,就是钨丝。钨是最难熔的金属,熔点高达3410℃。当电灯点亮时,灯丝的温度高达3000℃以上,在这样高的温度下,只有钨才顶得住,而其他大多数金属会熔成液体或变成蒸气。

钨,是瑞典化学家舍勒在1781年用酸分解钨酸时发现的,但过了67年,人们才制得纯净的金属钨。纯钨是银白色的金属,只有粉末状或细丝状的钨才是灰色或黑色的。电灯泡用久了会发黑,便是由于灯泡内壁有一层钨的粉末。钨很重,1立方米的钨重达19.1吨,与金差不多,因此它的瑞典语原意,便是"重"的意思。钨又非常坚硬,人们是用最硬的石头——金刚石作拉丝模,使直径为1毫米的钨丝通过20多个逐渐小下去的金刚石孔,才把它抽成直径只有几百分之一毫米的灯丝。1千克的钨锭可抽成长达400千米的细丝。现在,白炽灯、真空管以至连"碘钨灯"都是用钨作灯

277

丝。据统计,现在全世界每年白炽灯和电子管的产量达几十亿只以上!

钨的最大的用途,还不是制造灯丝,而是制造钨钢。全世界每年有90%的钨是用于制造钨钢。在我国古代,常有所谓"削铁如泥"的宝刀,《水浒》里说把头发放在"青面兽"杨志的那把宝刀的刀刃上一吹,头发便断成两半。这些传说固然有夸张之处,不过,的确有些刀是格外锋利的。据现代用化学方法分析,原来,在这些钢刀中含有钨! 现在,人们便用钨矿和铁矿放在一起,炼成钨钢。钨钢一般含钨9%~17%。

钨是最耐高温的金属。钨钢也继承了钨的这一优良特性。用普通碳素钢做的车刀,加热到250℃以上便变软了,自然也就没法切削金属了。然而,钨钢做的车刀,温度高达1000℃,仍然坚硬如故。1900年,人们才第一次在世界博览会上展出用钨钢制造的车刀。由于钨钢车刀具有很大的优越性,便迅速地在工业上得到推广。在短短的50年间,由于钨钢车刀的使用,使金属切削速度增加了200倍,从每分钟10米增加到每分钟2000米以上。现在,炮筒、枪筒也常用钨钢做,因为在连续发射时,会被炮弹、子弹摩擦得滚烫,但耐热的钨钢依然保持良好的弹性和机械强度。

钨很坚硬,钨钢也很坚硬、锋利。不过,如果用碳化钨和钴粉制成硬质合金,比钨钢还要坚硬,以至可与金刚石媲美。这种硬质合金并不是从炼钢炉里炼出来的,而是用金属粉末做成的。这种制造方法,叫做"粉末冶金"。在制造时,人们先把碳粉与钨粉混合,加热到1500℃左右,制成碳化钨。然后,再把碳化钨粉与黑色的钴粉混合,模压成一定形状,先加热到1000℃进行预烧。预烧后的合金,进行一些机械加工(因为变硬后几乎无法再加工),再加热到1500℃左右,这时,原先是"一盘散沙"般的黑粉,就烧结成非常结实的硬质合金。我国现在正大力推广使用这种简便的粉末冶金法,制造硬质合金。用这种碳化钨硬质合金制成的刀具,在加工同样的机械零件时,切削速度比钨钢刀具还快15倍。用这种碳化钨硬质合金制成的模具,可以冲300多万次,而普通的合金钢模具只能冲5万多次。更可贵的是,由于它不易被磨损,所以冲出来的产品,十分精确。硬质合金现在已广泛地用于我国各工业部门,如制造手表中的零件、化工厂用的高压喷嘴以及制造无缝钢管的顶芯、钻探机的钻头等。

钨的其他合金——钨钛合金、钨铬钴合金等,也都是著名的硬质合金。

钨的化学性质很稳定,即使在加热的情况下,也不会与盐酸、硫酸作用,甚至不会溶解在王水里——在王水中,钨只是表面缓慢氧化而已。只有腐蚀性极强的氢氟酸和硝酸的混合物,才能溶解钨。

钨有许多化合物,其中碘化钨、溴化钨可用于制造新光源;钨酸钠可用来制作防火布;钨酸铅可作白色颜料,氧化钨则是黄色的颜料。

在地壳中,钨的含量为十万分之四。我国钨的储藏量,占世界第一位!其中以江西的大庾岭蕴藏量最多,此外广西、广东、湖南等地也都盛产钨。

固体润滑剂里的金属——钼

在几十年前,新西兰有个牧场曾发生了一件怪事:那一年,有个农民在牧场上混合播种了三叶草和禾本科牧草。年景实在不好,牧草长得又矮又小,甚至枯萎发黄了。

然而,奇怪的是,在那一片凋黄的牧场上,竟有一块地方的牧草长得格外好,远远看去,好像是黄色海洋里的一个绿色的"小岛"。这是怎么回事呢? 这个农民经过仔细地观察,终于发现了秘密:原来,在那个"小岛"的旁边,是一个钼矿工厂。许多贪图抄近路的工人,常常从那儿经过,径直走向工厂的大门。工人们的皮靴上粘着许多钼矿粉。这些钼矿粉落在草地上,使牧草长得格外好。

钼矿,为什么会使牧草长得好呢? 后来,人们经过仔细地研究,才发现原来钼是植物生长必不可缺的微量元素。那块牧场是缺钼的土壤,因此落了一些钼矿粉,便大现增产效果。尤其是豆科和禾本科植物,更加需要钼。在人的眼色素中,也含有微量的钼。在蔬菜中,以甘蓝、白菜等含钼较多。

279

经常吃些甘蓝、白菜,对眼睛很有好处。不过,据试验,在有角的家畜(如牛、羊)的饲料中,如果含有过多的钼,容易引起胃病。

钼,是银白色的坚硬金属。很重,比重为10.2。难熔,熔点高达2620℃。纯净的钼富有延展性,但含有少量杂质时,变得很脆。钼的化学性质也很稳定,不会被盐酸、氢氟酸及碱液所腐蚀,但在硝酸、王水或热浓硫酸中会被腐蚀。在纯氧中,加热到500℃以上,钼会燃烧,变成三氧化钼。

金属钼的用途并不太广,主要是用来制造真空管的阴极、阳极,电灯泡里的钨丝托架等。1927年,人们制成超纯金属钼,纯度高达99.999%,拉成细丝,用作集成电路的导线。另外,金属钼丝还用于机床的电火花加工。数控线切割机床,就是用金属钼丝导电,进行切割——电火花加工的。在惰性气体的保护中,钼丝和钨丝可配制成高温热电偶,用以测量1200～2000℃的高温。

钼,有90%左右是用来制造各种特种钢材。钼钢有很好的弹性、冲击韧性和很高的硬度,用来制造车轴、装甲车板、枪炮筒。在生铁中加入极少量的钼,可以大大改善它的机械性能。钼和钨制成的合金,抗酸性能特别好,被用来代替昂贵的铂。

钼的化合物在化学工业上常用作催化剂、浸透剂、染料。钼和磷、硅会形成复杂的杂多酸——"磷钼蓝"和"硅钼蓝",具有特殊的蓝色。在钢铁分析中,常用这两种化合物来测定含磷量和含硅量(比色分析)。

钼和硫的化合物——二硫化钼,是一种黑灰色的粉末,样子很像石墨。在工业上二硫化钼被用作固体润滑剂。据测定,如果把二硫化钼加到润滑油中,可以使摩擦阻力降到1/3。像在汽车底盘的润滑油中,加入3%左右的二硫化钼,就可以使行车里程从1500千米提高到6000千米;冲天炉鼓风机的轴承,原先用黄油润滑,每隔两天就得加一次油,而改用二硫化钼后,一年只需加一次,而且,效果很好。特别可贵的是,一般的润滑剂在机件压力增加或旋转速度增快时,摩擦阻力增大。如果使用二硫化钼的话,摩擦阻力却会减少,所以它非常适用于接触面很紧密、受压大和高速转动的机器。如用二硫化钼代替牛油润滑马达的轴承，可使轴瓦温度下降4～6℃，节约电力15%。二硫化钼还具有许多优点：它的化学性质稳定，耐酸碱，仅溶于王水和热浓硫酸，因此，在使用时不易变质；它又能耐高温和低温，从−60～400℃，一直可以保持良好的润滑性能。

二硫化钼是固体，为什么有良好的润滑性能呢？原来，二硫化钼的晶体结构是层状的；就像一本没有装订的"书"：它的每一层分子相当于一页"书"，在同一页"书"上，许多二硫化钼分子是结合得十分紧密的。然而，每一页之间，分子的作用力不大，所以当它受到一定的外力（这个力与每层的方向平行），"书"页之间就会相互移动了。这种只有头发直径那么薄的二硫化钼晶体中，约有三四十个滑动面。因此，把它放在机器中，机器一转动，二硫化钼里的千万层分子，就相互滑动，起着润滑作用。

二硫化钼在自然界中蕴藏不少，天然的钼矿——辉钼矿里的主要成分就是它。这种矿石经过提纯后，就可以制得极细的二硫化钼，所以成本不高。另外，把二氧化钼、三氧化钼或钼酸铵在硫气中加热，也可制得二硫化钼。大力推广二硫化钼固体润滑剂，是符合多快好省的一项技术措施。

在农业上，钼的化合物被用作微量元素肥料。

在地壳中，钼的含量约为百万分之三。最重要的钼矿有辉钼矿、钼华及钼酸铅。我国东北一带有丰富的钼矿。

钼是瑞典化学家舍勒在1778年发现的。1883年，瑞典化学家盖尔姆制得了金属钼。

钼的希腊文原意竟是"铅"，这是因为辉钼矿是铅灰色的，和铅在外表上很相似，因此，人们曾误把钼当做"铅"。

最硬的金属——铬

铬，是1797年法国化学家沃克朗在分析铬铅矿时，首先发现的。1799

年,人们制得了纯净的金属铬。

铬是银白色的金属,难熔(熔点 1800℃),比重为 7.1,和铁差不多。铬是最硬的金属!

通常的铬都很脆,因为其中含有氢或微量的氧化物。极纯的铬却并不脆,富有展性。

铬的化学性质很稳定,在常温下,放在空气中或浸在水里,不会生锈。手表的外壳常是银闪闪的,人们说它是镀了"克罗米",其实,"克罗米"就是铬,是从铬的拉丁文名称 Chromium 音译而来的。一些眼镜的金属架子、表带、汽车车灯、自行车车把与钢圈、铁栏杆、照相机架子等,也都常镀一层铬,不仅美观,而且防锈。所镀的铬层越薄,越是会紧贴在金属的表面,不易脱掉。在一些炮筒、枪管内壁,所镀的铬层仅有 0.005 毫米厚,但是,发射了千百发炮弹、子弹以后,铬层依然还在。如果往钢上镀铬,那么,最好先镀上一层镍,然后再镀上铬,这样可以更加耐用一些。

铬的最重要的用途是制造合金。不锈钢便含有 12% 以上的铬(也有的是含 13% 的铬和 8% 的镍)。不锈钢具有很好的韧性和机械强度,受热不起鳞皮,尤其可贵的是"不锈"——耐腐蚀。例如,硝酸是具有很强腐蚀性的酸,人们曾把两块重量都为 20 克的不锈钢和普通碳素钢,放在稀硝酸中煮沸一昼夜,结果普通碳素钢被强烈地腐蚀了,只剩下 13.6 克重,而不锈钢却重 19.8 克。在常温下,不锈钢对空气、海水、水蒸气、盐水、有机酸、食品介质等,都具有很好的耐腐蚀性。在化工厂里,人们常用不锈钢制造各种管道、反应设备。像合成氨工厂,便需要 20 多种具有不同性能的不锈钢。一只手表中,不锈钢差不多占总重量的 60% 以上,因为表壳、机器很多都是用不锈钢做的。所谓"全钢手表",便是指它的表壳与表后盖全都是用不锈钢制得,而"半钢手表",则是指它的表后盖是用不锈钢做的,表壳是用黄铜或其他金属做的。一些医疗器械,如手术刀、注射器的针头、剪刀等,大都是用不锈钢做的,清洁、美观而经久耐用。用不锈钢制成的轮船、汽艇,根本不用涂漆。

铬的化合物,五光十色。铬的希腊文原意,便是"颜色"。金属铬是雪白银亮的,硫酸铬是绿色的,铬酸镁是黄色的,重铬酸钾是橘红色的,铬酸是猩红色的,氧化铬是绿色的(常见的绿色颜料"铬绿"就是它),铬矾(含水硫酸铬)是蓝紫色的,铬酸铅是黄色的(常见的黄色颜料"铬黄"就是它)。

重铬酸钾是重要的铬化合物。在制革工业上,重铬酸钾常被用来代替鞣酸鞣制皮革。在化学上,常把它溶解在浓硫酸或浓硝酸中,配制成"洗液",可以洗去玻璃仪器上的油迹和污斑。在分析化学上,重铬酸钾常用来作为氧化剂,来测定铁矿中的含铁量,叫做"重铬酸钾法"。

"汽车的基础"——钒

早在1801年,墨西哥矿物学家安德烈·曼纽尔·德·里奥,在一种铁矿里便发现了黄色的钒的化合物,但他怀疑这是不纯的铬酸钒,没有确定下来。1831年,瑞典化学家塞夫斯德朗发现了钒。1867年,英国化学家罗斯科第一次制得纯净的金属钒。

钒在地壳中的含量并不少,平均在每两万个原子中,便有一个钒原子,比铜、锡、锌、镍的含量都多。然而,钒分布得太分散了,几乎没有比较富集的矿。差不多所有的铁矿中都含有钒,但含量大部分都在万分之一以下。奇怪的是,海鞘、海参等海生动物,却竟然能从海水中摄取钒,浓集到血液中去。据测定,在海鞘、海参烧成的灰中,含钒竟达15%! 钒是银灰色、富有光泽的金属,较轻(比重为6),难熔(熔点达1735℃),比钢还硬,可以刻划玻璃和石英。高纯度的钒富有延展性,可以拉成细丝,或者压成比纸还薄的钒箔。然而,若含有少量的氮、氢、氧等杂质时,便变得很脆,一敲就碎。

钒的化学性质十分稳定,在常温下不会被氧化,甚至在300℃的高温下也没有明显的氧化现象,表面保持光亮。钒不怕水、盐酸、稀硫酸、稀硝酸和碱液的侵蚀,只有热的浓硫酸、浓硝酸、王水和氢氟酸才能溶解它,熔融的氢氧化钠、碳酸钠等与它作用生成钒酸盐。

纯钒的用途不很广，只是用作 X 射线的滤波器和电子管中的阴极材料。钒的最重要的用途是制造合金。

钒钢，是在钢中加入不到 1% 的钒制成的。含量虽少，作用却不小，这少量的钒使钢的弹性显著增加，坚硬、结实，在低温下也仍保持很好的抗冲强度，在海水中不被腐蚀。这样，钒钢大量被用来制造汽车、飞机的发动机、轴、弹簧，火车头的汽缸，被誉为"汽车的基础"。钒钢制的穿甲炮弹，能够射穿 40 厘米厚的钢板。当然，在工业上并不是先制得纯钒，再把它加到钢中，而是直接用含钒的铁矿石炼制钒钢。

在生铁中加入钒，也能大大提高抗张、抗压、抗弯、耐磨性能，使用寿命延长一倍。钒铜合金也很耐腐蚀，不怕海水，常用来制造船舶的推进器。钒铝合金具有很高的硬度、弹性，耐海水，轻盈，用来制造水上飞机和水上滑翔机。

红色的钒的氧化物——五氧化二钒。钒，是重要的催化剂。在硫酸工业上，用它代替昂贵的铂作催化剂，加速二氧化硫变成三氧化硫的反应。

钒的盐类，五光十彩，如二价钒盐常呈紫色，三价钒盐呈绿色，四价钒盐呈浅蓝色，四价钒的碱性衍生物常是棕色或黑色，而五氧化二钒则是红色的。这些彩色缤纷的钒的化合物，被用作颜料。人们还把它们加到玻璃中，制成彩色玻璃；涂到陶瓷器上，作彩色的釉料。

钒的化合物大都是有毒的，人吸多了，会得肺水肿。不过，如果在牛和猪的饲料中加入微量的钒盐，却能使它们的食量增加，脂肪层也加厚。

"灰锰氧"里的金属——锰

锰，是瑞典化学家、氯气的发现者舍勒于 1774 年从软锰矿中发现的。当时，这种软锰矿通称为"Manganese"，舍勒就用这名字作为新元素的名字，即"锰"。

锰是银灰色的金属，很像铁，但比铁要软一些。如果锰中含有少量的杂质——碳或硅，便变得非常坚硬，而且很脆。不过，纯净的金属锰的用途并不太广，因为它比铁还易生锈，在潮湿的空气中，没一会儿便变得灰蒙蒙的，失去了光泽——表面生成了一层氧化锰。再说，锰的熔点又比铁低，机械强度不如钢铁，而价格又比钢铁贵得多，因此人们几乎不生产金属锰，而大量生产钢铁。

锰最重要的用途是制造合金——锰钢。

锰钢的脾气十分古怪而有趣：如果在钢中加入2.5%～3.5%的锰，那么所制得的低锰钢简直脆得像玻璃一样，一敲就碎。然而，如果加入13%以上的锰，制成高锰钢，那么就变得既坚硬又富有韧性。高锰钢加热到淡橙色时，变得十分柔软，很易进行各种加工。另外，它没有磁性，不会被磁铁所吸引。现在，人们大量用锰钢制造钢磨、滚珠轴承、推土机与掘土机的铲斗等经常受磨的构件，以及铁轨、桥梁等。上海新建的文化广场观众厅的屋顶，采用新颖的网架结构，用几千根锰钢钢管焊接而成。在纵76米、横138米的扇形大厅里，中间没有一根柱子。由于用锰钢作为结构材料，非常结实，而且用料比别的钢材省，平均每平方米的屋顶只用45千克锰钢。1973年兴建的上海体育馆（容纳1.8万人），也同样采用锰钢作为网架屋顶的结构材料。在军事上，用高锰钢制造钢盔、坦克钢甲、穿甲弹的弹头等。炼制锰钢时，是把含锰达60%～70%的软锡矿和铁矿一起混合冶炼而成的。

锰钢也是重要的锰合金，锰钢含有30%的锰，具有很好的机械强度。由84%的钢、12%的锰和4%的镍组成的"孟加臬"合金（又名锰镍铜齐），它的电阻随温度的改变很小，被用来制造精密的电学仪器。

锰的重要化合物是二氧化锰。在大自然中，便有大量天然的二氧化锰——软锰矿。人们早在远古时代便知道软锰矿了。二氧化锰是黑色的粉末。干电池中那些黑色的粉末，便是二氧化锰。二氧化锰能够催化油类的氧化作用，人们常在油漆中加入它，以便加速油漆干燥的速度。人们在制

285

造玻璃时,常往里加入二氧化锰,因为它能消除玻璃的绿色,使绿色玻璃变得无色透明。

锰的另一重要化合物是高锰酸钾(俗称"灰锰氧")。高锰酸钾是紫色针状晶体。只要加入一点儿高锰酸钾,便足以使一大桶水变成紫色。高锰酸钾是很强的氧化剂,能杀菌。在公共场所的茶缸旁,常放着一桶紫色的消毒用水,人们称之为"灰锰水",其实,这就是高锰酸钾溶液,浓度为千分之一。不过,这种水不能喝进肚里,因为它有催吐作用,在医学上用作洗胃剂和催吐剂。在分析化学上,高锰酸钾常用作氧化剂,著名的高锰酸钾法便是用它作滴定液进行化学分析的。高锰酸钾被还原后,常变成二氧化锰。"灰锰水"用完后,底下常有些黑色的渣子,那便是二氧化锰。

此外,碳酸锰是重要的白色颜料,俗称"锰白",而硫酸锰在农业上,则用作种子催芽剂或作"锰肥"——微量元素肥料。

在动植物体中,锰的含量一般不超过十万分之几。但红蚂蚁体内含锰竟达万分之五,有些细菌含锰甚至达百分之几。人体中含锰为百万分之四,大部分分布在心脏、肝脏和肾脏。锰主要是影响人体的生长、血液的形成与内分泌功能。

在大自然中,锰是分布很广的元素之一,约占地壳总原子数的万分之三。最重要的锰矿是软锰矿和硬锰矿。虽然海水中含锰量很少,但在海洋深处的淤泥中,含锰却达千分之三。有人预言,在不久的将来,人们将从海底开采锰矿!

奇妙的晴雨花——钴

你见过这样的晴雨花吗? 在晴天,它是蓝色的;即将下雨时,它变成紫色;到了下雨天,它是鲜艳的玫瑰色。

这奇妙的晴雨花,并不是真正的花,而是用滤纸做的。人们把滤纸浸在二氯化钴的溶液里,晾干,做成花的形状。

二氯化钴有这样古怪的脾气:在无水状态时,是蓝色的;而一旦吸水,形成含水的晶体($CoCl_2 \cdot 6H_2O$),便成了玫瑰红色。人们便利用它这怪脾气,制作晴雨花:晴天时,空气中水分少,二氯化钴保持无水状态,呈蓝色;即将下雨,空气中水分渐多,它便部分变成含水化合物,红蓝相混,成了紫色;到了下雨时,空气中水汽很多,绝大部分二氯化钴都成了含水化合物,于是,便呈玫瑰红色。人们利用这"花"的颜色的变化,便可预知晴雨,因此称它为"晴雨花"。

二氯化钴,是钴的重要的化合物。二氯化钴的颜色时红时蓝,金属钴却是银白色的。金属钴很坚硬,而且与铁一样;具有磁性,能被吸铁石吸起。钴比铁重,比重为8.8。在1490℃熔化。

钴的化学性质比铁稳定,在常温下,在空气和水中,不会被锈蚀。在稀酸中,也很难被溶解。但在加热时,钴会与氯、氧、硫等起化学作用,生成氯化物、氧化物、硫化物等。在工业上,金属钴的用途不大,而主要是制成各种钴合金:钴合金的硬度很高,含有78%~88%钨,6%~15%钴与5%~6%碳的合金,被称为"超硬合金",在1000℃,也不会失去原来的硬度,用来制造切削刀具。由35%钴、35%铬、15%钨、13%铁与2%碳组成的"钨铬钴合金",也是用来制造高速切削刀具、钻头的著名硬质合金;钴合金还具有磁性。著名的永久磁铁,便是由15%钴、5%~9%铬、1%钨和碳组成的钴钢。在有些磁性合金中,钴的含量甚至高达49%,另外,在一些耐热、耐酸的合金中,也常用到钴。

在无色的玻璃中,如果加入一些钴的化合物,可以制得深蓝色的玻璃。这种玻璃,能很好地挡住紫外线,电焊工人、炼钢工人在工作时,便常戴这种钴眼镜,保护眼睛。在景泰蓝、搪瓷、陶瓷的制造过程中,也常用钴的化合物作为蓝色的颜料。

在生物学上,钴是重要的微量元素。据试验,如果在羊的饲料中缺少钴,将会引起严重的脱毛症,然而,只要在饲料中加入微量的钴——每昼夜

287

1毫克，便可治好脱毛症。维生素 B_{12}，是钴的有机化合物，含有 4.5% 的钴。现在，人们已人工地大量合成维生素 B_{12}，用来医治恶性贫血、气喘、脊髓病等。

在地壳中，钴的含量约为十万分之一。重要的钴矿有砷钴矿、辉砷钴矿、硫钴矿、钴华等。在陨石中约含有千分之五的钴，这证明在其他天体中，也含有不少的钴。大自然中，不仅有稳定的钴，还有放射性钴。放射性钴–60（ Co_{60} ），现在已用来代替镭治疗癌症，并广泛地用作示踪原子。

钴是瑞典化学家格·波朗特在 1735 年发现的。

最轻的金属——锂

锂，是瑞典化学家阿尔夫维特桑在 1817 年首先在一种稀有的岩石中发现的。按希腊文原意，锂就是"岩石"。

锂，是银白色的金属，非常轻，是所有金属中最轻的一种：只有同体积的铝的重量的五分之一、水的二分之一。锂不只是能浮在水面上，甚至会浮在煤油上。如果一架飞机是用锂做的话，两个人就能抬起它！

当然，实际上锂不仅不能被用来制造飞机，甚至不能用来制造茶匙。这是因为锂的化学性质非常活泼，能够和空气中的氧气化合，变成白色、疏松的化合物——氧化锂，完全丧失了原有的机械强度。用锂制成的茶匙，在第一次搅拌热茶时，就会"不翼而飞"，因为这茶匙被水"吃"掉了——锂和水激烈地反应，置换水中的氢，放出氢气，而它本身变成氢氧化锂，溶解到水中去了。

在自然界中，锂还算是比较多的一种元素，它占地壳总原子数的万分之二。在盐层、海水、盐湖、矿泉中，含有许多可溶性的锂的化合物。

锂被用于冶金工业上。在铜中加入少量的锂（十万分之五），便能大大改善铜的性能：这是因为锂具有活泼的化学性质，能和氧、氮、硫等铜中有害杂质反应,起去气剂的作用。在铝、镁及其他金属中加入少量的锂,能够提高它们的坚固性和耐酸、耐碱性能。

锂的化合物也有许多用途。其中最值得注意的是锂的氢化物——氢化锂。当金属锂和氢气作用,就生成白色的氢化锂粉末。氢化锂能和水猛烈地反应,放出大量氢气。一千克的氢化锂和水作用,可以放出2800升氢气! 因此,氢化锂可以看成是一个方便的储藏氢气的"仓库",两千克氢化锂和水作用放出的氢气,相当于一个压力为120~150个大气压的普通氢气钢筒中所装有的氢气。氢化锂还是热核反应的重要原料。此外,锂的一些化合物,在陶瓷工业上还被用作釉药。在玻璃工业上,用来制造乳白玻璃和能透过紫外线的特种玻璃。电视机的荧光屏玻璃,就是锂玻璃。在碱性电池中加入氢氧化锂,能够大大提高它的电容量。

在植物体中,常常可以遇上锂的化合物。不过,它们对植物的作用,现在还不十分清楚。一些红色、黄色的海藻和烟草中,常含有较多的锂的化合物。当把烟草烧成灰烬时,锂就剩在灰烬里。锂能够作为催化剂,用来加速一些化学反应。有趣的是:你把火柴划亮,把糖块放在火柴的火焰上,这时糖只是开始熔化,但并不燃烧。但是,如果你在糖块上撒一些香烟灰,这时糖块就会像纸一样烧起来! 这便是由于香烟灰中含有锂,而锂能够加快糖的氧化(燃烧)反应。

在动物和人体中,锂主要存在于肝脏和肺。

食盐里的金属——钠

在我国2000多年前的《管子》一书《海王篇》里,有这样一句话:"十口之家,十人食盐;百口之家,百人食盐。"可见我国在很早以前,便十分普遍地食用食盐了。过去,在我国西藏,甚至还把盐巴作为货币。食盐大都来自海水。在海水中,水占96%,各种盐类占4%,而其中食盐占海水总量的

3%。世界上每年食盐产量达四五千万吨！人天天要吃食盐。据统计，每个正常的人一天要摄取 10～20 克食盐，一年吸收 5～10 千克食盐。

也许会使你感到惊讶：在这雪白的食盐里，却隐藏着一种金属——在酱油、咸菜、咸鱼中，都"住"着这金属呢！这金属就是钠。钠是英国化学家戴维在 1807 年发现的。

钠，是银白色的金属，比水还轻，十分柔软，可用小刀切成一块块。不过它的化学性质非常活泼，一遇水便激烈地起化学作用，变成氢氧化钠溶解于水。人们利用钠强烈的吸水性，在工业上常用钠作脱水剂。另外，金属钠熔点低，在 97.8℃就变成液体。液体钠是液体中传热本领最好的一种，比水银高 10 倍，比水高 40～50 倍，因此，在工业上用液体钠作冷却剂。在空气中，钠还会和氧气化合，变成过氧化钠。这样，在电子管工业上，人们还用钠作吸气剂——用它吸收管内残余的少量氧气。平常，钠总是被浸在煤油中，与水、空气隔绝。钠的性质和锂、钾相近，但由于钠最便宜，因此金属钠应用比它们广，常用它代替锂或钾。

当然，食盐中所含的钠，并不是金属钠。食盐，是最重要的钠的化合物——氯化钠。一个食盐分子，是由一个钠原子和一个氯原子组成的。食盐除了作食用外，90%以上是用作工业原料：人们把食盐溶液电解，制得三种重要的化工原料——烧碱、氯气、氢气。用氯气和氢气可以合成氯化氢。氯化氢溶于水，便成了盐酸。

烧碱是氢氧化钠的俗称，又叫苛性钠，因为它的腐蚀性非常强，是两大强碱之一（另一强碱是氢氧化钾）。衣服上如果滴上烧碱，会很快烂成一个洞。滴在皮肤上，皮肤会腐烂。日子久了，甚至连盛烧碱溶液的玻璃瓶，也会被腐蚀、溶解，瓶壁上留下一个白色的圆圈。在工业上，烧碱大量用来制造肥皂、人造棉、各种化工产品和精炼石油。炼钢和炼铝，也要消耗大量的烧碱！据统计，制造 1000 个铝锅，约消耗 20 多千克烧碱。

另一个重要的钠的化合物是"纯碱"——碳酸钠，俗称"苏打"。最初，人们是从一些海生植物的灰中提取苏打，然而，产量非常有限。现在，人们用食盐、硫酸与石灰石做原料制造纯碱。我国著名化学家侯德榜教授,对制造纯碱的方法有重大的改进,创立了"联合制碱法"。纯碱是白色晶体,常用于洗濯,商业上称"洗濯苏打"。玻璃、肥皂、造纸、石油等工业都要消耗成千上万吨纯碱。

至于"小苏打",则是碳酸氢钠的俗称。医治胃病的小苏打片,"苏打饼干",便是用它做的。小苏打是细小的白色晶体,微有咸味,常用作发酵剂,因为它受热或受酸作用,很易放出二氧化碳气体,在面团中形成蜂窝状。

还有"大苏打",也是钠的化合物——硫代硫酸钠,又称"海波"。它主要用作摄影上的定影剂,因为它能与卤化银起化学反应,形成易溶于水的银络合物,冲走胶片上多余的感光剂,起定影作用。此外,也用于纺织工业上,用来除去漂白后多余的氧。在分析化学上,硫代硫酸钠是著名的还原剂。

硫酸钠,俗称"芒硝"($Na_2SO_4 \cdot 10H_2O$),用于玻璃工业,在医药上用来做泻药。

活泼的金属——钾

钾是著名的英国化学家戴维在1807年发现的。钾,是银白色的金属,非常柔软,用小刀可以像切石蜡似的,把它切成一块块。钾的熔点很低,只有63℃。也就是说,在比沸水还要低的温度下,金属钾就熔化成水银般的液体了。金属钾很轻,甚至比水还轻!"金属比水轻",这在当时简直是不可理解的事情。所以,在当时有不少人怀疑、反对戴维的见解,认为钾根本不能算是金属。直到后来,人们经过种种实验,制得了很纯的金属钾,这才最后使"钾是金属"这一点得到公认。

金属钾的化学性质非常活泼。刚刚切开的金属钾的表面是银白色的,可是在空气中暴露几分钟,便变得灰暗了。因为钾能与氧气化合,变成白色的氧化钾。这样，钾平时总是被小心地浸在煤油里。如果把它扔进水里，立即会吱吱发响，发生猛烈的化学反应，甚至燃烧、爆炸！因为金属钾能与水作用，放出氧气，生成氢氧化钾。在大自然中，钾都是以化合物的状态存在着。

金属钾的用途不算太广，主要是用来作为脱水剂，因为它能强烈地吸收水分。另外，在制造电子管时，也用它来吸收真空管内剩余的氧气与水气。金属钾与金属钠的合金，熔点很低，在常温下是液体，可以用来代替水银制造温度计。

钾的最重要的化合物，要算是氢氧化钾，俗称苛性钾。氢氧化钾是白色的固体，很易溶解在水里，具有很强的腐蚀性，是最强的碱之一。如果把你的羊毛线衣放在5%的氢氧化钾溶液里煮五分钟，那毛线衣便不见了——被溶解了！在工业上，人们用氢氧化钾制造肥皂、精炼石油与制造各种化工产品。用氢氧化钾制造的"钾肥皂"很有趣，它是一种液态肥皂。理发店里用的软肥皂就是它。

钾的最主要用途是制造钾肥。庄稼是非常需要钾的。庄稼缺乏钾，茎秆便不会硬挺直立，易倒伏，对外界的抵抗力也大大减强。平均起来，每收获一吨小麦或一吨马铃薯，就等于从土壤中取走 5 千克钾；收获一吨甜萝卜，相当于取走 2 千克钾。全世界平均每年要从土壤中取走 2500 万吨钾！有人才有出，这也就是说，全世界每年必须至少要往土壤中施加合钾 2500万吨的钾肥！

含钾的化学肥料，主要有硝酸钾、氯化钾、硫酸钾、碳酸钾。人们是从钾长石（花岗岩）、海水等中提取钾的化合物。特别是海水，含有不少氯化钾。在农家肥料中，以草木灰，特别是向日葵灰，含钾最多，这是因为植物本来就从土壤中吸收了钾，那么，把它烧成灰后，灰中当然也就含有钾了。在每吨粪便中，大约含有 6 千克钾。

在动物与人体内也含有钾，特别是在肝脏、脾脏里含钾最多。整个说来，成年人的器官（不包括血液、汗、尿等，仅是指器官而言），钾多于钠。有趣的是,在婴儿的器官中,钠却多于钾。有些科学家就把这一点引来证明:陆上动物是起源于海中的有机体,因为在海水中,钠多于钾。

大理石里的金属——钙

在首都天安门广场,巍立着用汉白玉雕成的人民英雄纪念碑。华表和白玉桥,也都是用汉白玉雕成的。汉白玉是大理石中的一种。在这些洁白如玉的石头里,住着一种金属——钙。

不光是大理石里住着这种金属。瞧瞧你的周围:那砌墙的石灰、刷墙的白垩、脚下的水泥地、雪白的石膏像等,里头都住着钙。当然,这钙是成化合物的状态存在着。

金属钙是英国化学家戴维和瑞典化学家柏济力阿斯在1809年制得的。钙是银白色的金属,比锂、钠、钾都要硬、重;在815℃熔化。

金属钙的化学性质很活泼。在空气中,钙会很快被氧化,蒙上一层氧化膜。加热时,钙会燃烧,射出砖红色的美丽的光芒。钙和冷水的作用较慢,在热水中会发生激烈的化学反应,放出氢气(锂、钠、钾即使是在冷水中,也会发生激烈的化学反应)。钙也很容易与卤素、硫、氮等化合。

在工业上,金属钙的用途很有限,如作为还原剂,用来制备其他金属;用作脱水剂,制造无水酒精;在石油工业上,用作脱硫剂,在冶金工业上,用它去氧或去硫。然而,钙的化合物,却有着极为广泛的用途,特别是在建筑工业上。

还是从大理石说起吧。大理石是很名贵的建筑材料;因盛产我国云南省大理县而得名,别的地方也出产,但也叫“大理石”。大理石是石灰石中的一种。石灰石的化学成分是碳酸钙。石灰石大都是青灰色,坚硬、很脆。在大自然中,常常一大片地区的地层都是由石灰岩组成的。石灰石被用来修水库、铺路、筑桥。如河南林县著名的“红旗渠”,就是用当地盛产的石灰

293

石砌成的。

石灰石在石灰窑中,和焦炭混合在一起燃烧后,制成生石灰。生石灰的化学成分是氧化钙。生石灰是白色的石头,它很有趣,一遇水会发生激烈的化学反应,变成白色的粉末——熟石灰,同时放出大量的热。在建筑工地上,常常可以看见人们往生石灰中加水。这时,如果往里放个鸡蛋,足以把它煮熟。熟石灰的化学成分是氢氧化钙,能溶于水。石灰水,就是氢氧化钙溶液。石灰水刷在墙上,起初,并不怎么白,过了一会儿,就会越来越白。这是一场有趣的循环:熟石灰和空气中的二氧化碳作用,又重新变成了碳酸钙;然而,人们在石灰窑中,却是用石灰石(碳酸钙)来烧成生石灰。燃烧时,石灰石放出了二氧化碳,变成氧化钙。

硫酸钙也是钙的重要化合物,俗名石膏。在工业上,人们用石膏做成各种模型,来浇铸金、银、铝、镁、铜以及这些非铁金属的合金。石膏还大量用来制造各种石膏像。不过,天然的石膏矿并不是雪白色的致密固体,外貌倒是像石蜡,它是含水结晶体。生石膏燃烧后,才变成熟石膏。

天然水,如河水、湖水、江水中,常含有一些可溶性的钙化合物,如碳酸氢钙。这种水,被称为硬水。硬水给人们带来不少麻烦,用它烧开水,原先溶解在水中的碳酸氢钙受热会转化成不溶性的碳酸钙,沉淀出来,变成锅垢。工厂里的锅炉如果锅垢太厚了,不仅浪费燃料,甚至会因受热不均匀而引起爆炸;用它洗衣服,碳酸氢钙会和肥皂起化学作用,成硬脂酸钙沉淀出来,浪费了肥皂。为了克服硬水的这些缺点,人们常要把硬水软化,如加入苏打(碳酸钠),便可以使碳酸氢钙变成碳酸钙沉淀出来,滤掉。也有的用煮沸的方法使硬水软化。

钙是人体和动物必不可缺的元素。人和动物的骨骼的主要成分,便是磷酸钙。血液中也含有一定量钙离子,没有它,皮肤划破了,血液将不易凝结。据测定,人一昼夜需摄取0.7克钙。在食物中,以豆腐、牛奶、蟹、肉类含钙较多。婴儿比成年人更需要钙,因为婴儿在不断发育中,骨骼不断在长大。所以,医生常给婴儿、孕妇吃些钙糖片。植物也很需要钙,尤其是烟草、荞麦、三叶草等,更是需要钙。

在大自然中,钙是存在最普遍的元素之一,占地壳原子总数的 1.5%。在所有的化学元素中,钙在地壳中的含量仅次于氧、铝、硅、铁,居第五位。

长眼睛的金属——铷和铯

一听铷和铯的名字,也许你会感到陌生。其实电视摄像机的光电管里便有铷和铯。

纯净的铷和铯都是银白色的金属,含有杂质时则略带黄色。铷和铯都很软,富有可塑性,又很易熔化。铯是最软的金属,比石蜡还软。铯是仅次于汞的易熔金属,熔点只有 28℃。铷的熔点也只有 38℃,比正常体温只高一度。铷蒸气在 180℃时看上去是绛红色的,而温度高于 250℃时,则是橙黄色。

铷和铯的化学性质非常活泼,在空气中会像黄磷一样自燃起来,放射出玫瑰般的紫色光芒。

如果把它们投入水中,会猛烈地和水作用,放出氢气,燃烧以至爆炸。甚至把它们放在冰上,也会燃烧起来。正因为它们这般不"老实",平时都被"关"在煤油里,以与空气、水隔绝。

铷和铯在大自然中很少,而且很分散,铯仅占地壳原子总数的千万分之九左右,铷比铯稍多。不过,在海水中要比陆地上多,据统计,海水中约有十万分之一的铷和铯,含量有 4000 亿吨以上。现在,人们大都是从铯榴石、绿柱石、金云母以及岩盐中提取铷和铯。"物以稀为贵",铷和铯比黄金还贵! 现在,世界铷、铯的年产量,都只不过几十千克而已!

铷和铯最可宝贵的性质,在于它们是长"眼睛"的金属——具有优异的光电性能。铷和铯一受光的照射,会被激发而释出电子。人们便利用它们的这一特性,把金属铯或金属铷喷镀在银片上,制成各种光电管。光电管受光线照射,便会产生光电流,光线越强,光电流越大,成了自动控制中的

295

"眼睛"。例如,人们在炼钢炉中装了它,随着炉里火粉的明暗不同,光电管的光电流的大小也不同,从中可以算出温度的高低,进行自动控制。另外,在电影、电视、光度计以及许多通讯、自动控制设备中,都要用到光电管。

在制造真空管时,由于铷和铯能猛烈地和氧气化合,被用作吸氧剂。在化学上,铯的化合物被用来医治休克病、白喉。

铷和铯,几乎是同时被德国化学家本生用光谱仪发现的,铯在1860年,而铷是在1861年。现在,人们是用重结晶法从盐水中浓缩氯化铷和氯化铯。然后,用金属钙为还原剂,与氯化铷或氯化铯在真空中一起加热到700～800℃,即可制取金属铷或金属铯。另外,我国有着丰富的铯榴石矿——这种铯在世界上是少有的。铯榴石是无色透明的矿物,具有玻璃光泽,很硬,一般含铯可达25%～30%。我国在工业上已采用铯榴石做原料,与氧化钙、氧化钙混合烧结,以盐酸酸化,制取氯化铯,然后以金属钙进行热还原,制取金属铯。

半导体工业的原料——锗

锗,是德国化学家文克列尔在1885年用光谱分析法发现的——也就是门捷列夫在1871年所预言的元素"亚硅"。不过,直到1942年,人们才发现锗是优秀的半导体材料,可以用来代替真空管,锗这才有了工业规模的生产,成了半导体工业的重要原料。

锗在周期表上的位置,正好夹在金属与非金属之间。锗虽属于金属,但却具有许多类似于非金属的性质,在化学上称为"半金属"。就其导电的本领而言,优于一般非金属,劣于一般金属,在物理学上称为"半导体"。

锗是浅灰色的金属。据X射线的研究证明,锗晶体里的原子排列与金刚石差不多。结构决定性能,所以锗与金刚石一样,硬而且脆。

锗在地壳中的含量为一百万分之七,比之于氧、硅等常见元素当然是少，但是，却比砷、铀、汞、碘、银、金等元素都多。然而，锗却非常分散，几乎没有比较集中的锗矿，因此，被人们称为"稀散金属"。现在已发现的锗矿有硫银锗矿（含锗 5%～7%）、锗石（含锗 10%），硫铜铁锗矿（含锗 7%）。另外，锗还常夹杂在许多铅矿、铜矿、铁矿、银矿中，就连普通的煤中，一般也含有十万分之一左右的锗，也就是说，一吨煤中含有 10 克左右锗。在普通的泥土、岩石和一些泉水中，也含有微量锗。

由于锗非常分散，这就给提炼带来很大的困难。不过，人们仔细研究，却发现一个重要的秘密——在烟道灰中，竟然含有较多的锗。这是怎么回事呢？原来，煤里所含的微量锗，是以氧化锗或硫化锗的形式存在。煤燃烧时，这些锗化合物一受热，便挥发了，而进入烟道后，却又受冷凝结于烟道灰中。据测定，烟道灰中的含锗量可达千分之一，有的甚至可达 1%～2%，比煤中含锗量高 100 倍到 1000 倍。现在，我国在各工厂普遍推广烟道除尘技术，一方面可以变冒黑烟为冒白烟，净化空气，清洁环境；另一方面又可以从烟道灰中提取锗。我国每年产煤几亿吨，从中可提取几千吨锗！北京、上海以及在东北的不少工厂，现在都已从墨黑的烟道灰中，提炼出银灰色的锗锭。另外，我国的一些铅锌矿、铜矿中也含锗，在炼铅、锌、铜的同时，也从"杂质"中提取锗。

从煤灰或各种金属矿中提取的锗，一般是氧化锗或硫化锗。用碳、氢或镁进行还原，即可制得金属锗。不过，用作半导体材料的锗，必须非常纯净。一般的物质如果纯度达到 99.9%，已算够纯的了，而用作半导体的锗的纯度，必须在 99.999% 以上。现在，用于制造收音机的半导体锗，纯度高达 99.999999%～99.9999999%，也就是八个"9"到九个"9"的纯度。最近，人们还甚至制得纯度高达十一个"9"的纯锗，其中杂质含量只有一千亿分之一。这样少的杂质，用一般的光谱分析还查不出来，要用催化蒸发法光谱分析或其他超纯分析方法，才能进行测定。在工业上，是用区域熔融法来制取纯锗——把锗锭放在石墨舟（或石英舟）里，装进石英管，抽成真空，然后用电炉在管外从这端逐渐加热到另一端，纯锗逐渐从熔液中结晶出来，而杂质逐渐集中到锗锭的末端,这样便可制得几个"9"的纯锗。

纯锗大量地用来制造晶体整流管(即二极管)和晶体放大管(即三极管)。这种锗晶体管很小,构造简单,耐震、耐撞,比电子管的寿命长,耗电量小,成本低。据统计,现在全世界年产锗晶体管已超过5亿个。

在半导体收音机中,绝大部分是用锗作为半导体。另外,锗晶体管还用于制造雷达设备、遥控设备、电子计算机等。

由于温度改变时,锗的电阻也立即随之发生灵敏的变化,所以锗又用来制造"热敏电阻",即利用锗的电阻随温度升降的变化,来测定湿度的高低。它甚至可以觉察1000米外人体所射出的红外线。

此外,锗还被涂在玻璃上,制成电阻,用于制造光电管、热电偶等。

由于半导体锗的发现和应用,开辟了电子微型化的道路,是无线电技术发展中的一大进步。

二氧化锗,用来制造某些折射率很强的玻璃。在医学上,由于锗能刺激红细胞的生成,所以锗的化合物可用来治疗贫血病与嗜眠症。

"甜"的金属——铍

铍是在1798年被法国化学家沃克朗发现的。最初,铍被命名为"铪",它的希腊文原意就是"甜"的意思,因为铍有个奇特的脾气——它的许多盐类竟然是甜津津的。不过,后来因为发现钇盐类也是有甜味的,便把它改称为"铍",它的希腊文的原意就是"绿宝石"的意思,因为人们最初是从绿宝石中提取铍的。人们早在远古时代,便发现了绿宝石。据考证,我国古代所谓的"猫儿眼"宝石,有的就是绿宝石。绿宝石又叫绿柱石,是珍贵的宝石之一。天然的绿宝石,最重的为1000多千克。人们在1827年用金属钾还原氯化铍才制得比较纯净的金属铍。1920年后,在工业上用电解法制取金属铍。铍是钢灰色的轻盈的金属,比重为1.82%,比铝还轻三分之一;

铍的熔点高达1284℃，差不多比铝高一倍；铍又非常结实，能和钢相比；铍还异常坚硬，以致可以刻划玻璃。美中不足的是金属铍中若含有微量的杂质，例如含有千分之一的氧，便变得非常脆，既不能轧压，也不能拉丝，一敲便碎。铍还有剧毒，据研究，每一立方米的空气中只要含有千分之一克的铍尘，便能使人马上得急性肺炎，死亡率相当高。因此，在冶炼时，要用特殊的通风设备通风，使每一立方米空气中铍的含量低于十万分之一克，这样才能保障工人的安全；铍的冶炼也比较麻烦，成本较贵。

在金属中，铍的透X射线的能力最强，有"金属玻璃"之称，比铝强20倍，比铜强16倍。因此，人们用它来制造X光管的"窗口"。铍传播声音的能力也极好，在金属中几乎也是首屈一指，达12.5千米/秒。铍在原子能工业上，被用作中子源和减速剂。铍轻盈又耐高温，还是制造飞机和宇宙火箭外壳的好材料。人们曾试制成功"铍飞机"，性能很好，只是成本太高。

铍更多的是被用来制造合金。只要在青铜中加入2%的铍，制成"铍青铜"，便发生了惊人的变化，它的抗拉强度变得比钢铁还大几倍，而且弹性极好，"百折不挠"，用它做的弹簧，可以压缩几亿次以上，即使在高温下也不会失去弹性！含铍2.5%的铍青铜，淬火后非常坚硬，被人们称为"超硬合金"。人们用铍青铜制造手表的游丝、精密仪器上的弹簧以及车刀、高速轴承、轴套，耐磨齿轮等。

含2.25%铍和1.1%～1.3%镍的铜铍镍合金，撞击时不发火花，常常被用来制造不发火花的工具，如凿子、锤子、刀、铲、钻头、扳子等。这些工具专门用来对易燃、易爆炸的材料进行加工：因为易燃、易爆材料一遇火星便燃，便炸，以至于在炸药厂里，连钉了铁掌的皮鞋都不许穿，怕它与石头相碰，撞出火花来，引起大爆炸。自然，加工时更不允许有火花了。铍的氧化物——氧化铍，熔点高达2450℃，而且硬度大，特别是能像镜子一样反射放射性，因此，用氧化铍做砖头来砌成的原子能反应堆的外壁，非常合适。

铍在地壳中的含量为百分之六。最常见的铍矿除绿柱石外，还有铍石、光榴石。这些铍矿颜色都很漂亮，有浅绿色、黄色、粉红色、天蓝色等。

我国有着丰富的铍矿。

由于尖端科学技术的迅速发展,铍的产量也有了很大的提高。

重晶石中的金属——钡

在医院里,当医生准备给患胃、肠病的病人拍摄X射线(俗称"爱克斯光")照片时,常给病人吃一种无味的白色粉糊,过半小时后才进行X射线拍摄。这白色的粉糊,在医学上叫做"钡剂"、"钡餐"。其实,这"钡剂"就是硫酸钡用水调成糊状制成的。硫酸钡是白色的固体粉末,它能强烈地阻止X射线,因此,当病人吃了钡剂后,能清晰地拍得胃、肠的X射线照片。否则,拍出来的底片上,除了有几根骨头的影子外,别无一物,无法进行诊断。

硫酸钡在大自然中很多,著名的矿物——重晶石的主要成分,便是硫酸钡。重晶石有块状或纤维状,很重,比重达4.3%~4.6%,因此被称为重晶石。也有的重晶石是土状的,俗称"重土"。钡的希腊文原意,便是重晶石。我国有丰富的重晶石资源。钡的化合物绝大多数是有的毒的。硫酸钡因为极难溶解于水,因此,被用作"钡剂"也就不会对人体有什么损害。

有时,当人们误食钡盐,发生呕吐、泻肚、脑出血等钡中毒现象时,也常内服硫酸镁解毒剂,因为硫酸镁能与可溶性钡盐生成不溶于水的硫酸钡,解除了钡毒。

人们从硫酸钡中制取金属钡。钡是瑞典化学家舍勒在1774年发现的。1808年,英国化学家戴维第一次制得金属钡。金属钡是银白色的,相当软,硬度和铅差不多。

钡的化学性质很活泼,它在空气中会很快失去光泽,氧化成氧化钡。如果碎成粉末,在空气中甚至可以起火。氧化钡是白色固体,遇水能激烈地发生化学反应,生成氢氧化钡,同时放出大量的热。所生成的热,可以使固体发热变! 氧化钡,是最强烈的碱性吸水剂。

金属钡的用途不大。钡最重要的化合物就是硫酸钡。硫酸钡除了作"钡剂"外,最主要的用途作为白色颜料,著名的"钡白"就是它。钡白在空气中放久了,依然是白皑皑的,不会因与硫化氢作用而变黑。在造纸时,人们便往里加入钡白,以使纸张更白一些。不少有光纸、道林纸、印相纸、邮票纸以及印钞票的高级纸中,都加了钡白。在钻油井时,有时在泥浆中加入一些硫酸钡,以增加泥浆的比重。

在制造焰火时,常加入一些硝酸钡、氯化钡或其他钡盐,这样,会使焰火呈现绿色;加入钙盐,则呈砖红色;加入锶盐,呈鲜红色。信号弹的火药中,也常用到这些盐类。

在分析化学上,常用氯化钡来检验与测定硫酸、硫酸盐,因为氯化钡能与硫酸根作用生成几乎不溶于水的白色硫酸钡沉淀。另一种钡盐——碳酸钡,也是不溶于水的白色粉末。在钢铁工业上,常用60%的碳酸钡与40%木炭混合,作为钢的表面硬化剂(即渗碳剂)。这是因为碳酸钡在渗碳时受热分解,生成二氧化碳,而二氧化碳又与赤热的木炭作用生成一氧化碳。这一氧化碳又受热分解,变成二氧化碳与原子状态的碳。这原子状态的碳很活泼,渗进钢铁表面。钢表面的含量提高,便变得坚硬。这叫"渗碳处理"。而碳酸钡分解出二氧化碳后,变成氧化钡。这氧化钡与空气中二氧化碳作用,又重新变成碳酸钡。因此,在渗碳后,只需重新再加些木炭,又可继续使用。

钡在地壳中的含量为十万分之五。常见的钡矿除重晶石(硫酸钡)外,还有毒重石(碳酸钡)。

放在手中便熔化的金属——镓

好端端的一块银白色的金属,如果你想放在手心看个仔细,唔,却一下子熔化了,成了一颗银白色的液滴,在手里滚来滚去,犹如荷叶上滚着的水珠。

这奇妙的金属,就是镓。它的熔点只有29.8℃,低于人的体温,因此,放在手心,很快就熔化了。在常温下,镓是固体,很软,用小刀便能切开,可以拉成细丝或压成薄箔,也可以煅轧。更奇妙的是,当镓从液体凝成固体时,体积要膨胀3%,这样,镓平常都是装在富有弹性的塑料袋或橡胶袋里,以防镓凝固时胀破容器。如果装在玻璃瓶中,千万别装满。

镓的熔点虽低,沸点却很高,竟达2000~2100℃!这也就是说,从29.8℃到2000℃之间,镓一直是液态,而水银在360℃就沸腾了。这样,镓被用来制造高温温度计,因为水银只能测300℃以下的温度,而镓可测1500℃以下的温度。镓温度计的外壳,常用耐高温的石英玻璃制成。另外,液体镓也常被用来代替水银而用于各种真空泵或紫外线灯泡。原子能反应堆中,用镓作为热传导介质,把反应堆中的热量传导出来。

镓能紧紧地黏在玻璃上,因此可以制成很好的镜子。镓镜的反射光的本领很好,在光学上有着特殊的用途。放射性的镓,用来诊察癌症。

镓被制成各种合金。镓熔点很低,可与锌、锡、铟等制成易熔合金,制成自动救火龙头——当失火时,温度一升高,易熔合金熔化了,水便从龙头自动喷出。镓"热缩冷胀",被用来制造铅字合金,使字体清晰。在镁中加入少量镓,可提高镁的耐腐蚀性。镓也常被用来制造镶牙合金。在原子能工业上,镓和它的合金,被用作载热剂。

镓在地壳中的含量约为百万分之四,与锡差不多(锡为百万分之六),不算太少,然而锡 却为"五金"之一,锡器十分普遍,而一般人对镓却是十分生疏。这是为什么呢?主要由于在大自然中,镓非常分散,几乎没有什么"镓矿",和锗很相似。现在,人们大都从煤灰中提取镓——煤灰中含镓量甚至比煤中高好几倍。在锗石中,含镓最多,达0.5%~1.8%。此外,在有些铁矿、含铜页岩、铝矾土、云母、锰矿、锑铅矿及海水中,也含有少量的镓。镓在大自然中,一般以氧化镓的形式存在。现在,人们大都在炼制某些铜矿、铅锌矿时从尾矿中提取镓。

镓是法国化学家布瓦博德朗在 1875 年发现的。为了纪念自己的祖国，布瓦博德朗把它命名为"镓"（即法国的古名"家里亚"）。然而，早在发现镓的四年前——1871 年，著名的俄罗斯化学家门捷列夫便根据他发现的化学元素周期律，精确地预言了镓的存在和它主要的性能。

门捷列夫称镓为"亚铝"。后来布瓦博德朗的发现，完全证实了门捷列夫的预言。镓，成了化学元素周期律的第一个见证者。

"亲生物"金属——钽

1802 年，瑞典化学家埃克博洛在分析斯堪的纳维亚半岛的一种矿物时，发现了钽。钽的希腊文原意是希腊神话中一位英雄的名字——坦塔罗斯。

钽是银白色的金属，在常温下很稳定，加热到 400℃ 呈天蓝色，600℃ 呈灰色，温度更高时则在表面形成一层白色的氧化膜。钽很重，一立方米的钽重达 16.6 吨。钽的熔点很高，达 2996℃，高于钼（2620℃），而稍低于钨（3400℃），是最耐高温的金属之一。沸点高达 5300℃。钽富有延展性，可以拉成比头发还细的钽丝或比一般纸还薄的钽箔。

钽最突出的优点是非常耐腐蚀。钽不仅不怕硝酸、盐酸、王水，就连加热到 900℃ 的高温，在熔融的锂、钠、钾或钠钾合金中，也不会被侵蚀。钽的价格只有铂的七分之一，因此，钽成了铂的竞争者。人们预言，钽将会代替和淘汰铂。现在，人们已大量用钽制造电极、蒸发皿、杯等反应器皿。在生产化学纤维时，用钽代替铂制造喷丝模。钽丝可织成耐腐蚀的过滤布。另外，钽被用来制造精密天平的砝码、外科器械、自来水笔笔尖、留声机唱针、钟表弹等。

在无线电工业上，钽是制造电子管中栅极和阳极的重要材料。钽便于加工成各种复杂形状的电极，化学性质又稳定。现在，几乎所有的电子管工厂都用到钽。更可贵的是,钽还具有吸收氧、氮、氢等气体的特殊本领,因此,在制造真空管和真空仪器时,用钽作吸气剂。有趣的是,钽在外科医疗上有着妙用:如果用钽条代替折断了的骨头,过了一段时间,人体的肌肉居然会在钽条上生长,犹如真正的人的骨头一样。这样,钽被誉为"亲生物"金属。

细小的钽丝,可用来缝合神经、肌腱;钽丝织成的钽网,可装置在动了手术的病人的腹腔里,用来加强腹腔壁。钽对人体无毒,对人体组织没有刺激作用。

在工业上,钽被用来炼制各种优质合金。钽钨合金的熔点很高,在高温下仍能保持良好的硬度和弹性,是制造喷气发动机和原子能工业上不可缺少的材料。含钽20%的钽铂合金,抗酸性能好,这种合金对王水的耐腐蚀性比纯铂好,价格也便宜得多。

钽的重要化合物——碳化钽,是制造硬质合金的材料。碳化钽硬质合金常用来制造刀具,使用寿命甚至超过碳化钨硬质合金,而且导热性比它更好。

钽在地壳中含量为一千万分之一,不算多。钽在大自然中总是与铌住在一起,常常有钽必有铌。然而,钽和铌的性质又十分相似,这给炼纯钽的工作带来了许多困难。现在钽的价格较贵,主要是在于提炼比较困难。随着科学技术的发展,如使用离子交换树脂等,钽和铌的分离问题将会得到彻底解决。

超导元素——铌

铌是英国化学家哈契特在1801年发现的。起初,哈契特将铌矿物最早发现的地方——美国哥伦比亚州作为它的名字,命名为钶。由于钶和钽的性质非常相似,人们曾一度认为它们是同一种元素,直到1844年,德国科学家罗泽通过化学方法，才把它们分开。后来，罗泽便根据希腊神话里的英雄坦塔罗斯(钽的名字就由他得来的)的女儿尼俄伯的名字，把它改名为铌。现在，绝大部分国家已改称铌，但也有极个别国家仍称钶的。纯金属铌直到1929年才被制得。

1955年，金属铌才结束实验阶段，开始工业规模的生产。现在，铌的世界年产量已达500多吨。

铌，是坚硬的灰白色金属。可以被拉成细丝，也可以压成极薄的片。然而，含有极少量的杂质时，铌却变得很脆。铌极难熔化，熔点高达2415℃。

铌的化学性质非常稳定。常温下，在空气里，它不会与氧气作用，在工业区大气中放15年，铌的表面仅稍稍发暗。当温度升高到200℃时，它的表面被缓慢地氧化，生成一层薄薄的氧化膜，这层氧化膜非常致密，它能防止里面的铌被进一步氧化。铌也不怕酸的腐蚀，除氢氟酸外，其他强酸，甚至是王水都不能腐蚀它。曾有人把铌放在浓热的硝酸中，达两个月之久，它也不损丝毫；后来又把它放在强烈的王水中，继续浸了六昼夜，铌仍旧安然无恙！ 铌有着吸收氧、氢、氮等气体的特殊本领，其中尤其是对氢的吸收更加突出。据试验，1千克铌就能吸收104升的氢气！当温度升高时，铌吸收的本领便逐渐下降，在1000℃的高温下，1千克铌只能吸收4升以下的氢气。铌吸收了氢气后便变得很脆。不过，如果当它吸足氢气后，把它放在真空中加热到600℃以上，铌又会把氢气重新放出来，恢复它原来的面目。

由于铌的性能优异，在工业上便得到重要的应用。在冶金工业上，用铌制成的耐高温、高强度的特种合金和钢，常用来焊接机器上的重要部件，因为铌能大大提高焊接口的坚固度。在电子管制造工业上，人们利用铌吸收气体的特性，用它作电子管中的永久除气剂；由于铌耐热性能好，也常用来做电子管中的热附件。

奇妙的是，在-263.9℃(即9.22K)的超低温下，铌会变成几乎没有电阻的超导体。人们曾做过这样的实验：把一个冷到超导状态的金属铌环，通以电流后再截断电流,然后,又整套仪器封闭起来,保持低温。搁置两年半以后,人们把仪器打开,发现铌环里的电流仍在流动,而且电流强度几乎没有减弱!现在,人们利用超导现象,制成了小巧玲珑的"冷子管"。冷子管的构造并不复杂:它仅仅由两根彼此绝缘并且互相交叉的铌丝与钽丝,浸在液体氦里做成的。冷子管非常小,比半导体晶体管还小。现代电子学元件向着微型化方向发展——半导体晶体管代替了真空管,更为玲珑的冷子管又将代替小巧的半导体晶体管。用5000个冷子管组成的微型电子计算机,看上去与一架普通的收音机差不多大小。人们还制成了超导体电缆(又叫超低温电缆),由于电阻几乎等于0,输电率非常高。现在,经过对超导现象的深入研究,发现不止是铌有超导性能。具有超导性能的元素叫超导元素。人们已发现有23种纯金属,如铅、汞、锌、铝、锡等,以及60多种合金、化合物在低温时具有超导性能。然而,铌显示超导性能的温度最高,为9.22K,而铅为7.26K,锂为4.71K,钽为4.48K,锌为3.72K,铝为1.14K。K即绝对温标。绝对零度为0K。显示超导性的温度越高,越便于在实际中得到应用。研究超导现象,已成了一门崭新的尖端科学——"绝对零度电子学",也有的叫做"冷子学"。

在原子能工业上,利用铌热中子捕获截面值较小的特点,用作热中子芯子的合金材料。在快中子堆上,用铌作燃料元件的包壳。

此外,在化学纤维工业上,也可用铌来制造化学纤维的拉丝模。

在地壳中,铌的含量并不少,约为百万分之三,比常见的金、银还要多得多呢。不过铌的冶炼却很困难,因此还把它算作稀有金属。在自然界里,铌总是与钽及钛等"住"在一起,主要的矿物有铌铁矿和钽铁矿。

反应堆的好材料——锆

锆,是德国化学家克拉普鲁特在1789年发现的。同年,他还发现了铀。

锆的希腊文原意,是一种锆矿的名字——"风信子石"。虽然锆的发现并不算晚,但直到1914年,人们才第一次制得了金属锆。但是锆很快成了引人注目的金属,它的世界年产量逐年激增着。因为锆在原子能工业和宇宙火箭的生产上有着重要的用途,崭露头角。

纯锆是银灰色的金属,富有延展性。然而,只要稍含一点杂质,锆便变得很脆。不过,含有杂质的锆虽然脆,却比纯锆要硬得多,可以用它刻画玻璃,甚至在红宝石表面也可刻出凹痕来。锆难熔,耐高温,熔点高达1930℃。

在常温下,金属锆很稳定,不和水、氧、酸、碱等起化学作用,只有氢氟酸、王水等才能腐蚀锆。粉末状的锆,加热到200℃会燃烧,与氧化合生成二氧化锆。丝状的锆,很容易用火柴点燃。

原子能工业,是金属锆的最大"主顾"。在原子能反应堆中,是利用铀裂变放出热能,加热水,把水变成蒸气,利用蒸气推动涡轮,带动发电机发电。然而,铀棒不能和水直接接触,因为水会侵蚀铀棒,而铀也会使水带有放射性,影响工作人员的安作。这样,就必须把铀棒用套管套起来,与水隔开,而热能又能通过导管,加热管外的水。锆,便是制造这种套管最好的材料。这是因为锆的热中子捕获面积小,不大会"吃掉"原子能反应堆中借以引起核反应的中子。而且锆又耐腐蚀,机械性能好,易于加工。这样,它便很适宜于作原子能反应堆的结构材料。现在,几乎没有一个原子能反应堆能离开锆。

锆、钛与镁形成一种合金,又轻、又耐高温,很适宜用来制造飞机与宇宙飞船的外壳。在钢中加入千分之一的锆,可以显著提高它的硬度和机械强度,用来制造装甲车、坦克和穿甲弹弹头。在铜中加入少量锆,导电能力并不减弱,但却可以大大提高铜线的耐高温性能,是制造高压电线的好材料。由于锆粉燃烧时会产生白炽炫目的光芒,人们用锆粉来制造信号弹。

金属锆有个怪脾气——能大量吸收氧、氮、氢、二氧化碳等气体。现在锆被用作永久除气剂,除去真空管等真空仪器中的残余气体。

307

锆最重要的化合物是白色的二氧化锆,能耐高温,它的熔点高达2700℃,而且化学性质非常稳定,受热后体积不会显著地增大,因此,它是很好的耐高温材料。现在,二氧化锆被用来制造冶金炉里的耐火砖以及耐火坩埚。如果把二氧化锆加到玻璃中去,可以提高玻璃的抗碱本领和耐高温性能;加到搪瓷中,可以使搪瓷变成白色。

锆在地壳中的含量并不算太少,约为十万分之三,与铜的含量差不多。不过,麻烦的是,在大自然中锆总是与铪在一起,而锆与铪的性质又很相似,不易分离,这就给锆的冶炼,带来不少困难。锆与铪、铌与钽的分离,现在都成了冶金工业上迫切需要解决的课题。一旦找到了一条多快好省的分离和冶炼锆的途径,用不了几年,锆会很快地成为一种常用的金属,甚至比铜更加普遍。现在,人们是用锆英石做原料,在电弧炉中进行炭化,然后用氯来氯化,制得四氯化锆,最后用金属镁进行还原,制得金属锆。

"金属火柴"——镧和铈

吸烟的人,总喜欢带个"金属火柴"——打火机,钢轮摩擦火石,产生火花,使汽油蒸气着火。打火机里的火石是什么东西呢?为什么一击它就冒火花呢?原来,这火石就是金属镧和铈的合金。

纯净的镧是银白色的金属,比锡稍硬,可以打成镧箔,拉成镧丝。在826℃,镧熔化成液体。

镧的化学性质很活泼,在空气中很易氧化,即使在干燥的空气中,也会被氧化,如果稍加摩擦或敲打,它就会发火燃烧,打火机里的火石便是利用镧的这一特性制成的。

纯净的铈是银灰色的金属,它比镧更柔软,富有可塑性,也可煅成片,拉成丝,在675℃熔化成液体。

铈虽然不及镧那样容易被氧化,常温下,它在干燥的空气中,仍能保持原有的光泽。然而,铈的燃点也很低,在空气中加热到160℃,它就会迅速地氧化,自然燃烧起来。铈燃烧时,放出大量的热,据计算,1 克铈就能放出 1600 多卡热量!

在打火机的火石里,含有 70%的铈和镧等稀土金属,及 30%左右的铁、铬、铜等金属。由于镧和铈的燃点低,发热量大,因此,只要稍加碰击,火石就飞出小火花,点燃灯芯。一粒普通的火石,大约可燃点 500 次。

镧和铈除用来制造火石外,还有不少重要的用途。尤其是铈,在冶金工业上,如果在铝中加入约千分之二的铈,就可增高铝的导电性,使铝受到撞击时发出响亮、清脆的声音;在钨中加入少量的铈,可使钨制金属丝时,更易延展;在铸铁中加入铈,可制成球墨铸铁,强度和韧性与钢相近。

在制造玻璃时,加入千分之一的氧化铈,可以使玻璃的透明度提高 90%以上。这种含铈的玻璃,长期使玻璃的透明度提高 90%以上。这种含铈的玻璃,也可用作防护原子能反应堆的放射线。还有一种含铈的钒和玻璃,在阳光下暴晒会晒成红色,可以用它来测定阳光强度。此外,氟化铈熔点很高,达 1460℃,常应用于弧光灯炭极的制造;硫化铈是很好的半导体材料。

镧能吸收气体,可用作电子管的除气剂。

镧、铈和铁等的合金,不仅用来制造火石,甚至在大炮中,也用到它。人们把它装在炮弹上,当发射炮弹以后,由于它与空气摩擦,会发出亮光,这样在夜间便能清楚地看到炮弹的行踪——发射曲线。

镧和铈在地壳中含量很少,但我国却有丰富的镧铈资源——独居石(磷铈镧矿)。现在工业上,用电解熔融镧、铈的氯化物来制取镧和铈。

镧是 1839 年被瑞典化学家莫桑德尔发现的。铈比镧发现早得多,它是 1803 年,被德国化学家克拉普罗特、瑞典化学家柏齐力乌斯、希辛格分别发现。

在化学元素周期表上,镧与铈、镨、钕、钷、钐、铕、钆、铽、镝、钬、铒、铥、镱、镥等 15 个元素排列在一起,它们的性质十分相似,被称为"镧系元素"。

这15种元素与钪、钇两元素，又合称为"稀土元素"。这是因为这17种元素的氧化物不溶于水，与泥土相似，在18世纪，人们把这种氧化物称为"土"，而这些元素在地壳中的含量或者很少、或者很分散，或者虽然含量不算太少，但难于提炼，于是在"土"之前加了个"稀"字，成了"稀土元素"。这些元素全是金属，有时称为"稀"字，成了"稀土金属"。有人以为稀土元素就是镧系元素。

如今，稀土元素逐渐受到人们的重视，被广泛用于尖端科学技术。例如，从1961年以来，高纯度的稀土元素的氧化物被用作激光的激活剂。铕、钇等氧化物用于制造彩色电视的发光荧光体。镨、铒、镨、钕等氧化物用于制造高折射率、低分散性的优质光学玻璃。

中国拥有丰富的稀土矿。为了更好地利用宝贵的稀土矿资源，中国正在努力提高分离稀土元素技术，以便能够出口经过加工、分离的稀土金属，而不是大量出口稀土矿，这样可以大幅度提高经济收益。

很晚被发现的金属——铼

在金属元素（人造的除外）中，铼要算是很晚被发现的一个了。然而，不同于其他元素的是：铼是在化学元素周期律的指导下，有目的、有意识地发现的。

在1920年，由于电气工业的发展，当时迫切地需要一种比钨更耐高温的金属。但是，人们查遍了文献，在已发现的金属中找不出一种适合于需要的金属。这时，人们想到了化学元素周期表。在周期表上，钨的旁边有一个空格——这个元素还没有被发现。根据化学元素周期律可以推知，这个没有被发现的元素的特性会和钨很相似，熔点很高，很可能满足电气工业的需要。

于是，人们开始有意识地去寻找这个元素。虽然还没有发现它，但人们却已掌握了它的基本性质。德国地球化学家诺达克夫妇从1922年,对铂矿石、铌铁矿、钽铁矿、软锰矿等1800多种矿物进行分析,终于在1925年从铂矿中发现了这一新元素。为了纪念他们的故乡——德国莱茵市,他们把这新元素命名为铼。

铼,不失所望,果然是电气工业上非常好的材料。铼是灰黑色的金属,外表近似于钢。很重,一立方米的铼重达21吨!铼的熔点极高,达3170℃,仅次于最难熔的金属——钨,然而,在高温真空,钨丝的机械强度和可塑性显著降低,但只要在钨中加入少量铼,便可大大改观。例如,含铼5%~20%的钨铼合金,伸长度便比纯钨丝高11~23倍!铼对水蒸气的稳定性也比钨高,用铼镀在电灯的钨丝上,可使电灯泡的寿命延长5倍!

铼不怕高温,不怕火。即使在2000℃以上,不仅没熔化,表面还是光闪闪的。显然,铼的这一宝贵性能,是其他金属所少有的。铼被用来制造人造卫星和火箭的外壳是非常合适的。在电子能工业上,铼可用来制造谐振型原子核反应堆的衬套反射保护板。此外,铼也被用来制造测量2000℃的高温热电偶。

铼的化学性质很稳定。不仅是一般的酸、碱,就连具有强腐蚀性的氢氟酸也不能腐蚀铼。在一些金属表面镀一层铼,可以防锈蚀。铼也被用来代替铂,作石油氢化(制造汽油)、醇类脱氢(制造醛、酮)及其他有机合成工业上的催化剂。

铼合金能耐高温,耐磨损,硬度大。铼合金制成的弹簧,在800℃的高温下仍能正常工作,不失去弹性。铼合金也被用来制造钢笔笔尖,以及精密仪器的零件。

铼在地壳中的含量很少,而且又很分散,就连现在世界上已发现的含铼最多的辉钼矿,也只不过含铼十分之一。铼之所以是成了最后一个被发现的元素,也和它的稀散很有关系。

311

最重的元素——锇和铱

锇和铱是最重的金属，也是最重的元素。每立方米的锇重达22.5吨，它的比重是铅的2倍，约是铁的3倍。

纯净的锇是蓝灰色的金属，熔点是2700℃。锇粉是蓝黑色的。

金属锇在空气中非常稳定，它不溶于普通的酸，甚至在王水里也不会腐蚀。但粉末状的锇，即使在常温下也会逐渐被氧化，并且生成四氧化锇，在这种化合物中，锇表现出最高的化合价——八价。在周期表上，锇属于第Ⅷ族元素。

金属锇在2700℃时才熔化，然而四氧化锇却在48℃时就熔化，在130℃时沸腾。四氧化锇的气体，有股特殊的臭萝卜似的气味，锇的命名，也就是从这臭味得来的——锇的希腊文原意就是"有臭味"的意思。四氧化锇却是反常的！它在有机溶剂里的溶解度，要比水中大得多。例如，在25℃，100克水里，只能溶解7克四氧化锇，而在100克四氯化碳里，却能溶解350克四氧化锇。在医学上，制造各种微小的动物组织实验标本时，常用到四氧化锇。

铱是银白色的金属，它的熔点也很高，达2450℃，与锇一样，铱非常坚硬，而且又很耐磨。

保存在法国巴黎国际米尺标本，就是用含有90%铂和10%铱的合金做成的。一些钟表的机轴，也掺入少量铱，增加耐磨性。

铱的化学性质异常稳定，强酸和王水都不能腐蚀它。铱的化合物，常有各种美丽的色彩，因此，铱的希腊文原意便是"彩虹"的意思。

你曾注意过这样一件事吗：在自来水笔金笔尖和铱金笔尖的头上，都有一粒银白色的小东西，而钢笔尖的头上却没有。这颗小圆粒就是铱和锇的合金。金笔尖是由金、银、铜的合金制成的，头上镶着铱锇合金的圆粒；

铱金笔尖是用不锈钢做的，头上也镶着铱锇合金的小圆粒；钢笔尖是用不锈钢做的，头上没有铱锇合金的小圆粒。金笔尖和铱金笔尖之所以比钢笔耐用，就在这粒银白色的"尖端"，便使笔尖更加耐用。据上海金星笔厂试验，如果把金笔尖和钢笔尖同时放在一块白油上磨，一小时后，金笔尖只磨损 0.7 毫米，而钢笔尖却磨损达 51 毫米。

锇与铱都是 1804 年被英国化学家特南特发现的。在地壳中，锇与铱的含量都很少，地壳中约含锇一亿分之五，含铱约一百亿分之九。在自然界里，它们以游离状态和铂共生在一起。

吸收气体的能手——钯

如果说，气体能够溶解于液体，这，你是会相信的：化学肥料氨水，可不就是气体——氨溶解在水里制成的；著名的强盐酸，就是气体——氯化氢溶解在水里制成的；空气也部分溶解于水，鱼类就是依靠这溶解在水里的空气（氧气）维持生命的。

然而，气体居然也能大量溶解在固体中。最突出的例子，要算是金属钯了。钯，是吸收气体的能手，尤其是善于吸收氢气。据测定，在常温下，1 体积钯可以吸收 700～800 体积的氢气。这在化学元素中，是极为少见的。

钯是银白色的金属，比较软，富于展性，很重，每立方米钯重达 12 吨，在 1555℃熔化成液态，在 4000℃沸腾。

钯是块状的金属，但是，吸收了大量的气体后，会发生很大的形变，明显地胀大、变脆，以致破裂成碎片，布满裂纹。海绵状的钯，吸收氢气的能力更强（因为接触面积增大），在常温下，1 体积可吸收 1200 体积的氢气。不过，加热到 40～50℃，钯会将所吸收的气体大部分放出。加到到高温，全部放出。

X 射线研究结果表明，钯吸收氢后，晶格会膨胀。随着氢气溶解量的

313

增加，到一定程度，会转变为另一种晶格。在钯中，氢很少是以原子状态存在，而是以离子(H⁺)状态存在，因此可以说，含氢的钯实际上是一种合金。

钯这一奇怪的特性，在化学工业上有着重要的应用：人们把钯用作加氢反应的催化剂。在钯的催化下，可使液态的油脂加氢，变成固态；可使不饱和的烯、炔，变成饱和的烷；可使不饱和的醇、醛、酮、酸，变成饱和的有机化合物。吸收了氢的钯，还可以作为还原剂，使二氧化硫变成硫化氢。

在电气工业上，利用钯吸气的特性，用作除气剂，除去真空管中残存的气体。

钯的化学性质比铂、铱、锇等活泼。在硝酸中，钯会被慢慢溶解。加热时，钯与氧化合，变成氧化钯。

二氯化钯遇一氧化碳就会被还原为黑色的钯，通常用来作来检验一氧化碳的药物。

钯在地壳中含量很少，为一千万分之一。钯是英国化学家沃拉斯顿在1803年发现的，同年他还发现了与钯十分相似的元素——铑。

夜光粉里的元素——镭

漆黑的夜，伸手不见五指，然而，夜光表的指针却闪闪发出黄绿色的光芒，告诉人们现在是几点钟。

夜光表为什么会发光呢？原来，在指针与表盘的数字上，涂有一种发光物质。这发光物质便是掺杂着镭盐的荧光粉。

镭，是银白色的金属，很柔软，在960℃时熔化。金属镭易挥发，在空气中不稳定。

镭最突出的性能是具有很强的放射性。它的放射性比起铀来，还要强好几百万倍！它能透过厚厚的纸包，使照相底片感光。因此，镭的希腊文原意便是"射线"的意思。

在镭射线的照射下,会发生奇妙的变化。

硫化锌、硫化钙等碱土金属硫化物,在镭射线的照射下,能发出绿色的光。夜光表上的发光物质,便是利用镭射线的这一特性制成的:人们在含有极少量铜化合物的硫化锌(或硫化钙)粉末里,加入约十万分之一左右的镭盐。这些镭盐能不断地射出放射性射线,在这些射线的激发下,硫化锌射出浅绿色柔和的冷光。如果把这些发光粉掺入塑料中,便可制得发光塑料。用发光塑料制成门上的把手,在夜间很醒目。用发光塑料制成的电灯开关、电铃按钮、火柴盒、电话机盘、街巷路牌、航标、路标等,在夜间给人们带来不少方便。此外,最近人们还制成了发光搪瓷、发光玻璃、发光油漆、发光粉笔、发光墨水、发光混凝土与发光布等。

镭放出的射线也很厉害,它能破坏动物体,杀死细胞、细菌。有一次,法国物理学家贝克勒尔出去演讲时,顺手把一管镭盐装在口袋里,可是,当他讲演完了时,感到身上很疼,原来是镭盐严重地灼伤了他的皮肤。现在,医生便使用镭射线来医治癌症。虽然大量的镭射线作用于人体是有害的,但是由于恶性肿瘤比正常的组织更容易被放射线所破坏。因此,用镭射线来治疗癌症,得到很好的效果。另外,一些如癣、狼疮之类的皮肤病,也可用镭射线来治疗。

在镭射线的照射下,无色的玻璃会变成有色;无色透明的金刚石的表面会变成黑色的石墨;水分解成氢气与氧气;氨能分解成氮与氢;氯化氢会分解成氯与氢;而氧则变成了臭氧……

一门新兴的科学——"辐射化学",便是专门研究这些奇妙的现象。

令人惊异的是,镭还能放出大量的能量。据测定,1克镭在一小时里,就能放出140卡热。更奇怪的是,尽管时间一小时又一小时,一天又一天,一年又一年地过去,镭照样不断地每小时放出140卡热,经过1560年后,它的能量才降低一半——1克镭每小时放出70卡热。要是让1克镭把热全部放出来,竟有270亿卡!足以使29吨冰融化成水!

镭的放射能的发现,在当时引起社会上极大的震动。一些资产阶级哲

315

316

学家认为镭是"永恒的能源",足以推翻能量守恒定律。然而,正如列宁所指出的:"自然科学方面的最新发现,如镭、电子、元素转化等,不管资产阶级哲学家们那些'重新'回到陈旧腐烂的唯心主义去的学说怎样说,却灿烂地证实了马克思的辩证唯物主义。"[①]人们经过多次的科学实验,终于弄清楚镭的本质:原来,镭原子是会分裂的。镭原子裂变后,变成两个更小的原子——氡原子与氦原子。据计算,在720亿个镭原子中,平均每秒钟有一个原子要分裂,向周围以每秒两万千米的速度射出它的"碎片"。镭那不断放出的放射能,便是镭原子裂变时释放出来的能量。因此,镭并不是什么"永恒的能源"。世界上永远不存在什么"永恒的能源"。随着镭原子的不断裂变,镭放出的能量也不断减少,正如前面已经讲过的那样,经1560年后,1克镭每小时放出的能量降低了一半——从140卡到70卡。

镭的放射能的发现,并没有推翻能量守恒定律。相反地,却从新的高度进一步丰富了能量的守恒定律:一个镭原子裂变为一个氡原子与一个氦原子释放出来的能量,恰好等于用一个氡原子与一个氦原子合成一个镭原子时所需要的能量。这一事实有力地说明,能量不可能凭空产生,也不可能无端消亡。只有从辩证唯物主义观点,才能正确地解释自然现象,掌握自然规律。

在大自然里,镭主要存在于许多种矿物以及土壤与矿泉水中。近年来发现,海底的淤泥比原始的镭产地含有较丰富的镭。然而,镭在自然世界里的存在毕竟是十分稀少,它仅占地壳中原子总数的一百亿分之八!而且制取又非常困难。

镭是在1898年被著名物理学家居里夫人从沥青铀矿中发现的。要知道,在沥青铀矿中,镭的最高含量也不过只有百万分之一!要用800吨水、400吨矿物、100吨液体化学药品、900吨固体化学药品才能提炼出1克镭

---

① 列宁,"马克思主义的三个来源和三个组成部分",《列宁选集》,第2卷,442页,人民出版社,1972年。

的化合物！他们当时工作的艰苦可想而知。继镭发现后，1910年，居里夫人还制得了世界上第一块纯净的金属镭。

镭的发现、放射现象的发现、放射能的发现，是19世纪末、20世纪初在自然科学方面的重大成就。在居里夫妇发现镭后的第五年——1903年，鲁迅便在《浙江潮》月刊第8期上，发表了《说钼》[1]一文。钼，即镭。鲁迅在这篇文章中，十分热情地介绍了当时科学上的新生事物——镭及放射现象的种种知识，指出："自X线之研究，而得钼线；由钼线之研究，而生电子说。由是而关于物质之观念，倏一震动，生大变象。最大涅伏，吐故纳新，败果既落，新葩欲吐，虽曰古篱夫人之伟功，而终当脱冠以谢19世纪末之X线发现者林达根氏。"[2]此处所提到的"古篱夫人"即居里夫人，"林达根"即伦琴，德国物理学家，X射线发现者。鲁迅在这段话中，用"纳新"、"新葩"这两"新"称颂镭及放射现象的发现。

原子弹的"主角"——铀

铀，是原子弹的"主角"。德国化学家克拉普鲁特早在1789年便发现了铀。在1842年，人们才制得了金属铀。铀的拉丁文原意是"天王星"，因为它是在天王星发现后不久发现的。铀是白色的金属，很软，具有很好的延展性，纯度为99.9%的铀，可以制成直径为0.35毫米的铀丝与厚度为0.1毫米的铀箔。铀很重，一立方米的铀重达18.7吨，与黄金差不多。铀的熔点高达1133℃。不过铀的化学性质很活泼，放在空气中便会很快因氧化而失去光泽，稍微受热甚至还会燃烧起来！铀还易与硫、氯化合。

317

---

[1] 《鲁迅全集》，第七集，第385页，人民文学出版社，1973年。

[2] 同上，第392页。

铀在大自然中并不算太少，共有几十亿万吨，与铅的储藏量差不多，比金、银的储藏量多几千倍。但是，铀的分布得很分散，即铀矿含铀量少，大多数铀矿只含有万分之几到千分之几的铀，最富铀矿，也只含有百分之几的铀。最常见的铀矿是沥青铀矿。此外，还有晶质铀矿、钒钙铀矿、铀云母矿等。铀矿，一般总是黄色或黄绿色的，有显著的荧光现象，较易辨认。铀矿不断放射出放射性射线，也很容易被辐射探矿仪器觉察。人们甚至可以把仪器放在汽车或飞机上，一旦发现哪儿放射性强度很高，那里就可能有铀矿。另外，人们还可以按照"活的路标"——指示植物，去找到铀矿。这是因为铀放射出来的放射性射线，对一些植物的生长有较大的影响。比如，紫云英在放射线照射下，长得格外好。在野外，如果遇到一些紫云英长得非常茂盛的地方，在那里就可能有铀矿。在一些湖水中，也含有铀。人们曾测定了一个湖水样品，证明每一立方米这样的湖水，大约含有 2 ~ 100 毫克铀。

铀的冶炼比较复杂。铀矿中含铀很少，首先要用辐射仪进行选矿，去除其中放射性强度很弱的废石，然后，把含铀较多的矿石用 5% ~ 10% 的硫酸渗浸，使矿石中的铀溶解。这含铀的硫酸液经过一系列化学处理，可制得含铀 32% 以上金黄色的重铀酸铵晶体。接着，把重铀酸铵加热到 800℃，制成氧化三铀，再转变成二氧化铀。用镁和钠作还原剂，即可制得粗金属铀。

粗铀经过冶炼，可制得纯净的金属铀锭。为了防止氧化，铀锭一般保存在煤油中。过去，金属铀在工业上的用途很有限。铀的化合物，如重铀酸钠，只是被用来制造荧光铀玻璃以及瓷器着色。这样，铀从被发现以来，沉默了 100 多年，直到 20 世纪，才引起人们的注意——成了原子弹与原子能反应堆的"主角"。在 1940 年以后，报纸杂志上才出现"炼铀工业"的字样。

在大自然中，铀有两种常见的同位素——铀 235 与铀 238（U235、U238）。天然铀矿中所含的铀，主要是铀 238，而铀 235 仅占千分之七（重量比）。这两种铀的化学性质几乎完全一样，因为它们的原子结构非常相似：铀235的原子核中，含有92个质子，143个中子；铀238的原子核中，含有92个质子，146个中子。

铀238与铀235的脾气可不一样：铀235是原子炸药，用来制造原子弹。当铀235被中子轰击后，会发生链式反应，在一刹那间释放出巨大的原子能，结果造成猛烈的爆炸。在原子弹里，便装着铀235。1千克铀235的爆炸，其威力不小于15万～20万吨的烈性"梯恩梯"炸药。

铀235不仅用来制造原子弹，更重要的是，可以作燃料。人们用铀235制成了原子能反应堆。1克铀235裂变产生的原子能，可以用来代替2吨煤！上海市每年要用几百万吨煤作燃料，如果改用铀235作"燃料"的话，只消几千千克就够了。现在，人们已用铀235来作为原子能破冰船、核潜艇的动力。如果将来能用铀235开动飞机的话，1克铀235可以使飞机以每小时1300千米的速度飞行10万千米！

然而，铀238却与铀235不一样，当它受到中子的冲击，并不会爆炸，而是"吞食"了中子，使自己变成了另一种新元素——钚239。在过去，人们曾以为铀238既不能制造原子弹，又不能作为原子燃料。但是，经过仔细的研究，人们发现，铀238本身固然不能用来制造原子弹或作为原子燃料，但是，它"吞食"一个中子后生成的钚239却与铀235一样，受到中子的冲击也会发生裂变，并放出巨大的原子能。钚239同样可以作为原子能反应堆中的原子燃料。

于是，铀238也就一跃成为很重要的原料了——用来制造原子燃料钚239的原料。

铀的另一个同位素——铀233，近年来，也被人们用作原子燃料。

1958年，我国建成了第一座原子能反应堆。1964年10月16日，我国成功地爆炸了第一颗原子弹。1967年6月17日，我国成功地爆炸了第一颗氢弹。

核燃料的原料——钍

在农村,有的地方如果没有电灯的话,每逢夜间演戏或开群众大会,总在广场上点几盏耀眼的煤气灯。煤气灯虽有"煤气"两字,其实并不是用煤气点的,而是用煤油作燃料。

煤气灯的灯罩十分有趣:刚买来时,它是柔软、洁白、闪耀着蚕丝般光彩的苎麻纱罩在饱和的硝酸钍溶液里浸过的。就是因为有了硝酸钍,才使灯罩有了奇妙的本领。

硝酸钍是钍的盐类。钍是瑞典化学家柏济力阿斯在 1828 年发现的。

钍是银白色的金属,较软,可以进行各种机械加工。难熔,熔点高达 1800℃。它的比重与铅差不多,为 11.5。

钍的化学性质较稳定,在常温下,块状的钍不会被空气氧化,在稀酸或强碱溶液中也不会被腐蚀,仅在王水或浓盐酸中才会被溶解。在高温下,钍会剧烈地与卤素、氧、硫等化合。粉末状的钍,在空气中可以燃烧。

钍氧化后,生成白色的二氧化钍粉末。二氧化钍是钍最重要的化合物。二氧化钍很能耐高温,熔点高达 2800℃,化学性质很稳定。奇妙的是,它在高温下受到激发,会射出白色的光(连续光谱)。人们正是利用它的这一特性,制成煤气灯罩:浸过饱和硝酸钍溶液的苎麻灯罩,在高温下,苎麻纤维马上就烧掉了,硝酸钍分解,放出二氧化氮,剩下的便是二氧化钍。点过一次后,那白色的硬绷绷网子,便是二氧化钍。煤气灯之所以那么亮,也是与二氧化钍的发光分不开的。

不仅在煤气灯中用到二氧化钍,在普通的电灯钨丝里,也加有大约百分之一的二氧化钍来提高钨丝的机械强度,防止钨的再结晶,同时使灯泡变得更亮。二氧化钍耐高温,因此也被用来制造耐火坩埚。

1898 年,物理学家居里夫人发现钍具有放射性。钍受到中子轰击后,会转变成铀233。这种铀同位素在大自然中是找不到的。铀233不能作为核燃料,但却是制造核燃料的原料!

钍在地壳中的含量约为百分之六,差不多比铀多3倍,而且比铀集中,容易提炼。正因为这样,钍引起各国的重视,把它作为一种制造核燃料的新途径。重要的钍矿有独居石与硅酸钍矿。我国有丰富的钍矿。

制取金属钍,一般是电解熔融的钍盐(氟化钍)。这样制得的金属钍,纯度可达99.9%。